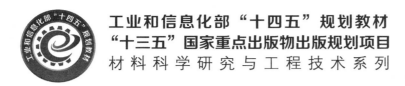

工业和信息化部"十四五"规划教材
"十三五"国家重点出版物出版规划项目
材料科学研究与工程技术系列

U0181678

智能材料力学基础

Fundamentals of Smart Materials Mechanics

张 鹏 主编

哈爾濱工業大學出版社
HARBIN INSTITUTE OF TECHNOLOGY PRESS

内 容 简 介

本书阐述了智能材料弹塑性力学的基本概念和理论要点,并注重弹塑性力学基础理论在典型智能材料中的实际应用。本书主要内容:智能材料弹性力学基础,包括应力理论、应变理论及弹性应力－应变关系;智能材料塑性力学基础,包括屈服准则及塑性应力－应变关系;压电材料多场耦合力学理论及应用,包括压电材料的本构关系;磁致伸缩材料多场耦合力学理论及应用,包括磁致伸缩材料的本构关系;形状记忆材料多场耦合力学理论及应用,包括形状记忆材料的本构关系。

本书可作为高等院校智能材料和力学等专业本科生及研究生的教材或参考书,也可供从事智能材料加工研究或生产的工程技术人员参考。

图书在版编目(CIP)数据

智能材料力学基础/张鹏主编. —哈尔滨:哈尔滨
工业大学出版社,2022.8
ISBN 978 - 7 - 5603 - 5143 - 8

Ⅰ.①智… Ⅱ.①张… Ⅲ.①智能材料－弹性力学－
塑性力学 Ⅳ.①TB381

中国版本图书馆 CIP 数据核字(2022)第 060033 号

策划编辑 许雅莹
责任编辑 李青晏
封面设计 刘长友
出版发行 哈尔滨工业大学出版社
社　　址 哈尔滨市南岗区复华四道街 10 号　邮编 150006
传　　真 0451 - 86414749
网　　址 http://hitpress.hit.edu.cn
印　　刷 黑龙江艺德印刷有限责任公司
开　　本 787 mm×1 092 mm　1/16　印张 13.25　字数 314 千字
版　　次 2022 年 8 月第 1 版　2022 年 8 月第 1 次印刷
书　　号 ISBN 978 - 7 - 5603 - 5143 - 8
定　　价 38.00 元

前　　言

21世纪,材料向着高性能化、高功能化、复合化、精细化与智能化方向发展。经过几十年的努力,一系列智能材料的问世使得材料科学飞速发展。智能材料正在形成一门新兴的前沿交叉学科,具有广阔的应用前景,甚至能够在很大程度上改变人们的生活方式和工作方式。智能材料的飞速发展促进其力学理论的深入探究,其中本构关系是描述智能材料变形行为最直观的理论。

为了普及智能材料的力学理论知识,促进智能材料力学理论发展,编者查阅了近期国内外出版的智能材料相关书籍和文献,并根据长期从事弹塑性力学教学和科研的体会与经验,编写了本书。本书突出要点,强化力学理论,内容新颖,知识处理上力求清晰阐述弹塑性力学的基本概念和理论要点,并注重弹塑性力学基础理论在典型智能材料中的实际应用。

本书共分为6章,第1章为绪论,简要介绍智能材料的概念及特征、功能及分类、起源及发展、应用及展望等;第2章为智能材料弹性力学基础,论述弹性力学的基础知识,包括应力理论、应变理论及弹性应力－应变关系;第3章为智能材料塑性力学基础,论述塑性力学基础知识,包括屈服准则及塑性应力－应变关系;第4章为压电材料多场耦合力学理论及应用,介绍压电材料的压电效应理论,论述压电材料的本构关系;第5章为磁致伸缩材料多场耦合力学理论及应用,介绍磁致伸缩效应及原理,论述磁致伸缩材料的本构关系;第6章为形状记忆材料多场耦合力学理论及应用,介绍形状记忆效应及原理,论述形状记忆材料的本构关系。为满足教学及自学读者自测的需求,每章都根据理论要点附有相应习题。

本书可作为高等院校智能材料和力学等专业本科生及研究生的教材或参考书,也可供从事智能材料加工研究或生产的工程技术人员参考。

本书由张鹏任主编,朱强、刘康、栾冬、王传杰、陈刚参与编写各章,王海洋、王瀚、范晓参与编写习题。本书在编写过程中参考了本领域著名专家学者的著作和研究资料,在此表示衷心的感谢。

由于编者水平有限,书中难免存在不足之处,敬请广大读者指正。

编　者
2022年6月

目　　录

第 1 章　绪 论 ……………………………………………………………………………… 1

1.1　材料发展新纪元——智能材料 …………………………………………………… 1

1.2　智能材料的概念及特征 …………………………………………………………… 2

1.3　智能材料的功能及分类 …………………………………………………………… 3

1.4　智能材料的起源及发展 …………………………………………………………… 3

1.5　智能材料的应用及展望 …………………………………………………………… 4

第 2 章　智能材料弹性力学基础 ………………………………………………………… 8

2.1　智能材料弹性变形概述 …………………………………………………………… 8

2.2　弹性力学的求解方法和基本假定 ………………………………………………… 8

2.3　应力理论 …………………………………………………………………………… 10

2.4　应变理论 …………………………………………………………………………… 26

2.5　弹性应力－应变关系 ……………………………………………………………… 41

习题 ……………………………………………………………………………………… 45

第 3 章　智能材料塑性力学基础 ………………………………………………………… 48

3.1　智能材料屈服行为 ………………………………………………………………… 48

3.2　屈服准则的应用 …………………………………………………………………… 51

3.3　塑性应力－应变关系 ……………………………………………………………… 59

3.4　塑性应力－应变关系应用 ………………………………………………………… 64

习题 ……………………………………………………………………………………… 74

第 4 章　压电材料多场耦合力学理论及应用 …………………………………………… 78

4.1　压电效应及材料 …………………………………………………………………… 78

4.2　压电材料的基本原理 ……………………………………………………………… 87

4.3　压电材料的本构关系及应用 ……………………………………………………… 106

习题 ……………………………………………………………………………………… 114

第 5 章　磁致伸缩材料多场耦合力学理论及应用 ……………………………………… 115

5.1　磁致伸缩效应及原理 ……………………………………………………………… 115

    5.2   磁致伸缩效应的影响因素 ·· 125

    5.3   磁致伸缩材料的本构关系及应用 ······························ 130

    习题 ··· 151

第 6 章   形状记忆材料多场耦合力学理论及应用 ·················· 152

    6.1   形状记忆效应及原理 ··· 152

    6.2   形状记忆效应的影响因素 ······································· 170

    6.3   形状记忆材料的本构关系及应用 ······························ 175

    习题 ··· 196

各章习题参考答案 ·· 197

参考文献 ··· 203

第1章 绪 论

1.1 材料发展新纪元——智能材料

20世纪80年代中期,人们提出了智能材料的概念。智能材料要求材料体系集感知、驱动和信息处理于一体,形成类似生物材料那样的、具有智能属性的材料,具备自感知、自诊断、自适应、自修复等功能。

20世纪50年代,人们提出了智能结构,当时把它称为自适应系统(adaptive system)。在智能结构发展过程中,人们越来越认识到智能结构的实现离不开智能材料的研究和开发。1988年9月,美国陆军研究办公室组织了首届智能材料、结构和数学的专题研讨会,1989年日本科学技术厅航空-电子技术审议会提出了从事具有对环境变化作出响应能力的智能型材料的研究。从此,智能材料研讨会在国际上每年一届。由已公布的资料来看,美国的研究较为实用,是应用需求驱动了研究与开发;日本偏重于从哲学上澄清概念,目的是创新拟人智能的材料系统,甚至试图创建与自然协调发展的模式。因此,开始时美、日分别用"机敏"(smart)和"智能"(intelligent)一类定语,随着这种材料的出现,人们已逐渐接受"智能材料"这一概念。那么,什么是智能材料?

智能材料来自于功能材料。功能材料有两类:一类是对外界(或内部)的刺激强度(如应力、应变、热、光、电、磁、化学和辐射等)具有感知的材料,通称感知材料,用它可做成各种传感器;另一类是对外界环境条件(或内部状态)发生变化作出响应或驱动的材料,这种材料可以做成各种驱动(或执行)器。智能材料是利用上述材料做成传感器和驱动器,借助现代信息技术对感知的信息进行处理并把指令反馈给驱动器,从而作出灵敏、恰当的反应,当外部刺激消除后又能迅速恢复到原始状态。这种集传感器、驱动器和控制系统于一体的智能材料,体现了生物的特有属性。

智能材料的提出是有理论和技术基础的。20世纪因为科技发展的需要,人们设计和制造出新的人工材料,使材料的发展进入从使用到设计的历史阶段。可以说,人类迈进了材料合成阶段。高技术的要求促进了智能材料的研制,原因是:①材料科学与技术已为智能材料的诞生奠定了基础,先进复合材料(层合板、三维及多维编织)的出现,使传感器、驱动器和微电子控制系统等的复合或集成成为可能,也能与结构融合并组装成一体;②对功能材料特性(如材料的机电耦合特性、热机耦合特性等)的综合探索及微电子技术和计算机技术的飞速发展,为智能材料与系统所涉及的材料耦合特性的利用、信息处理和控制打下基础;③军事需求与工业界的介入使智能材料与结构更具挑战性、竞争性和保密性,使它成为一个高技术、多学科综合交叉的研究热点,而且也加速了它的实用化进程。例如,

1979 年,美国国家航空航天局(NASA)启动了一项有关机敏蒙皮中用光纤监测复合材料的应变与温度的研究,此后大量开展了有关光纤传感器监控复合材料固化,结构的无损探测与评价,运行状态监测、损伤探测与估计等方面的研究。

1.2　智能材料的概念及特征

1.2.1　智能材料的概念

智能材料是能感知外部刺激(传感功能),能判断并适当处理(处理功能)且本身可以执行(执行功能)的材料。专业人士也把智能材料称为机敏材料、敏感材料、自适应材料等,它能够感知外部刺激,并能对这些刺激进行分析、判断、处理,进而能够采取一定的措施进行响应。

智能特性是智能材料的核心,也是智能材料与传统普通材料的主要区别,智能材料的智能特性体现在:①智能材料能对外界(或内部)的刺激强度(如应力、应变、热、光、电、磁、化学和辐射等)具有感知;②能对这些刺激进行分析处理及进一步判断;③外界环境条件(或内部状态)发生变化作出响应或驱动。根据材料在此过程中发挥的作用的不同,智能材料可以分为两类:一类是感知材料,感知材料是对外界或内部的应力、应变、热、光、电、磁、辐射能和化学量等参量具有感知功能的材料,可以制成各种传感器件;另一类是驱动材料,驱动材料是能对环境条件或内部状态变化作出响应并执行动作的材料,制成各种驱动器件。智能材料就是利用这两种材料制成感知器和驱动器,对感知信息进行处理并作出智能化的反应。

1.2.2　智能材料的特征

从智能材料的概念可以看出,和传统材料相比,智能材料具有以下几个显著的特征。

(1)能感知外界环境的刺激,包括温度、湿度、压力、光线照射、腐蚀等。

(2)能对受到的刺激进行分析、处理,判断它们对自己的影响。

(3)根据分析和判断的结果,能够主动或有意识地采取一些措施,比如调节自己的形状、尺寸或内部的微观结构,让自己具有特定的性质或功能,对外界刺激作出响应。

从智能材料的特征来看,智能材料体现了接近于一种生命体的生物属性。人们一方面模仿生物体的化学组成、结构等,使智能材料具有类似于生物体的性质和功能,同时在这种基础上进一步创新,可以说智能材料是对生物智能的一种人工模仿。人们试图借鉴生物体的功能特征从根本上解决工程结构的质量与安全监控问题,从而提出了智能材料系统与结构(Intelligent Material Systems and Structure, IMSS)。智能材料的特性决定了智能材料的研究是一项多学科交叉综合科学。

1.3 智能材料的功能及分类

1.3.1 智能材料的功能

1. 感知功能

感知功能是智能材料首要的功能,即它们能够感知外界的刺激,比如压力、温度、光照、腐蚀、电流、电压、磁场等。只有具备感知功能,才能具备其他功能。

2. 信息处理功能

智能材料能对感知到的信息(即各种刺激)进行分析和处理,并且分析自己的状态,以决定是否采取相关措施。自诊断属于一种信息处理功能,可以判断自身状态是否出现了异常。

3. 反馈功能

智能材料会将信息的处理结果反馈给执行或控制程序,起到自诊断、自预警的作用。

4. 响应功能

智能材料接收到执行或控制程序的指令后,会采取相应的措施,对感知到的刺激进行响应或反应。

响应功能主要通过自调节或自适应实现,就是根据其受到的外界刺激,主动调节自己的性能。当外界刺激消失后,智能材料还能够进行反向的自调节,使自己的性能恢复到初始状态。

1.3.2 智能材料的分类

目前智能材料的种类有很多,智能材料的种类也在不断扩大,根据不同的分类方法,可以分为以下不同的类型。

按智能材料的功能特征,可将其分为感知材料和响应/驱动材料两大类。

按化学成分,可分为智能金属材料、智能复合材料、智能无机非金属(或陶瓷)材料、智能高分子(或聚合物、有机物)材料等。

按功能,可分为形状记忆材料、自清洁材料、自修复材料、磁致伸缩材料、压电材料、智能流体、智能凝胶等。

按几何特征,可分为智能纤维、智能薄膜、智能微球等。

按具体的产品,可分为智能生物材料、智能纺织品、智能药物等。

1.4 智能材料的起源及发展

智能材料通常被称为第四代功能材料,在此之前材料先后经过了天然材料、合成高分子材料和人工设计材料三个阶段。材料是人类社会生产和生活发展的物质基础,随着科技的不断发展,特别是 20 世纪 80 年代以来航空航天电子等高科技领域的进步,人们对材料的使用提出了更高的要求,传统材料已经逐渐不能满足新技术的发展要求。

在科学家明确提出智能材料的具体概念之前,智能材料已经被人们所认知及应用,关于这方面的研究早已起步。早在 20 世纪 30 年代,人们就发现了形状记忆合金,这种最早的智能材料能够记忆自己的形状,在不同温度时呈现不同的形状状态。20 世纪 40 年代,人们又发现了磁致伸缩材料,这种材料具有磁致伸缩效应,即磁体在外磁场中被磁化时,其长度及体积均发生变化。50 年代"自适应系统"的提出,被认为是关于智能材料最早的表述。1989 年日本科学家高木俊宜首先提出了智能材料(intelligent material)的概念,此后智能材料一直是材料科学领域里一个重要的研究方向。

智能材料的概念一经提出,就引起了欧美及日本等国家的重视,并在此后对其展开了相当深入的研究。我国对于智能材料方面的研究也十分重视,1991 年国家自然科学基金委员会将智能结构列入国家高技术研究发展计划(863 计划)纲要的新概念、新构思探索课题,智能结构及其应用直接作为国家高技术研究发展计划的项目课题。

材料是信息能源的物质基础,随着科学的发展和信息技术的进步,特别是航空航天、电子等高科技领域的不断进步,人们对于材料的使用要求也越来越高,曾经作为主要载体的传统材料已经无法满足日益发展的当代生产和生活的需求。与传统材料相比,智能材料在特性、功能和应用上都产生了革命性的飞跃,使材料这个信息、能源的承载体又进入了一个新的阶段。

对于材料科学本身,智能材料作为一个重要的、新兴的、活跃的前沿领域,能够有力地促进材料科学的发展。智能材料作为交叉的前沿领域,所涉及的专业领域非常广泛,如化学、物理学、生物学、控制科学、计算机科学与技术等,智能材料依托于这些学科的同时,也推动了这些学科的发展。

材料科学本身就具有巨大的应用背景,作为材料科学目前最活跃和引人注目的领域,智能材料从出现开始就与应用紧密连接在一起,应用背景和巨大的应用潜能也是智能材料不断高速发展的最重要原因。目前各国都有一大批专家和学者正积极致力于发展智能材料,新技术新设想不断出现。每种材料本身都具有自身的局限性,可以预见,为了克服各种材料自身的缺点,材料的复合化是智能材料的发展趋势之一。采用了材料复合技术后的智能材料,性能更优良、功能更加全面,必将在未来得到更加广泛的应用。

1.5　智能材料的应用及展望

1.5.1　智能材料的应用

智能材料从出现开始就具有很强的应用背景,具有很多传统材料不具备的特殊功能,使其在航空航天、生物医学、化学、物理学等诸多领域得到广泛的应用。近些年来,形状记忆材料、自修复材料、光热敏感材料、压电材料等引起了人们的广泛关注。

1. 航空航天领域

航空航天领域是智能材料最早进入也是最典型的应用领域,航空航天领域所需的材料通常需要在高温、低温、振动等复杂的环境下使用,传统材料不能做到实时感知环境及自身状态的变化,更不能进一步做到自调整、自恢复、自修复,而这恰恰是智能材料的特质,智能材料能在各种复杂的环境中对自身状况进行自我诊断,阻止损坏和退化,自动加固或自动修补裂纹,从而能够有效预防许多事故的发生。智能材料广泛运用在智能蒙皮、飞行状态监测、直升机旋翼轮叶等方面。可以预见智能材料在航空航天领域的应用前景和潜力十分巨大,航空航天工业及研究依旧迫切需求更多高端前沿的材料为其发展提供技术基础。

2. 军事领域

军事领域也是较早引入和应用智能材料的领域,早在 20 世纪 40 年代,美国海军就将磁致伸缩材料应用于军舰的声呐系统的制造。智能材料的有些特殊功能(如降噪、隐形、自预警等)在军事领域有很大的应用空间。此外如智能穿戴设备、4D 打印技术、智能蒙皮技术等也在军事上有广阔的应用前景。

3. 医学领域

智能材料在医学领域的应用同样十分广泛:①智能材料可以作为药物释放体系(Drug Delivery Systems,DDS)的载体材料应用。智能材料可制备出各种智能给药系统,通过感应病变部位 pH、温度、电场、磁场、光照或生物活性分子等外界环境信息的变化,实现药物的定点、定时、定量释放。②智能人造器官,如人造肌肉、人造皮肤等。这些技术目前大多还处于实验阶段,但是可以预见未来有巨大的应用潜力和空间。

4. 建筑工程领域

智能材料具有自诊断、自修复等特性,这些仿生特点为建筑领域带来了新的变化。比如建筑混凝土在使用过程中经常出现裂纹等,或者遭受地震等强烈的外力破坏,出现安全隐患,使用智能材料则会在出现这些情况时进行自我诊断修复从而避免很多问题的发生。此外还有智能玻璃、智能涂料等新技术产品。

5. 纺织领域

当今人们对纺织产品的需求不再仅仅局限于保暖等传统功能。智能纺织材料不仅具备传统纺织材料的外观风格和穿戴性能,还能感知外部环境变化,通过改变自身的一种或多种性能参数作出反馈,从而响应外部环境刺激。智能纺织材料的产品不仅应用于传统的服装产业,在国防、安全防护、医用卫生、航空航天等领域都拥有广阔的发展空间。

智能材料的发展及应用还可以节省资源、减少污染,具有巨大的经济效益和社会效益。智能材料正处在一个高速发展和高速应用的阶段。作为一个新兴的前沿学科,其所涉及的知识面广,研究难度大。目前世界各国都在对这一领域进行积极地研究开发,我国对智能材料学科领域也十分重视,经过多年的工作和研究,取得了一系科研成果,该领域的空间和潜力依旧十分巨大。

1.5.2　智能材料的展望

1. 开发智能材料的意义

开发智能材料,无论对于推动科学技术的进步,还是促进国民经济的发展,都具有重大的意义。具体来说:①由于智能材料是一门多门类、多学科交叉的科学,与物理学、材料力学、电子学、化学、仿生学、生命科学、控制理论、人工智能、信息技术、生物技术、计算机技术、材料合成与加工等诸多的前沿科学及高新技术紧密相关,因此,它一旦有所突破,便会促进众多学科的理论创新和许多领域的技术变革,大大地推动国家科学技术的进步和综合实力的提高。②智能材料具有十分重要的现实用途和极为广阔的应用前景。从高精尖的宇宙探索,直到普通人的日常生活,智能材料都起着重要的作用。例如,在各种关键装备设施和大型重要工程中,智能材料能够在线、动态、及时、主动地"感知"自身的受力、受冲击、振动、温度、裂纹等情况,以及受损伤的程度等,并可通过预警、自适应调整、自修复补救等方式,预报以至消除危害,从而极大地提高工程结构的安全性和可行性,避免灾难性事故的发生。反过来,这一切"病兆"的预报与事故的避免,又将推动现行结构安全监控概念的根本变化,并引起一场关于工程构造设计思想的深刻革命。

2. 智能材料的发展前景

智能材料已成为当今世界高度关注的热点和焦点,自 1990 年以来,各种有关智能材料的学术团体、研究机构相继成立,有关智能材料的国际研讨会几乎年年举行,并且创办了两种专业性学术期刊。世界各国纷纷将之列为国家重大科研项目,加大投入,竞相发展。美国已将智能材料定为具有战略意义、优先发展的研究领域之一;日本通产省工业技术研究所把它列入 1995 年开始实施的基础科学先导研究的七项重大项目之一,并从 1998 年开始,将之作为大学合作型产业科学技术研究开发项目和国家 21 世纪创新产业的加强支持项目;欧洲也提出并正在加紧实施智能复合材料结构研究计划。

我国国家自然科学基金委员会也将智能材料列入十四五及中长期发展规划。近年来,美国的一些政府机构,包括高级研究计划局、国家航空航天局、陆军研究局、空军与海军研究局等,在智能材料的研究方面,每年都投入了大量的资金。据粗略估计,这些机构每年总投资均在 4 000 万美元以上。其中,仅高级研究计划局 2018 年就制订了一个为期 6 年、费用高达 8 750 万美元的研究计划,用于智能材料与结构的研究开发。

目前,国际上有关智能材料的研究重点集中在生物智能材料与关键工程结构件材料的智能化两大方面,具体的研究热点主要包括:机敏材料、机敏传感器、机敏执行器以及智能控制理论与关键共性技术、智能结构数学力学、智能结构设计理论与方法、智能材料系统与结构的应用等。

3. 智能材料与材料科学的关系及其发展趋势

智能材料的出现,推动了材料科学的发展。反过来,材料科学的进步,不但模糊了结构材料与功能材料的界限,推动了智能材料的问世,而且成了智能材料进一步发展的坚实基础和强大动力。

纵观材料科学的发展历程,材料科学尤其是近代材料科学,是与智能材料戚戚相关的,并且呈现出以下四大发展趋势:①结构材料趋向结构功能化,或者说,结构材料朝着结构功能材料的方向发展;②功能材料趋向功能多样化,或者说,功能材料由单一功能材料向多功能材料的方向发展;③一般功能材料朝超功能材料,即朝智能材料的方向发展,确切地说,是具有单一功能或多功能的功能材料朝智能材料系统与结构的方向发展;④关于智能材料与结构的研究,已越来越受人重视、引人注目。这方面的工作,正由单纯的材料研制、模型实验,朝工程应用研究的方向发展;同时,其研究成果正在迅速而广泛地应用于与国民经济和人民生活密切相关的国家重要基础工程的设计、建造、监控、加固与修复等各个方面。

　　综上所述,智能材料的出现,推动了材料科学的发展。材料科学的进一步发展,有赖于智能材料研究的进一步深化。智能材料引导着材料科学的发展方向,支撑着未来世界的技术进步。也可以说,21 世纪是人类对智能材料进一步深入认识、高度重视、着力研究和广泛应用的世纪,也是智能材料在材料科学领域称霸前沿、雄踞高峰、独领风骚的世纪。

第2章 智能材料弹性力学基础

2.1 智能材料弹性变形概述

由材料力学可知,弹性变形是物体卸载以后,就完全消失的那部分变形。

产生弹性变形的机理,应从材料内部原子间力的作用来分析。实际上,固体材料之所以能保持其内部结构的稳定性,是由于组成该固体材料(如金属)的原子间存在相互平衡的力。吸力使各原子彼此结合在一起,而短程排斥力则使各原子间保持一定的距离。在正常情况下,这两种力保持平衡,原子间的相对位置处于一种规则排列的稳定状态。受外力作用时,这种平衡被打破,为了恢复平衡,原子间必须产生移动和调整,使得吸力、斥力和外力之间取得平衡。因此,如果知道了原子间力的相互作用规律,原则上就能算出晶体在一定外力作用下的弹性反应。

智能材料原子力间的相互作用在受外加物理场的影响后,其相互作用会发生变化,导致其发生变形,一般来说它们的应变均处于弹性变形阶段。弹性力学理论结合外加物理场对智能材料的影响可以更全面地指导智能材料的制备与应用。

2.2 弹性力学的求解方法和基本假定

2.2.1 弹性力学的求解方法

弹性力学的求解方法通常有数学方法、实验方法及数学和实验相结合的方法。

弹性力学又可以分为数学弹性力学和应用弹性力学。用严格的数学推演方法来建立理论体系和求解弹性力学问题,称为数学弹性力学。在引入基本假设的同时,还引入变形和应力附加假设的称为应用弹性力学。

弹性理论在研究方法上采用分离体法,即假设物体内部由无数个平行六面体和表面为无数个四面体组成。由分离体的平衡,写出弹性体的平衡微分方程,但数量少于未知应力总数,所以弹性力学问题是超静定的。因此解决问题必须考虑变形条件,即根据连续性假设,物体发生变形后仍为连续体,从而导出一组应变协调方程,再由胡克定律(Hook's law)表示应力与应变关系。另外,在物体表面上还必须考虑物体内部应力与外载荷之间的平衡,称为边界条件。这样就有足够的微分方程数以求解未知的应力、应变与位移,所以在解决弹性理论问题时,必须考虑静力平衡条件、变形连续条件与广义胡克定律,即考虑静力学、几何方程、物理方程以及边界等方面的条件。实际上,弹性力学问题就是偏微分方程的边值问题。

由于实际结构和载荷的复杂性,能够用严格的数学方法求解的问题非常有限,因此在求解方法上除了解析法以外,还广泛采用了有限差分法、有限单元法、加权残值法、边界单元法等数值方法,以及电测法、光测法等实验方法。

2.2.2　弹性力学的基本假定

物体在构成和性质上千差万别,物体受力后变现的力学性能非常复杂,人们在进行分析时不可能考虑每一个细节,因此只能根据物质的主要方面进行抽象。为了使问题简化,达到数学上容易处理的程度,需要设定一些前提条件,建立在这种理想化模型基础上的理论,自然也就决定了它所提供解答的适用范围。弹性力学是以牛顿力学为理论基础,建立对各种形状的物体都适用的普遍方程来研究力学行为,因此所研究的力学模型必须具有一般性,即通常称为的理想弹性体。弹性力学中对弹性体所做的基本假定:①连续性假定;②均匀性假定;③各向同性假定;④完全弹性假定;⑤小变形假定;⑥自然状态假定。

1. 连续性假定

连续性假定是假定物体的介质不留空隙地填满整个物体体积,物体内的应力、应变和位移等物理量可视为连续的,因而可用坐标的连续函数来表达它们的变化规律。在实际中的物体都是由微粒组成的,相互间有间隙,但其尺寸远小于微粒尺寸,因此假定不会引起明显的误差。

2. 均匀性假定

均匀性假定即假定整个物体是由同类型的均匀材料组成的。如果物体由同一种材料组成,物体很显然是均匀的。如果物体由两种或两种以上材料组成,只要混合均匀,而且每种材料颗粒尺寸远小于物体尺寸,则宏观上可以认为每点具有相同的力学性质,即宏观上是均匀的。

3. 各向同性假定

各向同性假定是指物体内一点的各个方向上的力学性质相同,即材料的力学性质与方向无关。同种介质组成的物体一般可以容易理解为均匀的,但在实际中并不一定。使用中的金属材料做成的构件,大多数是由大量小晶体构成的多晶体,虽然含有各向异性的晶体,单晶体由于其内部原子排列的位相基本一致,因而呈现各向异性,而多晶体则是由很多微小单晶体杂乱无章地组合而成。因此,多晶体各方向上的性能是单晶体不同方向性能的综合平均值,即当晶粒尺寸远小于物体尺寸时,在宏观上,多晶体就是各向同性的。但木材、竹材及复合材料等则需要考虑各向异性。

4. 完全弹性假定

完全弹性假定即假定物体在引起变形的外力去除之后,能完全恢复原状,物体的变形与外力成正比,即服从胡克定律。

5. 小变形假定

小变形假定即假定物体在外力作用下的变形远小于其本身尺寸。应变分量和转角都远小于1,在考虑外力对物体的作用时可以不考虑由变形引起的尺寸和方位的改变,即可以用物体变形前的几何尺寸代替变形后的几何尺寸。

6. 自然状态假定

自然状态假定即假定物体的初始状态为自然状态,既无应力也无应变,因此该假定也称为无初应力假定。

以上述基本假定为基础建立的固体力学理论,称为线性弹性理论,简称为弹性力学或弹性理论。符合前 4 个假定的物体,称为理想弹性体。

2.3 应力理论

2.3.1 有关应力的基本概念

1. 外力

外力是施加于物体上的力,是塑性加工的外因,可以分为表面力与体积力两类:表面力是作用于物体表面上的力,如摩擦力、正压力等;体积力是作用于物体每一质点上的力,如重力、磁力、惯性力等。在一般的塑性加工过程中,体积力的作用远远小于表面力。

2. 内力

内力是物体抵抗外界作用而产生于内部各部分之间相互平衡的力。外界作用可以是外力,也可以是物理作用和化学作用。内力的产生主要有两个因素:一是平衡外力;二是物体中各区域因变形而产生的相互作用。

3. 应力

应力是变形体中单位面积上的内力。应力 σ 是指当物体中某一微元面积 ΔA 趋近于零时,作用在该面积上的内力 ΔP 与 ΔA 比值的极限,即

$$\sigma = \lim_{\Delta A \to 0} \frac{\Delta P}{\Delta A} \tag{2.1}$$

应力可以分解成两个分量,垂直于面(或平行于面法线方向)的分量,称为正应力,用 σ 表示;平行于面(或垂直于面法线方向)的一个或者两个正交分量,称为剪应力,用 τ 表示。

应力分量的下角标规定:每个应力分量的符号带有两个下角标,第一个角标表示该应力分量所在的面,用其外法线方向表示,第二个角标表示该应力分量的坐标轴方向,正应力分量的两个角标相同,一般只需一个角标表示,如图 2.1 所示。

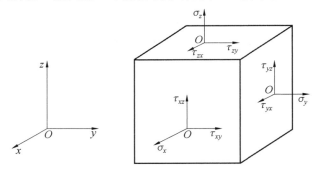

图 2.1 平行于坐标面上应力示意图

应力分量的正负号规定:正应力分量以拉为正,压为负。剪应力分量正负号规定分为两种情况:当其所在的面的外法线与坐标轴的正方向一致时,则以沿坐标轴正方向的剪应

力为正,反之为负;当所在面的外法线与坐标轴的负方向一致时,则以沿坐标轴负方向的剪应力为正,反之为负。

2.3.2　点的应力状态

1. 单向应力状态

单向均匀拉伸应力状态如图 2.2 所示,垂直于轴线的平面上的应力可以表示为

$$\sigma_1 = \frac{P}{A_0} \tag{2.2}$$

式中,P 为轴向力;A_0 为垂直于轴线的横截面面积。

当所截平面的法线与轴线成 α 角时,相应的轴应力为

$$\sigma_1 = \frac{P}{A_0} \cos \alpha \tag{2.3}$$

随夹角 α 的增大,截面越来越倾斜,应力也越来越小。

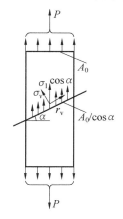

图 2.2　单向均匀拉伸应力状态

2. 平面应力状态

假设 $\sigma_z = 0$,即在垂直于 xy 平面的方向上没有应力存在,物体中各点所受的应力都位于同一平面内。在 x 方向上作用应力 σ_1,在 y 方向上作用应力 σ_2,如图 2.3 所示。

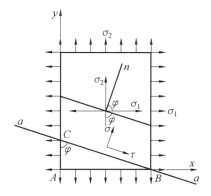

图 2.3　边界无剪应力的平面应力状态

设截面 BC 的面积为 A，则截面 AC 的面积为 $A\cos\varphi$，AB 的面积为 $A\sin\varphi$，则沿 BC 面法线方向的力的平衡方程为

$$\sigma A = (\sigma_1 A\cos\varphi)\cos\varphi + (\sigma_2 A\sin\varphi)\sin\varphi$$

平行于 BC 方向的力的平衡方程为

$$\tau A = (\sigma_1 A\cos\varphi)\sin\varphi - (\sigma_2 A\sin\varphi)\cos\varphi$$

整理后，得

$$\begin{cases}\sigma = \sigma_1\cos^2\varphi + \sigma_2\sin^2\varphi \\ \tau = (\sigma_1 - \sigma_2)\sin\varphi\cos\varphi\end{cases} \tag{2.4}$$

消去 φ 后，则得

$$\left[\sigma - \frac{1}{2}(\sigma_1 + \sigma_2)\right]^2 + \tau^2 = \frac{1}{4}(\sigma_1 - \sigma_2)^2 \tag{2.5}$$

如果在边界 $x=0$ 和 $y=0$ 上，除了受正应力 σ_x、σ_y 的作用外还有剪应力的作用，如图 2.4 所示。

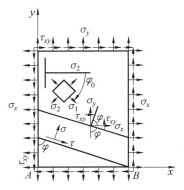

图 2.4 边界无剪应力的平面应力状态

投影于斜面法线方向上的力的平衡方程为

$$\sigma A = (\sigma_x A\cos\varphi)\cos\varphi + (\sigma_y A\sin\varphi)\sin\varphi + (\tau_{xy}A\cos\varphi)\sin\varphi + (\tau_{xy}A\sin\varphi)\cos\varphi$$

投影于沿斜面切线方向的力的平衡方程为

$$\tau A = (\sigma_x A\cos\varphi)\sin\varphi - (\sigma_y A\sin\varphi)\cos\varphi + (\tau_{xy}A\sin\varphi)\sin\varphi - (\tau_{xy}A\cos\varphi)\cos\varphi$$

整理后，得

$$\begin{cases}\sigma = \sigma_x\cos^2\varphi + \sigma_y\sin^2\varphi + 2\tau_{xy}\sin\varphi\cos\varphi \\ \tau = (\sigma_x - \sigma_y)\sin\varphi\cos\varphi - \tau_{xy}(\cos^2\varphi - \sin^2\varphi)\end{cases} \tag{2.6}$$

消去 φ 后，则得

$$\left[\sigma - \frac{1}{2}(\sigma_x + \sigma_y)\right]^2 + \tau^2 = \left[\frac{1}{2}(\sigma_x - \sigma_y)\right]^2 + \tau_{xy}^2 \tag{2.7}$$

在平面应力状态中有纯剪应力状态，它的特点是在主剪应力平面上的正应力为零，如图 2.5 所示。

纯剪应力 τ 就是最大剪应力，主轴与任意坐标轴成 $45°$，主应力的特点是 $\sigma_1 = -\sigma_2$。

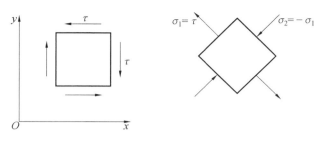

图 2.5　纯剪应力状态

3. 三维应力状态

全应力：物体受外力系 F_1，F_2，F_3，… 的作用而处于平衡状态，若要知道物体 Q 点的应力，可以过 Q 点作一法线为 N 的平面 B，将物体切成两部分并将上半部分移除，则 B 面上的内力就成了外力，并与作用在下半部分的外力相平衡，如图 2.6 所示。在 B 面上围绕 Q 点取一无限小的面积 ΔA，设该面上的内力的合力为 ΔF，则定义为 B 面上 Q 点的全应力 S，即

$$S = \lim_{\Delta A \to 0} \frac{\Delta F}{\Delta A} = \frac{\mathrm{d}F}{\mathrm{d}A} \tag{2.8}$$

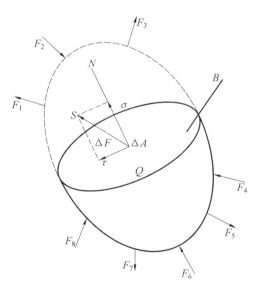

图 2.6　内力与应力图

全应力可以分解为两个分量：垂直于作用面的正应力 σ 和平行于作用面的剪应力 τ，其表达式为

$$S^2 = \sigma^2 + \tau^2 \tag{2.9}$$

设过 Q 点三个坐标面上的应力为已知，斜面与三个坐标轴的截距为 $\mathrm{d}x$、$\mathrm{d}y$、$\mathrm{d}z$，微四面体近似表示 Q 点。斜面外法线 N 的方向余弦分别为

$$\begin{cases} \cos(N,x) = l \\ \cos(N,y) = m \\ \cos(N,z) = n \end{cases} \qquad (2.10)$$

全应力 S 在三个坐标轴上的投影分别为 S_x、S_y、S_z，如图 2.7 所示，列微四面体的力平衡方程，即 $\sum x = 0$、$\sum y = 0$、$\sum z = 0$，有

$$\begin{cases} S_x = l\sigma_x + m\tau_{yx} + n\tau_{zx} \\ S_y = l\tau_{xy} + m\sigma_y + n\tau_{zy} \\ S_z = l\tau_{xz} + m\tau_{yz} + n\sigma_z \end{cases} \qquad (2.11)$$

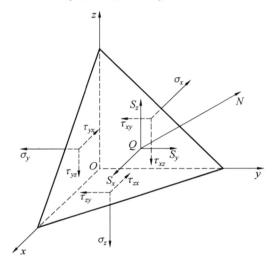

图 2.7　四面体受力示意图

全应力 S 为

$$S^2 = S_x^2 + S_y^2 + S_z^2 \qquad (2.12)$$

正应力 σ 为

$$\sigma = S_x l + S_y m + S_z n \qquad (2.13)$$

剪应力 τ 为

$$\tau = \sqrt{S^2 - \sigma^2} \qquad (2.14)$$

如果作用在物体表面上的外部载荷用 F_x、F_y、F_z 表示，式(2.11)中的 S_x、S_y、S_z 都换成 F_x、F_y、F_z，即可作为力的边界条件。

2.3.3　主应力与应力张量

1. 应力张量

一点的应力状态可用互相垂直的 3 个坐标面上的 9 个应力分量来描述。当坐标系绕原点旋转一定角度后，各个应力分量按照一定规律变化，即满足张量所要求的关系。所以一点的应力可写成状态张量形式，称为应力张量，即

$$\boldsymbol{\sigma}_{ij} = \begin{Bmatrix} \sigma_x & \tau_{yx} & \tau_{zx} \\ \tau_{xy} & \sigma_y & \tau_{zy} \\ \tau_{xz} & \tau_{yz} & \sigma_z \end{Bmatrix} \tag{2.15}$$

应力张量是二阶对称张量。

2. 主应力

变形体内任一微元体总可以找到 3 个互相垂直的平面,在这些平面上剪应力等于零,则此方向称为主方向,与该方向相垂直的平面称为主平面,在该平面上的正应力称为主应力,3 个主应力用 σ_1、σ_2、σ_3 来表示,习惯上它们是按代数值大小顺序排列,即 $\sigma_1 > \sigma_2 > \sigma_3$。

若 3 个坐标轴的方向为主方向,分别用 1、2、3 表示,则由式(2.11)可得

$$S_1 = l\sigma_1, \quad S_2 = m\sigma_2, \quad S_3 = l\sigma_3 \tag{2.16}$$

同时,可得出任意斜面上的正应力和剪应力为

$$\begin{cases} \sigma = \sigma_1 l^2 + \sigma_2 m^2 + \sigma_3 n^2 \\ \tau = \sqrt{\sigma_1^2 l^2 + \sigma_2^2 m^2 + \sigma_3^2 n^2 - (\sigma_1 l^2 + \sigma_2 m^2 + \sigma_3 n^2)^2} \end{cases} \tag{2.17}$$

3. 应力张量不变量

每一应力张量都存在 3 个与坐标系的选择无关的量,称为应力张量不变量,I_1、I_2、I_3 分别称为第一、第二和第三应力张量不变量。

设主应力 σ_p 与主平面上的全应力 S 为同一应力,因此有

$$\begin{cases} S_x = l\sigma_p \\ S_y = m\sigma_p \\ S_z = n\sigma_p \end{cases} \tag{2.18}$$

将式(2.18)代入式(2.11),整理可得

$$\begin{cases} l(\sigma_x - \sigma_p) + m\tau_{yx} + n\tau_{zx} = 0 \\ l\tau_{xy} + m(\sigma_y - \sigma_p) + n\tau_{zy} = 0 \\ l\tau_{xz} + m\tau_{yz} + n(\sigma_z - \sigma_p) = 0 \end{cases} \tag{2.19}$$

由几何关系可知

$$l^2 + m^2 + n^2 = 1 \tag{2.20}$$

根据式(2.19)与式(2.20)可以确定 4 个未知量 l、m、n、σ_p。式(2.20)中 l、m、n 不能同时为零。式(2.19)为包含 3 个未知量 l、m、n 的线性齐次方程,若有非零解,则方程组系数行列式应等于零,即

$$\begin{vmatrix} \sigma_x - \sigma_p & \tau_{yx} & \tau_{zx} \\ \tau_{xy} & \sigma_y - \sigma_p & \tau_{zy} \\ \tau_{xz} & \tau_{yz} & \sigma_z - \sigma_p \end{vmatrix} = 0 \tag{2.21}$$

展开行列式后,可得

$$\sigma_p^3 - I_1\sigma_p^2 + I_2\sigma_p - I_3 = 0 \tag{2.22}$$

式中

$$\begin{cases} I_1 = \sigma_x + \sigma_y + \sigma_z \\ I_2 = \sigma_x\sigma_y + \sigma_y\sigma_z + \sigma_z\sigma_x - \tau_{xy}^2 - \tau_{yz}^2 - \tau_{zx}^2 \\ I_3 = \sigma_x\sigma_y\sigma_z + 2\tau_{xy}\tau_{yz}\tau_{zx} - \sigma_x\tau_{yz}^2 - \sigma_y\tau_{zx}^2 - \sigma_z\tau_{xy}^2 \end{cases} \tag{2.23}$$

应力张量不变量的解释如下。

（1）主应力大小与方向，在物体形状和引起内力变化因素确定后，就是完全确定的，它不随坐标系的改变而变化。

（2）当坐标变换时，虽然每个应力分量都将随之改变，但这 3 个量是不变的，所以称为不变量。

4. 应力张量的分解

塑性变形时体积变化为零，只有形状变化。按照应力的叠加原理，表示受力物体内一点的应力状态的应力张量可以分解为与体积变化有关的量和与形状变化有关的量，前者称为应力球张量，后者称为应力偏张量。

现设 σ_m 为三个正应力分量的平均值，称为平均应力，即

$$\sigma_m = \frac{1}{3}(\sigma_x + \sigma_y + \sigma_z) = \frac{1}{3}(\sigma_1 + \sigma_2 + \sigma_3) \tag{2.24}$$

由式（2.24）可知，σ_m 是不变量，与所取的坐标无关，即对于一个确定的应力状态，它为单值。

应力张量分解如下：

$$\underbrace{\begin{Bmatrix} \sigma_x & \tau_{xy} & \tau_{xz} \\ \tau_{yx} & \sigma_y & \tau_{yz} \\ \tau_{zx} & \tau_{zy} & \sigma_z \end{Bmatrix}}_{\text{（应力张量）}} = \underbrace{\begin{Bmatrix} \sigma_m & 0 & 0 \\ 0 & \sigma_m & 0 \\ 0 & 0 & \sigma_m \end{Bmatrix}}_{\text{（应力球张量）}} + \underbrace{\begin{Bmatrix} \sigma_x - \sigma_m & \tau_{xy} & \tau_{xz} \\ \tau_{yx} & \sigma_y - \sigma_m & \tau_{yz} \\ \tau_{zx} & \tau_{zy} & \sigma_z - \sigma_m \end{Bmatrix}}_{\text{（应力偏张量）}} \tag{2.25}$$

简记为

$$\boldsymbol{\sigma}_{ij} = \boldsymbol{\sigma}'_{ij} + \boldsymbol{\delta}_{ij}\sigma_m \tag{2.26}$$

式中，$\boldsymbol{\delta}_{ij}$ 为柯氏符号，也称单位张量，当 $i = j$ 时，$\boldsymbol{\delta}_{ij} = 1$；当 $i \neq j$ 时，$\boldsymbol{\delta}_{ij} = 0$。即

$$\boldsymbol{\delta}_{ij} = \begin{bmatrix} 1 & 0 & 0 \\ 0 & 1 & 0 \\ 0 & 0 & 1 \end{bmatrix} \tag{2.27}$$

应力球张量所决定的是各向等压（或等拉）应力状态，这种应力状态不引起物体形状的变化，只决定物体体积的弹性变化。应力偏张量决定物体的形状变化。例如：铅在室温下的 σ_s 约为 20 MPa，铅块在密闭油缸中加上 2 000 MPa 的高压油，卸压后，铅试样并不呈现显著的塑性变形。

5. 应力偏张量不变量

应力偏张量与应力张量一样，也有 3 个不变量 J_1、J_2 及 J_3，如下：

$$J_1 = \sigma'_x + \sigma'_y + \sigma'_z = \sigma'_1 + \sigma'_2 + \sigma'_3 = 0 \tag{2.28}$$

$$J_2 = -(\sigma'_1\sigma'_2 + \sigma'_2\sigma'_3 + \sigma'_3\sigma'_1) = -\frac{1}{2}\left[(\sigma'_1)^2 + (\sigma'_2)^2 + (\sigma'_3)^2\right] = (I_1^2 + 3I_2)/3 \tag{2.29}$$

$$J_3 = \sigma'_1\sigma'_2\sigma'_3 = \frac{1}{27}\left[(2\sigma_1 - \sigma_2 - \sigma_3)(2\sigma_2 - \sigma_3 - \sigma_1)(2\sigma_3 - \sigma_1 - \sigma_2)\right]$$

$$= (2I_1^3 + 9I_1I_2 + 27I_3)/27 \tag{2.30}$$

式中，J_1、J_2、J_3 分别为应力偏张量第一、第二、第三不变量。

6. 八面体应力

等倾面：以 x、y、z 为主轴的正方体，如图 2.8(a) 所示，如在正方体上取 $\overline{11'} = \overline{22'} = \overline{33'}$，则截面 $1'2'3'$ 与 3 个坐标轴的倾角相等，这个面便是八面体上的一个平面。如图 2.8(b) 即为正八面体。平面 $1'2'3'$ 的法线方向也就是立体对角线的方向，此法线与坐标轴之间的夹角的方向余弦为

$$l = m = n = \pm \frac{1}{\sqrt{3}} \tag{2.31}$$

八面体平面：在过一点的应力单元体中，与 3 应力主轴等倾的平面有 4 对，即 4 组平行平面，构成正八面体。

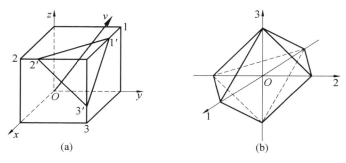

图 2.8　等倾面及正八面体

在主应力空间中由正应力和剪应力构成了 3 种特殊应力面，如图 2.9 所示，它们分别是以下 3 种。

(1) 3 组主平面，应力空间中构成平行六面体。

(2) 6 组主剪应力平面，应力空间中构成十二面体。

(3) 4 组八面体面，构成正八面体。

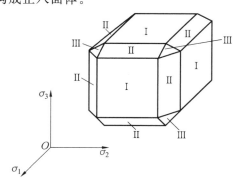

图 2.9　应力空间特殊面

八面体正应力：作用在正八面体平面上的正应力，用 σ_8 表示，即

$$\sigma_8 = \sigma_1 l^2 + \sigma_2 m^2 + \sigma_3 n^2 = \frac{1}{3}(\sigma_1 + \sigma_2 + \sigma_3) \tag{2.32}$$

用应力第一不变量表示为

$$\sigma_8 = \frac{1}{3} I_1 \qquad (2.33)$$

八面体剪应力:作用在正八面体平面上的剪应力,用 τ_8 表示,其数值等于平均应力,即

$$\tau_8 = \sqrt{l^2 \sigma_1^2 + m^2 \sigma_2^2 + n^2 \sigma_3^2 - (\sigma_1 l^2 + \sigma_2 m^2 + \sigma_3 n^2)^2}$$
$$= \frac{1}{3} \sqrt{(\sigma_1 - \sigma_2)^2 + (\sigma_2 - \sigma_3)^2 + (\sigma_3 - \sigma_1)^2} \qquad (2.34)$$

可以用应力第一不变量和应力第二不变量来表示,因为

$$(\sigma_1 - \sigma_2)^2 + (\sigma_2 - \sigma_3)^2 + (\sigma_3 - \sigma_1)^2 = 2(\sigma_1^2 + \sigma_2^2 + \sigma_3^2 - \sigma_1 \sigma_2 - \sigma_2 \sigma_3 - \sigma_3 \sigma_1)$$
$$= 2(\sigma_1^2 + \sigma_2^2 + \sigma_3^2 + 2\sigma_1 \sigma_2 + 2\sigma_2 \sigma_3 + 2\sigma_3 \sigma_1) - 6(\sigma_1 \sigma_2 + \sigma_2 \sigma_3 + \sigma_3 \sigma_1)$$
$$= 2I_1^2 - 6I_2$$

所以

$$\tau_8 = \frac{1}{3} \sqrt{2I_1^2 - 6I_2} \qquad (2.35)$$

正八面体剪应力也可以用主剪应力表示,即

$$\tau_8 = \frac{2}{3} \sqrt{\tau_{23}^2 + \tau_{31}^2 + \tau_{12}^2} \qquad (2.36)$$

7. 等效应力

等效应力又称应力强度,代表复杂应力折合成单向应力状态的当量应力,用下式表示:

$$\sigma_i = \frac{1}{\sqrt{2}} \sqrt{(\sigma_1 - \sigma_2)^2 + (\sigma_2 - \sigma_3)^2 + (\sigma_3 - \sigma_1)^2} = \frac{3}{\sqrt{2}} \tau_8 \qquad (2.37)$$

式中,σ_1、σ_2、σ_3 为主应力。

等效应力是衡量材料处于弹性状态或塑性状态的重要依据,它反映了各主应力的综合作用。等效应力有以下特点。

(1)等效应力是一个不变量。

(2)等效应力在数值上等于单向均匀拉伸(或压缩)时的拉伸应力(或压缩应力)σ_1,即 $\sigma_i = \sigma_1$。

(3)等效应力并不代表某一实际表面上的应力,因而不能在某一特定平面上表示出来。

(4)等效应力可以理解为代表一点应力状态中应力偏张量的综合作用。

8. 主剪应力与最大剪应力

主剪应力:过一点不同方位平面上的剪应力是变化的,当斜面上的剪应力为极大值时,该剪应力称为主剪应力。

主剪应力平面:主剪应力所在作用面。

最大剪应力:主剪应力的最大值。

由式(2.17)求解 $\frac{\partial \tau_n^2}{\partial l^2} = 0, \frac{\partial \tau_n^2}{\partial m^2} = 0, \frac{\partial \tau_n^2}{\partial n^2} = 0$,结合式(2.20),可得以下六组解,见表2.1。

第一、二、三组为主平面,τ_n 为零;第四、五、六组为主剪应力平面,τ_n 为主剪应力,其方向总是与主平面成 $45°$。对应三个主应力,有

$$\begin{cases} \tau_{23} = \pm \dfrac{\sigma_2 - \sigma_3}{2} \\[2mm] \tau_{31} = \pm \dfrac{\sigma_3 - \sigma_1}{2} \\[2mm] \tau_{12} = \pm \dfrac{\sigma_1 - \sigma_2}{2} \end{cases} \tag{2.38}$$

τ_{23}、τ_{31}、τ_{12} 满足条件

$$\tau_{23} + \tau_{31} + \tau_{12} = 0 \tag{2.39}$$

当 $\sigma_1 > \sigma_2 > \sigma_3$ 时,有最大剪应力值 $\tau_{\max} = \dfrac{1}{2} \mid \sigma_1 - \sigma_3 \mid$。

表 2.1　τ_n 的极值与方位

项目	组					
	一	二	三	四	五	六
	方向余弦					
l_1	± 1	0	0	0	$\pm\sqrt{\dfrac{1}{2}}$	$\pm\sqrt{\dfrac{1}{2}}$
l_2	0	± 1	0	$\pm\sqrt{\dfrac{1}{2}}$	0	$\pm\sqrt{\dfrac{1}{2}}$
l_3	0	0	± 1	$\pm\sqrt{\dfrac{1}{2}}$	$\pm\sqrt{\dfrac{1}{2}}$	0
σ_n	σ_1	σ_1	σ_1	$\dfrac{1}{2}(\sigma_1+\sigma_3)$	$\dfrac{1}{2}(\sigma_1+\sigma_3)$	$\dfrac{1}{2}(\sigma_1+\sigma_3)$
τ_n	0	0	0	$\dfrac{1}{2}(\sigma_1+\sigma_3)$	$\dfrac{1}{2}(\sigma_1+\sigma_3)$	$\dfrac{1}{2}(\sigma_1+\sigma_3)$

2.3.4　应力平衡微分方程

1. 直角坐标系下的平衡微分方程

在物体内任意一点 P 取一微小平行六面体,它的六个面垂直于坐标轴,棱边的长度为 $PA = \mathrm{d}x$、$PB = \mathrm{d}y$、$PC = \mathrm{d}z$,如图 2.10 所示。应力分量是位置坐标的函数,六面体是微小的,可以认为体力均布分布。

以 x 轴为投影轴,列出力的平衡方程 $\sum F_x = 0$,得

$$\left(\sigma_x + \frac{\partial \sigma_x}{\partial x}\mathrm{d}x\right)\mathrm{d}y\mathrm{d}z - \sigma_x\mathrm{d}y\mathrm{d}z + \left(\tau_{yx} + \frac{\partial \tau_{yx}}{\partial y}\mathrm{d}y\right)\mathrm{d}z\mathrm{d}x -$$

$$\tau_{yx}\mathrm{d}z\mathrm{d}x + \left(\tau_{zx} + \frac{\partial \tau_{zx}}{\partial z}\mathrm{d}z\right)\mathrm{d}x\mathrm{d}y - \tau_{zx}\mathrm{d}x\mathrm{d}y + K_x\mathrm{d}x\mathrm{d}y\mathrm{d}z = 0$$

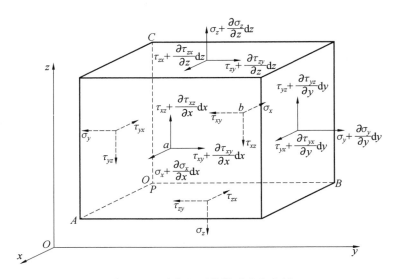

图 2.10　平衡六面体微元受力分析

以 y 轴、z 轴为投影轴,列出力的平衡方程 $\sum F_y = 0$、$\sum F_z = 0$,可以得出其他的两个方程。将这三个方程约简以后,除以 $\mathrm{d}x\mathrm{d}y\mathrm{d}z$,得到空间问题的平衡微分方程,即纳维叶方程,如下所示:

$$
\begin{cases}
\dfrac{\partial \sigma_x}{\partial x} + \dfrac{\partial \tau_{yx}}{\partial y} + \dfrac{\partial \tau_{zx}}{\partial z} + K_x = 0 \\[2mm]
\dfrac{\partial \sigma_y}{\partial y} + \dfrac{\partial \tau_{zy}}{\partial z} + \dfrac{\partial \tau_{xy}}{\partial x} + K_y = 0 \\[2mm]
\dfrac{\partial \sigma_z}{\partial z} + \dfrac{\partial \tau_{xz}}{\partial x} + \dfrac{\partial \tau_{yz}}{\partial y} + K_z = 0
\end{cases}
\tag{2.40}
$$

2. 柱坐标系下的平衡微分方程

对于柱坐标系,如图 2.11 所示,力平衡条件 $\sum F_r = 0$、$\sum F_\theta = 0$、$\sum F_z = 0$,得

$$
\begin{cases}
\dfrac{\partial \sigma_r}{\partial r} + \dfrac{1}{r}\dfrac{\partial \tau_{\theta r}}{\partial \theta} + \dfrac{\partial \tau_{zr}}{\partial z} + \dfrac{1}{r}(\sigma_r - \sigma_\theta) + K_r = 0 \\[2mm]
\dfrac{\partial \tau_{r\theta}}{\partial r} + \dfrac{1}{r}\dfrac{\partial \sigma_\theta}{\partial \theta} + \dfrac{\partial \tau_{z\theta}}{\partial z} + \dfrac{2}{r}\tau_{r\theta} + K_\theta = 0 \\[2mm]
\dfrac{\partial \tau_{rz}}{\partial r} + \dfrac{1}{r}\dfrac{\partial \tau_{z\theta}}{\partial \theta} + \dfrac{\partial \sigma_z}{\partial z} + \dfrac{\tau_{rz}}{r} + K_z = 0
\end{cases}
\tag{2.41}
$$

3. 球坐标系下的平衡微分方程

对于球坐标系,如图 2.12 所示,力平衡条件 $\sum F_r = 0$、$\sum F_\theta = 0$、$\sum F_\varphi = 0$,得

$$
\begin{cases}
\dfrac{\partial \sigma_r}{\partial r} + \dfrac{1}{r}\dfrac{\partial \theta r}{\partial \theta} + \dfrac{1}{r\sin\theta}\dfrac{\partial \tau_{\varphi r}}{\partial \varphi} + \dfrac{1}{r}\left[2\sigma_r - (\sigma_\theta + \sigma_\varphi) + \tau_{r\theta}\cot\theta\right] + K_r = 0 \\[2mm]
\dfrac{\partial \tau_{r\theta}}{\partial} + \dfrac{1}{r}\dfrac{\partial \sigma_\theta}{\partial \theta} + \dfrac{1}{r\sin\theta}\dfrac{\partial \tau_{\varphi\theta}}{\partial \varphi} + \dfrac{1}{r}\left[(\sigma_\theta - \sigma_\varphi)\cot\theta + 3\tau_{r\theta}\right] + K_\theta = 0 \\[2mm]
\dfrac{\partial \tau_{r\theta}}{\partial r} + \dfrac{1}{r}\dfrac{\partial \tau_{\theta\varphi}}{\partial \theta} + \dfrac{1}{r\sin\theta}\dfrac{\partial \sigma_\varphi}{\partial \varphi} + \dfrac{1}{r}(3\tau_{r\varphi} + 2\tau_{\theta\varphi}\cot\theta) + K_\varphi = 0
\end{cases}
\tag{2.42}
$$

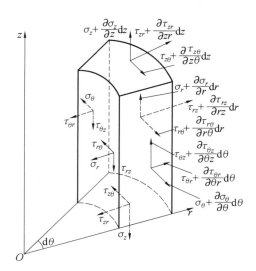

图 2.11　柱坐标系下微元体受力

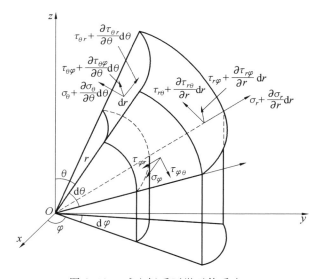

图 2.12　球坐标系下微元体受力

2.3.5　应力状态的独立分量构成

一般的空间应力状态有 9 个应力分量，分别为 σ_x、σ_y、σ_z、τ_{xy}、τ_{yx}、τ_{yz}、τ_{zy}、τ_{zx}、τ_{xz}。

设点 C 是四面体的重心，由 C 点至四面体各垂直及水平的距离分别为 $\frac{1}{3}\mathrm{d}x$、$\frac{1}{3}\mathrm{d}y$、$\frac{1}{3}\mathrm{d}z$，即点 C 在这些面上的投影与这些面的重心是重合的。如果通过 C 点画一条与 z 轴平行的轴 z'，这时作用在四面体各面的 12 个分力除两个应力 τ_{yz} 及 τ_{xy} 外，或与 z' 轴平行，或通过 z' 轴。因此对 z' 轴的力矩方程为

$$\tau_{xy}\frac{1}{2}\mathrm{d}y\mathrm{d}z\frac{\mathrm{d}x}{3}-\tau_{yx}\frac{1}{2}\mathrm{d}x\mathrm{d}z\frac{\mathrm{d}y}{3}=0$$

由此可得

$$\tau_{xy} = \tau_{yx}$$

同理可得

$$\tau_{zy} = \tau_{yz}, \quad \tau_{xz} = \tau_{zx}$$

此即剪应力互等定理,因而独立的应力分量是 6 个,即 σ_x、σ_y、σ_z、τ_{xy}、τ_{yz}、τ_{xz}。

2.3.6 主应力状态图及应力张量的几何表示

1. 主应力状态图

一点的应力状态可以用单元体的 3 个互相垂直的主平面上的 3 个主应力分量来表示。为了定性地说明变形体某点处的应力状态,通常采用主应力状态图表示。主应力状态图是在变形体内某点处用截面法截取单元体,在其 3 个互相垂直的面上用箭头定性地表示有无主应力存在,即受力状况(拉应力箭头指外,压应力箭头指内)的示意图。

主应力状态图共有 9 种,如图 2.13 所示,其中单向应力状态有两种,即单向拉应力、单向压应力;平面应力状态有三种,即两向拉应力、两向压应力、一向拉应力一向压应力;三向应力状态有 4 种,即三向拉应力、三向压应力、应力一向拉和两向压应力、一向压应力和两向拉应力。

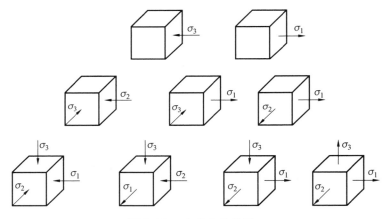

图 2.13 主应力状态图

2. 应力张量的几何表示

以下是 3 种加工方式的应力张量分解,如图 2.14 所示,可以看出应力状态虽然不同,但它们的应力偏张量却相同,所产生的变形都是轴向伸长、横向收缩,同属于伸长类变形。因此,根据应力偏量,可以判断变形类型。

(1) 图 2.14(a)所示为简单拉伸变形区中典型部位应力状态。

$$\begin{Bmatrix} 6 & 0 & 0 \\ 0 & 0 & 0 \\ 0 & 0 & 0 \end{Bmatrix} = \begin{Bmatrix} 2 & 0 & 0 \\ 0 & 2 & 0 \\ 0 & 0 & 2 \end{Bmatrix} + \begin{Bmatrix} 4 & 0 & 0 \\ 0 & -2 & 0 \\ 0 & 0 & -2 \end{Bmatrix}$$

（应力张量）　　　　（应力球张量）　　　（应力偏张量）

(2) 图 2.14(b)所示为拉拔变形区中典型部位应力状态。

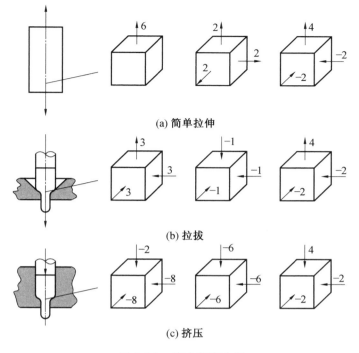

(a) 简单拉伸

(b) 拉拔

(c) 挤压

图 2.14　应力状态分析

$$\begin{Bmatrix} 3 & 0 & 0 \\ 0 & -3 & 0 \\ 0 & 0 & -3 \end{Bmatrix}_{(\text{应力张量})} = \begin{Bmatrix} -1 & 0 & 0 \\ 0 & -1 & 0 \\ 0 & 0 & -1 \end{Bmatrix}_{(\text{应力球张量})} + \begin{Bmatrix} 4 & 0 & 0 \\ 0 & -2 & 0 \\ 0 & 0 & -2 \end{Bmatrix}_{(\text{应力偏张量})}$$

（3）图 2.14(c) 所示为挤压变形区中典型部位应力状态。

$$\begin{Bmatrix} -2 & 0 & 0 \\ 0 & -8 & 0 \\ 0 & 0 & -8 \end{Bmatrix}_{(\text{应力张量})} = \begin{Bmatrix} -6 & 0 & 0 \\ 0 & -6 & 0 \\ 0 & 0 & -6 \end{Bmatrix}_{(\text{应力球张量})} + \begin{Bmatrix} 4 & 0 & 0 \\ 0 & -2 & 0 \\ 0 & 0 & -2 \end{Bmatrix}_{(\text{应力偏张量})}$$

2.3.7　平面问题与轴对称问题的应力状态

实际塑性加工过程一般都是三维问题,求解很困难,在处理实际问题时,通常将复杂的三维问题简化为平面问题(其应力状态分为平面应力状态和平面变形时的应力状态)或轴对称问题。因此,研究平面和轴对称问题的应力状态有重要的实际意义。

1. 平面应力状态

平面应力状态的特点如下。

（1）变形体内各质点在与某一方向(如 z 向)垂直的平面上没有应力作用,即 $\sigma_z = \tau_{zx} = \tau_{xz} = 0$,$z$ 轴为主方向,只有 σ_x、σ_y、τ_{xy} 三个应力分量。

（2）σ_x、σ_y、τ_{xy} 沿 z 轴方向均匀分布,即应力分量与 z 轴无关,对 z 的偏导数为零。

在工程实际中,薄壁管扭转、薄壁容器承受内压、板料形成中的一些工序等,由于厚度方向的应力相对很小而可以忽略,一般均作为平面应力状态处理。

平面应力状态的应力张量为

$$\boldsymbol{\sigma}_{ij} = \begin{bmatrix} \sigma_x & \tau_{xy} & 0 \\ \tau_{yx} & \sigma_y & 0 \\ 0 & 0 & 0 \end{bmatrix} \text{ 或 } \boldsymbol{\sigma}_{ij} = \begin{bmatrix} \sigma_1 & 0 & 0 \\ 0 & \sigma_2 & 0 \\ 0 & 0 & 0 \end{bmatrix} \quad (2.43)$$

在直角坐标系中,平面应力状态下的应力平衡微分方程为

$$\begin{cases} \dfrac{\partial \sigma_x}{\partial x} + \dfrac{\partial \tau_{yx}}{\partial y} + K_x = 0 \\ \dfrac{\partial \sigma_y}{\partial y} + \dfrac{\partial \tau_{xy}}{\partial x} + K_y = 0 \end{cases} \quad (2.44)$$

平面应力状态下任意斜面上的应力,主应力和主剪应力可分别由三向应力状态的公式导出,某斜面的三个方向余弦为

$$l = \cos\varphi, \quad m = \cos(90° - \varphi) = \sin\varphi, \quad n = 0 \quad (2.45)$$

应力分量为

$$\begin{cases} S_x = \sigma_x l + \tau_{yx} m = \sigma_x \cos\varphi + \tau_{yx} \sin\varphi \\ S_y = \sigma_y m + \tau_{xy} l = \sigma_y \sin\varphi + \tau_{xy} \cos\varphi \end{cases} \quad (2.46)$$

正应力为

$$\sigma = \sigma_x l^2 + \sigma_y m^2 + 2\tau_{xy} lm = \frac{1}{2}(\sigma_x + \sigma_y) + \frac{1}{2}(\sigma_x - \sigma_y)\cos 2\varphi + \tau_{xy}\sin 2\varphi \quad (2.47)$$

剪应力为

$$\tau = S_x m - S_y l = \frac{1}{2}(\sigma_x - \sigma_y)\sin 2\varphi - \tau_{xy}\cos 2\varphi \quad (2.48)$$

应力张量的三个不变量为

$$J_1 = \sigma_x + \sigma_y, \quad J_2 = -\sigma_x \sigma_y, \quad J_3 = 0 \quad (2.49)$$

应力状态的特征方程为

$$\sigma^2 - (\sigma_x + \sigma_y)\sigma + \sigma_x \sigma_y - \tau_{xy}^2 = 0 \quad (2.50)$$

主应力为

$$\left.\begin{matrix} \sigma_1 \\ \sigma_2 \end{matrix}\right\} = \frac{1}{2}(\sigma_x + \sigma_y) \pm \sqrt{\left(\frac{\sigma_x - \sigma_y}{2}\right)^2 + \tau_{xy}^2} \quad (2.51)$$

主剪应力为

$$\begin{cases} \tau_{12} = \pm \dfrac{\sigma_1 - \sigma_2}{2} = \pm\sqrt{\left(\dfrac{\sigma_x - \sigma_y}{2}\right)^2 + \tau_{xy}^2} \\ \tau_{23} = \pm \dfrac{\sigma_2}{2} \\ \tau_{31} = \pm \dfrac{\sigma_1}{2} \end{cases} \quad (2.52)$$

需要特别说明,平面应力状态中,虽然 z 轴没有应力,但是有应变。纯剪应力状态时,没有应力的方向上没有应变。

2. 平面变形时的应力状态

变形物体在某一方向上不产生变形时的应力状态称为平面应变状态下的应力状态,

发生变形的平面称为塑性流平面。

平面变形时的应力状态特点如下。

（1）不产生变形的方向（设为 z 方向）为主方向，与该方向垂直的平面的平面上没有剪应力。

（2）在不变形的方向上有阻止变形的正应力，其值为：对于弹性变形，$\sigma_z = \nu(\sigma_x + \sigma_y)$，式中 ν 为泊松（Poisson）比；对于塑性变形，$\sigma_z = \dfrac{1}{2}(\sigma_x + \sigma_y) = \sigma_m$。

（3）所有的应力分量沿 z 轴均匀分布，且与 z 轴无关，对 z 的偏导数为零。

平面应变状态下的应力张量可写成

$$\boldsymbol{\sigma}_{ij} = \begin{bmatrix} \sigma_x & \tau_{xy} & 0 \\ \tau_{yx} & \sigma_y & 0 \\ 0 & 0 & 0 \end{bmatrix} = \begin{bmatrix} \dfrac{\sigma_x - \sigma_y}{2} & \tau_{xy} & 0 \\ \tau_{yx} & -\dfrac{\sigma_x - \sigma_y}{2} & 0 \\ 0 & 0 & 0 \end{bmatrix} + \begin{bmatrix} \sigma_m & 0 & 0 \\ 0 & \sigma_m & 0 \\ 0 & 0 & \sigma_m \end{bmatrix} \tag{2.53}$$

在主应力坐标系下为

$$\boldsymbol{\sigma}_{ij} = \begin{bmatrix} \sigma_1 & 0 & 0 \\ 0 & \sigma_2 & 0 \\ 0 & 0 & \dfrac{\sigma_1 - \sigma_2}{2} \end{bmatrix} \begin{bmatrix} \dfrac{\sigma_1 - \sigma_2}{2} & 0 & 0 \\ 0 & -\dfrac{\sigma_1 - \sigma_2}{2} & 0 \\ 0 & 0 & 0 \end{bmatrix} + \begin{bmatrix} \sigma_m & 0 & 0 \\ 0 & \sigma_m & 0 \\ 0 & 0 & \sigma_m \end{bmatrix} \tag{2.54}$$

式中，$\sigma_m = \dfrac{1}{2}(\sigma_x + \sigma_y) = \dfrac{1}{2}(\sigma_1 + \sigma_2)$。

由于式（2.54）中的应力偏量 $\sigma_1' = \dfrac{(\sigma_1 - \sigma_2)}{2} = -\sigma_2'$，$\sigma_3' = 0$，即为纯剪应力状态，所以，平面变形时的应力状态就是纯剪应力状态叠加一个应力球张量。

平面变形时的主剪应力和最大剪应力为

$$\begin{cases} \tau_{12} = \pm \dfrac{\sigma_1 - \sigma_2}{2} = \tau_{max} \\ \tau_{23} = \tau_{31} = \pm \dfrac{\sigma_1 - \sigma_2}{4} \end{cases} \tag{2.55}$$

由式（2.55）可知，平面变形时最大剪应力所在的平面与变形平面上的两个主平面相交成 $45°$ 角，这是建立平面应变滑移线理论的重要依据。

3. 轴对称应力状态

当旋转体承受的外力对称于旋转轴分布时，则物体内质点所在的应力状态称为轴对称应力状态。由于变形体是旋转体，所以采用柱坐标系更为方便，如图 2.15 所示。

轴对称应力状态的特点如下。

（1）由于子午面（指通过旋转体轴线的平面，即 θ 面）在变形过程始终不会扭曲，所以在 θ 面上没有剪应力，即 $\tau_{\theta\rho} = \tau_{\theta z} = 0$，只有 σ_ρ、σ_θ、σ_z、$\tau_{\rho z}$ 等应力分量，而且 σ_θ 是主应力。

（2）各应力分量与 θ 坐标无关，对 θ 的偏导数为零。

轴对称应力状态的应力张量为

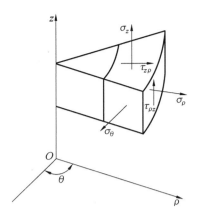

图 2.15　轴对称应力状态

$$\boldsymbol{\sigma}_{ij} = \begin{bmatrix} \sigma_\rho & 0 & \tau_{\rho z} \\ 0 & \sigma_\theta & 0 \\ \tau_{z\rho} & 0 & \sigma_z \end{bmatrix} \qquad (2.56)$$

轴对称应力状态的应力平衡微分方程式为

$$\begin{cases} \dfrac{\partial \sigma_\rho}{\partial \rho} + \dfrac{\partial \tau_{z\rho}}{\partial z} + \dfrac{\sigma_\rho - \sigma_\theta}{\rho} = 0 \\[2mm] \dfrac{\partial \tau_{\rho z}}{\partial} + \dfrac{\partial \sigma_z}{\partial z} + \dfrac{\tau_{\rho z}}{\rho} = 0 \end{cases} \qquad (2.57)$$

在有些轴对称问题中,例如圆柱体的平砧镦粗、圆柱体坯料的均匀挤压和拉拔等,其径向和周长的正应力分量相等,即 $\sigma_\rho = \sigma_\theta$。此时,只有三个独立的应力分量。

2.4　应变理论

2.4.1　有关应变的基本概念

1. 正应变

正应变表示变形体内线元长度的相对变化率。现设一单元体 $PABC$ 仅仅在 xOy 坐标平面内发生了很小的正变形,如图 2.16(a)(这里暂不考虑刚体位移)所示,变成了 $PA_1B_1C_1$。单元体内各线元的长度都发生了变化,例如其中线元 PB 由原长 r 变成了 $r_1 = r + \delta r$,于是把单元长度的变化

$$\varepsilon = \frac{r_1 - r}{r} = \frac{\delta r}{r} \qquad (2.58)$$

称为线元 PB 的正应变。线元伸长时 ε 为正,压缩时 ε 为负。其他线元也可同样定义,例如平行于 x 轴和 y 轴的线元 PA 和 PC,将分别有

$$\varepsilon_x = \frac{\delta r_x}{r_x}, \quad \varepsilon_y = \frac{\delta r_y}{r_y}$$

2. 剪应变

剪应变表示变形体内相交两线元夹角在变形前后的变化。设单元体在 xOy 坐标平

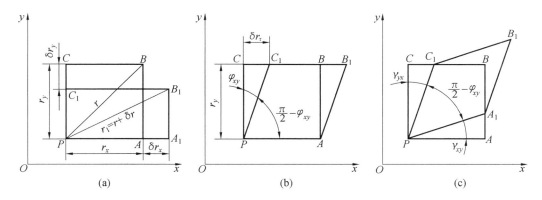

图 2.16　单元体在 xOy 平面内纯变形

面内发生剪变形,如图 2.16(b) 所示,线元 PA 和 PC 所夹的直角 $\angle CPA$ 缩成了 φ 角,变成了 $\angle C_1PA$,相当于 C 点在垂直于 PC 的方向偏移了 δr_τ,一般把

$$\frac{\delta r_\tau}{r_y} = \tan \varphi \approx \varphi \qquad (2.59)$$

称为相对剪应变。$\angle CPA$ 缩短时 φ 取正号,图 2.16(b) 中的 φ 是在 xOy 坐标平面内发生的,故可写成 φ_{xy}。由于小变形,故可认为 PC 转至 PC_1 时长度不变。图 2.16(b) 所示的相对剪应变 φ_{xy} 可看成 PA 和 PC 同时向内偏转相同的角度 γ_{xy} 及 γ_{yx} 而成,如图 2.14(c) 所示。

$$\gamma_{xy} = \gamma_{yx} = \frac{1}{2}\varphi_{yx} \qquad (2.60)$$

γ_{xy}、γ_{yx} 定义为剪应变。

剪应变下标的含义:第一个下标表示线元的方向,第二个下标表示线元偏转的方向,如 γ_{xy} 表示 x 方向的线元向 y 方向偏转的角度。

在实际变形时,线元 PA 和 PC 的偏转角度不一定相同。现设它们的实际偏转角度分别为 α_{xy}、α_{yx},如图 2.17(a) 所示,偏转的结果仍然使 $\angle CPA$ 缩减了 φ_{xy} 角,于是有

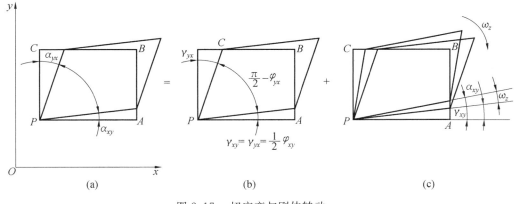

图 2.17　切应变与刚体转动

$$\begin{cases} \varphi_{xy} = \alpha_{yx} + \alpha_{xy} \\ \gamma_{xy} = \gamma_{yx} = \dfrac{1}{2}(\alpha_{yx} + \alpha_{xy}) \end{cases} \tag{2.61}$$

这时,在 α_{xy}、α_{yx} 中已包含了刚体转动。可以设想单元体的线元 PA 和 PC 同时偏转了 γ_{xy} 及 γ_{yx},如图 2.17(b) 所示,然后整个单元体绕 z 轴转动了一个角度 ω_z,如图 2.17(c) 所示,由几何关系得

$$\begin{cases} \alpha_{xy} = \gamma_{xy} - \omega_z \\ \alpha_{yx} = \gamma_{yx} + \omega_z \\ \omega_z = (\alpha_{xy} - \alpha_{yx})/2 \end{cases} \tag{2.62}$$

2.4.2　点的应变状态

物体变形时,其内的质点在所有方向上都会产生应变。因此,描述质点的变形需要引入点的应变状态的概念。点的应变状态是表示变形体内某一点任意截面上的应变大小及方向。

在直角坐标系中取一极小的单元体 $PA\cdots G$,边长分别为 r_x、r_y、r_z,小变形后移至 $P_1A_1\cdots G_1$,变成了一个偏斜的平行六面体,如图 2.18(a) 所示。图 2.18(b) 为它在 3 个坐标平面上的投影,这时,单元体同时产生了正应变、剪应变和刚体平移和转动。可以假设单元体首先平移至 $P_1A'\cdots G'$,然后可能产生如图 2.19 所示的 3 种正应变和 3 种切应变。

(1) 单元体在 x 方向的长度变化了 δr_x,其正应变为 $\varepsilon_x = \dfrac{\delta r_x}{r_x}$,如图 2.19(a) 所示。

(2) 单元体在 y 方向的长度变化了 δr_y,其正应变为 $\varepsilon_y = \dfrac{\delta r_y}{r_y}$,如图 2.19(b) 所示。

(3) 单元体在 z 方向的长度变化了 δr_z,其正应变为 $\varepsilon_z = \dfrac{\delta r_z}{r_z}$,如图 2.19(c) 所示。

(4) 单元体在 $P_1C'G'D'$ 面(即 x 面)在 xOy 平面中偏转了 α_{yx} 角,$P_1A'E'D'$ 面(y 面)偏转了 α_{xy},形成了 $\varphi_{xy} = \alpha_{yx} + \alpha_{xy}$,如图 2.19(d) 所示。

(5) y 面和 z 面在 yOz 平面分别偏转了 α_{zy} 角和 α_{yz} 角,形成了 $\varphi_{yz} = \alpha_{yz} + \alpha_{zy}$,如图 2.19(e) 所示。

(6) z 面和 x 面在 zOx 平面分别偏转了 α_{xz} 角和 α_{zx} 角,形成了 $\varphi_{zx} = \alpha_{zx} + \alpha_{xz}$,如图 2.19(f) 所示。

将以上 6 个变形叠加起来就可得到图 2.18(a) 中偏斜的六面体 $P_1A_1\cdots G_1$。于是该单元体的变形就可以用上述的 ε_x、ε_y、ε_z、φ_{xy}、φ_{yz}、φ_{zx} 6 个应变来表示。

3 个 φ 由 6 个偏转角 α 组成,它们之中实际包含了切应变和刚体转动。将前述的式 (2.60)、式 (2.61)、式 (2.62) 推广至三维,得到切应变 γ_{ij} 为

$$\begin{cases} \gamma_{xy} = \gamma_{yx} = \dfrac{1}{2}(\alpha_{yx} + \alpha_{xy}) \\ \gamma_{yz} = \gamma_{zy} = \dfrac{1}{2}(\alpha_{yz} + \alpha_{zy}) \\ \gamma_{zx} = \gamma_{xz} = \dfrac{1}{2}(\alpha_{zx} + \alpha_{xz}) \end{cases} \tag{2.63}$$

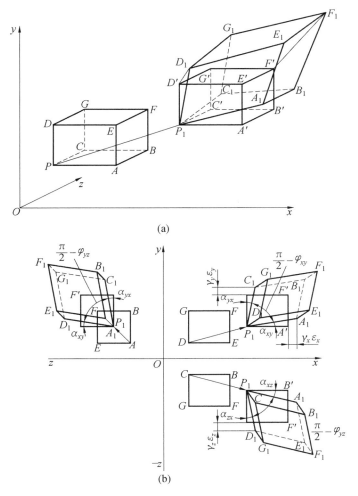

图 2.18　单元体变形

刚体转动为

$$\begin{cases} \omega_x = (\alpha_{zy} - \alpha_{yz})/2 \\ \omega_y = (\alpha_{xz} - \alpha_{zx})/2 \\ \omega_z = (\alpha_{xy} - \alpha_{yx})/2 \end{cases} \qquad (2.64)$$

ε_x、α_{xy} 等 9 个分量可构成一个张量,称为相对位移张量 $\boldsymbol{r}_{ij}$,即

$$\boldsymbol{r}_{ij} = \begin{bmatrix} \varepsilon_x & \alpha_{xy} & \alpha_{xz} \\ \alpha_{yx} & \varepsilon_y & \alpha_{yz} \\ \alpha_{zx} & \alpha_{zy} & \varepsilon_z \end{bmatrix}$$

在一般情况下 $\alpha_{xy} \neq \alpha_{yx}$,$\alpha_{yz} \neq \alpha_{zy}$,$\alpha_{zr} \neq \alpha_{xz}$,即 $\boldsymbol{r}_{ij} \neq \boldsymbol{r}_{ji}$,故是非对称张量。将 $\boldsymbol{r}_{ij}$ 叠加上一个零的张量 $(\boldsymbol{r}_{ji} - \boldsymbol{r}_{ji})/2$,即可分解为

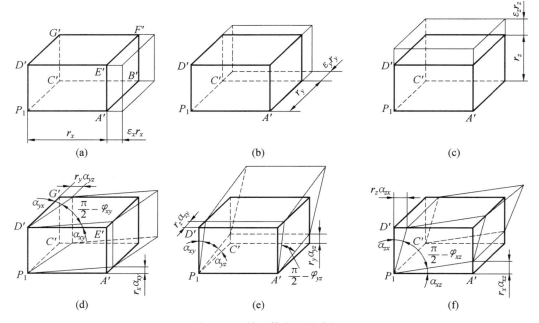

图 2.19 单元体变形的分解

$$\boldsymbol{r}_{ij} = \boldsymbol{r}_{ij} + (\boldsymbol{r}_{ji} - \boldsymbol{r}_{ji})/2 = (\boldsymbol{r}_{ij} + \boldsymbol{r}_{ji})/2 + (\boldsymbol{r}_{ij} - \boldsymbol{r}_{ji})/2$$

$$= \begin{bmatrix} \varepsilon_x & (\alpha_{xy} + \alpha_{yx})/2 & (\alpha_{xz} + \alpha_{zx})/2 \\ (\alpha_{yx} + \alpha_{xy})/2 & \varepsilon_y & (\alpha_{yz} + \alpha_{zy})/2 \\ (\alpha_{zx} + \alpha_{xz})/2 & (\alpha_{zy} + \alpha_{yz})/2 & \varepsilon_z \end{bmatrix}$$

$$= \begin{bmatrix} 0 & (\alpha_{xy} - \alpha_{yx})/2 & (\alpha_{xz} - \alpha_{zx})/2 \\ (\alpha_{yx} - \alpha_{zy})/2 & 0 & (\alpha_{yz} - \alpha_{zy})/2 \\ (\alpha_{zx} - \alpha_{xz})/2 & (\alpha_{zy} - \alpha_{yz})/2 & 0 \end{bmatrix}$$

将式(2.56)、式(2.57)代入上式,可得

$$\boldsymbol{r}_{ij} = \begin{bmatrix} \varepsilon_x & \gamma_{xy} & \gamma_{xz} \\ \gamma_{yx} & \varepsilon_y & \gamma_{yz} \\ \gamma_{zx} & \gamma_{zy} & \varepsilon_z \end{bmatrix} + \begin{bmatrix} 0 & -\omega_z & \omega_y \\ \omega_z & 0 & -\omega_x \\ -\omega_y & \omega_x & 0 \end{bmatrix} \quad (2.65)$$

式(2.65)的后一项为反对称张量,表示刚体转动,称为刚体转动张量;前一项为对称张量,表示纯变形,这就是我们所讨论的应变张量,用 $\boldsymbol{\varepsilon}_{ij}$ 表示,即

$$\boldsymbol{\varepsilon}_{ij} = \begin{bmatrix} \varepsilon_x & \gamma_{xy} & \gamma_{xz} \\ \gamma_{yx} & \varepsilon_y & \gamma_{yz} \\ \gamma_{zx} & \gamma_{zy} & \varepsilon_z \end{bmatrix}$$

为了便于记忆,两个下标的意义可以这样理解:第一个下标表示通过 P 点的线元方向,第二个下标表示该线元变形的方向。例如 ε_x 表示 P 点 x 方向线元在 x 方向的线应变, γ_{xy} 表示 x 方向线元在 y 方向的偏转角等。

2.4.3　位移分量与小变形几何方程

物体变形后,体内的点都产生了位移,引起了质点的应变。应变属于相对变形,是由位移引起的。因此,位移场与应变场之间一定存在某种关系。

1. 位移分量

变形体内一点变形前后的直线距离称为位移。在坐标系中,一点的位移矢量在 3 个坐标轴上的投影称为该点的位移分量,一般用 u、v、w 来表示。

变形体内不同点的位移分量也是不同的。根据连续性基本假设,位移分量应是坐标的连续函数,而且一般都有连续的二阶偏导数,该函数可表示为

$$\begin{cases} u = u(x,y,z) \\ v = v(x,y,z) \\ w = w(x,y,z) \end{cases} \qquad (2.66)$$

式(2.66)表示变形体内的位移函数,即位移场。

一般情况下,位移场是待求的,而且求解比较复杂,但在某些比较简单而且理想的场合,可以通过集合关系直接求得位移场。例如,图 2.20 所示为一个矩形柱体在无摩擦的光滑平板间进行塑性压缩,这时该柱体在压缩后仍是矩形柱体,且可假设体积不变,如设压缩量 δL 很小,则柱体内的位移场为

$$\begin{cases} u = \dfrac{\delta L}{2L}x \\ v = \dfrac{\delta L}{2L}y \\ w = -\dfrac{\delta L}{L}z \end{cases}$$

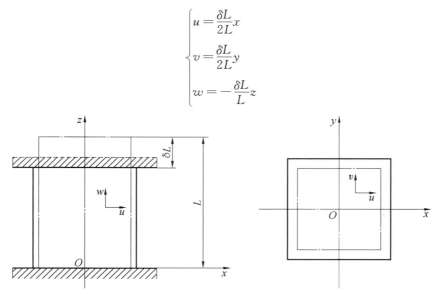

图 2.20　光滑平板间镦粗时的位移

图 2.21 所示为一矩形截面坯料在无摩擦的平面挤压模内挤压,坯料的厚度在通过斜面变形区后变薄,但宽度不变,如设在所有垂直 x 轴的截面上,位移分量 u 为均布,而且变形区内所有点得位移矢量都指向 z 轴,即图 2.21 中的原点 O。现在冲头向左推进了一个很小的距离 δL,这时变形区的位移分量为

$$\begin{cases} u = -\dfrac{H\delta L}{\tan\alpha}\dfrac{1}{x} \\[2mm] v = -\dfrac{H\delta L}{\tan\alpha}\dfrac{y}{x^2} \\[2mm] w = 0 \end{cases}$$

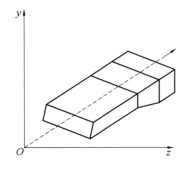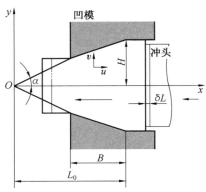

图 2.21　无摩擦平面挤压时的位移

接下来研究变形体内无限接近的两点的位移分量之间的关系。设受力物体内任一点 M 的坐标为 (x,y,z)，小变形后移至 M_1，其位移分量为 $u_i(x,y,z)$。与 M 点无限接近的一点 M' 的坐标为 $(x+\mathrm{d}x,y+\mathrm{d}y,z+\mathrm{d}z)$，小变形后移至 M_1'，其位移分量为 $u_i'(x+\mathrm{d}x,y+\mathrm{d}y,z+\mathrm{d}z)$，如图 2.22 所示。将函数 u_i' 按泰勒级数展开并略去高阶微量，可得

$$u_i' = u_i + \frac{\partial u_i}{\partial x_j}\mathrm{d}x_j = u_i + \delta u_i \tag{2.67}$$

式中，$u_i = \dfrac{\partial u_i}{\partial x_j}\mathrm{d}x_j$ 称为 M' 点相对 M 点的位移增量。

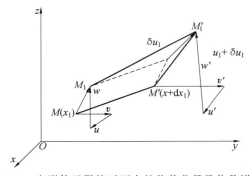

图 2.22　变形体无限接近两点的位移分量及位移增量

式(2.67)说明，若已知变形物体内一点 M 的位移分量，则与其相邻近一点 M' 的位移分量可以用 M 点的位移分量及其增量来表示，其中的位移增量 δu_i 可写成

$$\begin{cases} \delta u = \dfrac{\partial u}{\partial x}\mathrm{d}x + \dfrac{\partial u}{\partial y}\mathrm{d}y + \dfrac{\partial u}{\partial z}\mathrm{d}z \\[2mm] \delta v = \dfrac{\partial v}{\partial x}\mathrm{d}x + \dfrac{\partial v}{\partial y}\mathrm{d}y + \dfrac{\partial v}{\partial z}\mathrm{d}z \\[2mm] \delta w = \dfrac{\partial w}{\partial x}\mathrm{d}x + \dfrac{\partial w}{\partial y}\mathrm{d}y + \dfrac{\partial w}{\partial z}\mathrm{d}z \end{cases} \tag{2.68}$$

若无限接近两点的连线 MM' 平行于某坐标轴,如 $MM' /\!/ x$ 轴,则式(2.68)中 $\mathrm{d}x \neq 0, \mathrm{d}y = \mathrm{d}z = 0$,此时,式(2.68)变为

$$
\begin{cases}
\delta u = \dfrac{\partial u}{\partial x}\mathrm{d}x \\[2mm]
\delta v = \dfrac{\partial v}{\partial x}\mathrm{d}x \\[2mm]
\delta w = \dfrac{\partial w}{\partial x}\mathrm{d}x
\end{cases}
\tag{2.69}
$$

2. 直角坐标系下的小变形几何方程

由变形物体中取出一个微小的平行六面体,将六面体的各面投影到直角坐标系的各个坐标面上,如图 2.23 所示,根据这些投影的变形规律来研究整个平行六面体的变形。

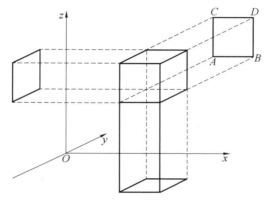

图 2.23　变形体的投影

首先,研究平行六面体在 xOz 面上的投影 $ABCD$,如图 2.24 所示,整个矩形 $ABCD$ 移到 $A'B'C'D'$ 的位置,A 点的位移是 u 和 w,它们是坐标的函数,因此有

$$
u = f_1(x,y,z), \quad w = f_3(x,y,z)
\tag{2.70}
$$

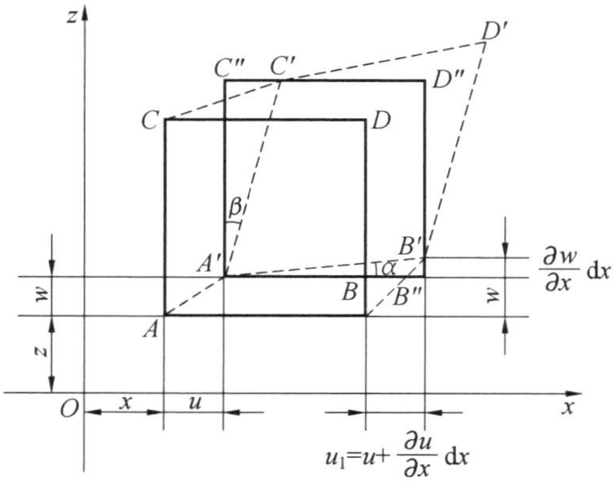

图 2.24　应变和位移关系示意图

B 点沿 x 轴位移与 A 点位移不同,由泰勒级数展开并略去高阶微量后,表达式为

$$
u_1 = f_1(x + \mathrm{d}x, y, z) = u + \frac{\partial u}{\partial x}\mathrm{d}x
\tag{2.71}
$$

如果边长 $AB = \mathrm{d}x$,则在 x 轴上的投影的全伸长量为

$$u_1 - u = \frac{\partial u}{\partial x}\mathrm{d}x \tag{2.72}$$

如用 ε_x 表示沿 x 轴的相对伸长,则有

$$\varepsilon_x = \frac{u_1 - u}{\mathrm{d}x} = \frac{\partial u}{\partial x}$$

用同样方法可以得到平行于 y 轴和 z 轴边长的相对伸长为

$$\varepsilon_y = \frac{\partial v}{\partial y}, \quad \varepsilon_z = \frac{\partial w}{\partial z} \tag{2.73}$$

下面研究六面体的各直角因剪应变而发生的角变形。 变形前,直角 BAC 或 $B''A''C''$(A'' 与 A' 重合),变形时,棱边 $A'B''$ 转动角度 α,棱边 $A'C''$ 转动角度 β,在 xOz 平面内,角应变用 γ_{zx} 表示,其值为角 α 和角 β 之和,即

$$\gamma_{zx} = \alpha + \beta$$

由于变形是微小的,角可以用正切之和表示,也可以用位移表示。

若 A 点在 z 轴方向的位移为

$$w = f_3(x, y, z)$$

则 B 点在 z 轴方向的位移为

$$w_1 = f(x + \mathrm{d}x, y, z) = w + \frac{\partial w}{\partial x}\mathrm{d}x$$

A 点过渡到 B 点时,位移因 x 的变化而变化。

B 点与 A 点沿 z 轴方向位移之差为

$$B''B' = w_1 - w = \frac{\partial w}{\partial x}\mathrm{d}x$$

由直角三角形 $A'B''B'$ 可得

$$\alpha \approx \tan\alpha = \frac{B''B'}{A'B''} = \frac{\frac{\partial w}{\partial x}\mathrm{d}x}{\mathrm{d}x + \frac{\partial u}{\partial x}\mathrm{d}x} = \frac{\frac{\partial w}{\partial x}}{1 + \frac{\partial u}{\partial x}}$$

在分母中,$\frac{\partial u}{\partial x}$ 与 1 相比是个微量,故可略去,因而得

$$\alpha = \frac{\partial w}{\partial x}$$

用相同的方法可得

$$\beta = \frac{\partial u}{\partial z}$$

在 xOz 平面内相对剪应变为

$$\gamma_{zx} = \frac{\partial u}{\partial z} + \frac{\partial w}{\partial x}$$

用同样的方法可以得到 xOz 和 yOz 平面内的剪应变为

$$\gamma_{xy} = \frac{\partial u}{\partial y} + \frac{\partial v}{\partial x}, \quad \gamma_{yz} = \frac{\partial v}{\partial z} + \frac{\partial w}{\partial y} \tag{2.74}$$

以上分析便得到三维直角坐标系下用位移表示应变的几何关系（又称柯西几何关系）

$$\begin{cases} \varepsilon_x = \dfrac{\partial u}{\partial x}, & \gamma_{xy} = \dfrac{\partial u}{\partial y} + \dfrac{\partial v}{\partial x} \\[2mm] \varepsilon_y = \dfrac{\partial v}{\partial y}, & \gamma_{yz} = \dfrac{\partial w}{\partial y} + \dfrac{\partial v}{\partial z} \\[2mm] \varepsilon_z = \dfrac{\partial w}{\partial z}, & \gamma_{zx} = \dfrac{\partial w}{\partial x} + \dfrac{\partial u}{\partial z} \end{cases} \tag{2.75}$$

对于正应变，正值相当于单元 $\mathrm{d}x$ 的伸长；负值相当于单元 $\mathrm{d}x$ 的缩短。对于剪应变，六面体夹角的减小对应于正的剪应变；夹角的增大对应于负的剪应变。

3. 柱坐标系下的小变形几何方程

三维柱坐标系下的柯西几何关系为

$$\begin{cases} \varepsilon_r = \dfrac{\partial u}{\partial r}, & \gamma_{r\theta} = \dfrac{\partial v}{\partial r} + \dfrac{1}{r}\dfrac{\partial u}{\partial \theta} - \dfrac{v}{r} \\[2mm] \varepsilon_\theta = \dfrac{1}{r}\dfrac{\partial v}{\partial \theta} + \dfrac{u}{r}, & \gamma_{\theta z} = \dfrac{1}{r}\dfrac{\partial w}{\partial \theta} + \dfrac{\partial v}{\partial z} \\[2mm] \varepsilon_z = \dfrac{\partial w}{\partial z}, & \gamma_{zr} = \dfrac{\partial w}{\partial r} + \dfrac{\partial u}{\partial z} \end{cases} \tag{2.76}$$

式中，u、v、w 分别为一点位移在径向和环向以及高度方向的分量；ε_r、ε_θ、ε_z 分别为在 r 方向、θ 方向、z 方向的正应变；$\gamma_{r\theta}$、$\gamma_{\theta z}$、γ_{zr} 为剪应变。

二维平面极坐标系下的柯西几何关系为

$$\begin{cases} \varepsilon_r = \dfrac{\partial u}{\partial r} \\[2mm] \varepsilon_\theta = \dfrac{1}{r}\dfrac{\partial v}{\partial \theta} + \dfrac{u}{r} \\[2mm] \gamma_{r\theta} = \dfrac{1}{r}\dfrac{\partial u}{\partial \theta} + \dfrac{\partial v}{\partial r} - \dfrac{v}{r} \end{cases} \tag{2.77}$$

直角坐标系与平面极坐标系下的位移与应变之间的关系相比较，主要差别在于平面极坐标中 ε_θ 和 $\gamma_{r\theta}$ 中各多出一项，其几何意义如下。

假定平面物体的半径为 r，圆周上微圆弧段发生了相同的位移 u，如图 2.25 所示，则变形后该微单元弧段长度为 $(r+u)\mathrm{d}\theta$，而原始长度为 $r\mathrm{d}\theta$，相对伸长为

$$\varepsilon_\theta = \frac{(r+u)\mathrm{d}\theta - r\mathrm{d}\theta}{r\mathrm{d}\theta} = \frac{u}{r}$$

由上式可知式（2.77）中，$\dfrac{u}{r}$ 表示由于发生径向位移所引起的环向应变分量。另外，如果平面变形体某一微元线段 AB 发生了下列形式的位移，即在变形后线段上各点沿其环向方向移动了相同的距离 v，如图 2.26 所示，这样变形前与半径重合的直线段 AB，变形后移动到 CD 位置，不再与 C 点的半径方向 CE 相重合，而彼此的夹角为 $\dfrac{v}{r}$，于是微元线段 AB 变形后的 CD 与 C 点圆周切线（θ 坐标线正方向）夹角为 $\dfrac{\pi}{2} + \dfrac{v}{r}$，夹角比 $\dfrac{\pi}{2}$ 增大了 $\dfrac{v}{r}$。

根据剪应变的定义，即发生了剪应变 $\gamma_{r\theta} = -\dfrac{v}{r}$，这就说明了所多出项的几何意义。

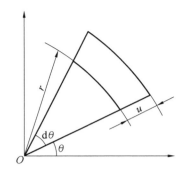　　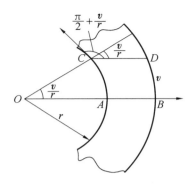

图 2.25　具有相同径向位移的微元弧　　　图 2.26　具有环向位移的圆弧

4. 球坐标系下的小变形几何方程

三维球坐标系下的柯西几何关系为

$$\varepsilon_r = \frac{\partial u}{\partial r}, \quad \varepsilon_\theta = \varepsilon_\varphi = 0 \tag{2.78}$$

2.4.4　变形的协调性与应变连续方程

1. 变形的协调性

变形的协调性:满足连续体假设,物体变形后必须仍保持其整体性和连续性。

数学观点:要求位移函数 u、v、w 在其定义域内为单值连续函数。

变形的不协调性可能结果:变形后出现"撕裂"(图 2.27(b))、"套叠"(图 2.27(c))等现象。"撕裂"现象后位移函数就出现了间断;"套叠"后位移函数就不是单值的,破坏了物体整体性和连续性。

为保持物体的整体性,各应变分量之间必须要有一定的关系,给出应变分量需要,求出位移的需要。

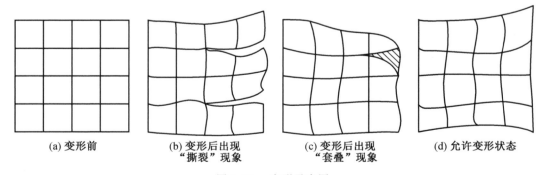

(a) 变形前　　　(b) 变形后出现　　　(c) 变形后出现　　　(d) 允许变形状态
　　　　　　　"撕裂"现象　　　　"套叠"现象

图 2.27　变形示意图

2. 应变连续方程

由小变形几何方程可知,6 个应力分量取决于 3 个位移分量,所以 6 个应变分量不能是任意的,其间必存在一定的关系,这种关系称为应变连续方程或变形协调方程。应变连续方程有两组共 6 式。简略推导如下。

一组为每个坐标平面应变分量之间满足的关系。

如在 xOy 坐标平面内,将几何方程中的 ε_x 对 y 求两次偏导数,ε_y 对 x 求两次偏导数,得

$$\frac{\partial^2 \varepsilon_x}{\partial y^2} = \frac{\partial^2}{\partial x \partial y}\left(\frac{\partial u}{\partial y}\right), \quad \frac{\partial^2 \varepsilon_y}{\partial x^2} = \frac{\partial^2}{\partial x \partial y}\left(\frac{\partial v}{\partial x}\right) \tag{2.79}$$

两式相加,得

$$\frac{\partial^2 \varepsilon_x}{\partial y^2} + \frac{\partial^2 \varepsilon_y}{\partial x^2} = \frac{\partial^2}{\partial x \partial y}\left(\frac{\partial u}{\partial y} + \frac{\partial v}{\partial x}\right) = \frac{\partial^2 \gamma_{xy}}{\partial x \partial y}$$

用同样的方法还可求出其他两式,共得下列三式:

$$\begin{cases} \dfrac{\partial^2 \varepsilon_x}{\partial y^2} + \dfrac{\partial^2 \varepsilon_y}{\partial x^2} = \dfrac{\partial^2 \gamma_{xy}}{\partial x \partial y} \\[2mm] \dfrac{\partial^2 \varepsilon_y}{\partial z^2} + \dfrac{\partial^2 \varepsilon_z}{\partial y^2} = \dfrac{\partial^2 \gamma_{yz}}{\partial y \partial z} \\[2mm] \dfrac{\partial^2 \varepsilon_z}{\partial x^2} + \dfrac{\partial^2 \varepsilon_x}{\partial z^2} = \dfrac{\partial^2 \gamma_{xz}}{\partial z \partial x} \end{cases} \tag{2.80a}$$

式(2.80a)表明,在一个坐标平面内,一个线应变分量一经确定,则切应变分量也就被确定了。

另一组为不同坐标平面内应变分量之间应满足的关系。

将式(2.75)中的 ε_x 对 y、z,ε_y 对 z、x,ε_z 对 x、y 分别求偏导,并将切应变分量 γ_{xy}、γ_{yz}、γ_{zx} 分别对 z、x、y 求偏导,得

$$\begin{cases} \dfrac{\partial^2 \varepsilon_x}{\partial y \partial z} = \dfrac{\partial^3 u}{\partial x \partial y \partial z} \tag{2.80b} \end{cases}$$

$$\begin{cases} \dfrac{\partial^2 \varepsilon_y}{\partial z \partial x} = \dfrac{\partial^3 v}{\partial x \partial y \partial z} \tag{2.80c} \end{cases}$$

$$\begin{cases} \dfrac{\partial^2 \varepsilon_z}{\partial z \partial x} = \dfrac{\partial^3 w}{\partial x \partial y \partial z} \tag{2.80d} \end{cases}$$

$$\begin{cases} \dfrac{\partial \gamma_{yz}}{\partial x} = \dfrac{\partial^2 v}{\partial z \partial x} + \dfrac{\partial^2 w}{\partial x \partial y} \tag{2.80e} \end{cases}$$

$$\begin{cases} \dfrac{\partial \gamma_{zx}}{\partial y} = \dfrac{\partial^2 w}{\partial x \partial y} + \dfrac{\partial^2 u}{\partial z \partial y} \tag{2.80f} \end{cases}$$

$$\begin{cases} \dfrac{\partial \gamma_{xy}}{\partial z} = \dfrac{\partial^2 u}{\partial y \partial z} + \dfrac{\partial^2 v}{\partial x \partial z} \tag{2.80g} \end{cases}$$

将式(2.80e)和式(2.80f)相加减去式(2.80g),得

$$\frac{\partial \gamma_{yz}}{\partial x} + \frac{\partial \gamma_{zx}}{\partial y} - \frac{\partial \gamma_{xy}}{\partial z} = 2 \frac{\partial^2 w}{\partial x \partial y}$$

再将上式对 z 求偏导,得

$$\begin{cases} 2 \dfrac{\partial^2 \varepsilon_x}{\partial y \partial z} = \dfrac{\partial}{\partial x}\left(-\dfrac{\partial \gamma_{yz}}{\partial x} + \dfrac{\partial \gamma_{zx}}{\partial y} + \dfrac{\partial \gamma_{xy}}{\partial z}\right) \\[3mm] 2 \dfrac{\partial^2 \varepsilon_y}{\partial z \partial x} = \dfrac{\partial}{\partial y}\left(\dfrac{\partial \gamma_{yz}}{\partial x} - \dfrac{\partial \gamma_{zx}}{\partial y} + \dfrac{\partial \gamma_{xy}}{\partial z}\right) \\[3mm] 2 \dfrac{\partial^2 \varepsilon_z}{\partial x \partial y} = \dfrac{\partial}{\partial z}\left(\dfrac{\partial \gamma_{yz}}{\partial x} + \dfrac{\partial \gamma_{zx}}{\partial y} - \dfrac{\partial \gamma_{xy}}{\partial z}\right) \end{cases} \tag{2.80h}$$

式(2.80h)表明,在三维空间内三个切应变分量一经确定,则线应变分量也就被确定了。

应变协调方程的物理意义:应变分量满足变形协调就保证了物体在变形后不会出现"撕裂""套叠"等现象,保证了位移解的单值和连续性。

应变分量只确定物体中各点间的相对位置,刚体位移不包含在应变分量之中,无应变状态下可以产生任一种刚体移动,如能正确地求出物体各点的位移函数 u、v、w,根据应变位移方程求出各应变分量,则应变协调方程即可自然满足。

应变协调方程本身是从应变位移方程推导出来的。从物理意义来看,如果位移函数是连续的,变形自然也就可以协调。因而,在用位移法解题时,应变协调方程可以自然满足;而用应力法解题时,则需同时考虑应变协调方程。

2.4.5 主应变及应变张量

1. 主应变

主应变存在三个互相垂直的平面,在这些平面上没有剪应变,只有线应变,这样的平面称为主平面,这些平面的法线方向称为主方向,对应于主方向的正应变则称为主应变,用 ε_1、ε_2、ε_3 表示。对于同性材料,可认为小应变主方向与应力主方向重合。

若取应变主轴为坐标轴,则应变张量为

$$\boldsymbol{\varepsilon}_{ij} = \begin{bmatrix} \varepsilon_1 & 0 & 0 \\ 0 & \varepsilon_2 & 0 \\ 0 & 0 & \varepsilon_3 \end{bmatrix} \tag{2.81}$$

2. 应变张量不变量

若已知一点的应变张量,求过该点的三个主应变,也存在一个应变状态的特征方程

$$\varepsilon^3 - I_1'\varepsilon^2 + I_2'\varepsilon - I_3' = 0 \tag{2.82}$$

对于一个确定的应变状态,三个主应变具有单值性,故上述特征方程式(2.82)中的 I_1'、I_2'、I_3' 也具有单值性,它们就是应变第一、第二、第三不变量,相应表达式为

$$\begin{cases} I_1' = \varepsilon_x + \varepsilon_y + \varepsilon_z \\ I_2' = \varepsilon_x\varepsilon_y + \varepsilon_y\varepsilon_z + \varepsilon_z\varepsilon_x - (\gamma_{xy}^2 + \gamma_{yz}^2 + \gamma_{zx}^2) \\ I_3' = \varepsilon_x\varepsilon_y\varepsilon_z + 2\gamma_{xy}\gamma_{yz}\gamma_{zx} - (\varepsilon_x\gamma_{yz}^2 + \varepsilon_y\gamma_{zx}^2 + \varepsilon_z\gamma_{xy}^2) \end{cases} \tag{2.83a}$$

以主应变表示的不变量将为

$$\begin{cases} I_1' = \varepsilon_1 + \varepsilon_2 + \varepsilon_3 \\ I_2' = \varepsilon_1\varepsilon_2 + \varepsilon_2\varepsilon_3 + \varepsilon_3\varepsilon_1 \\ I_3' = \varepsilon_1\varepsilon_2\varepsilon_3 \end{cases} \tag{2.83b}$$

3. 应变张量的分解

应变张量也可以分解为如下两个张量,即

$$\boldsymbol{\varepsilon}_{ij} = \begin{bmatrix} \varepsilon_x & \gamma_{xy} & \gamma_{xz} \\ \gamma_{yx} & \varepsilon_y & \gamma_{yz} \\ \gamma_{zx} & \gamma_{zy} & \varepsilon_z \end{bmatrix} = \begin{bmatrix} \varepsilon_x - \varepsilon_m & \gamma_{xy} & \gamma_{xz} \\ \gamma_{yx} & \varepsilon_y - \varepsilon_m & \gamma_{yz} \\ \gamma_{zx} & \gamma_{zy} & \varepsilon_z - \varepsilon_m \end{bmatrix} + \begin{bmatrix} \varepsilon_m & 0 & 0 \\ 0 & \varepsilon_m & 0 \\ 0 & 0 & \varepsilon_m \end{bmatrix}$$

$$= \boldsymbol{\varepsilon}'_{ij} + \boldsymbol{\delta}_{ij}\varepsilon_{\mathrm{m}} \tag{2.84}$$

式中，ε_{m} 为平均应变，$\varepsilon_{\mathrm{m}} = \dfrac{1}{3}(\varepsilon_1 + \varepsilon_2 + \varepsilon_3)$；$\boldsymbol{\varepsilon}'_{ij}$ 为应变偏张量，表示变形单元体形状的变化；$\boldsymbol{\delta}_{ij}\varepsilon_{\mathrm{m}}$ 为应变球张量，表示变形单元体体积的变化。

4. 应变偏张量不变量

应变偏张量也有三个不变量，称为应变偏张量的第一、第二和第三不变量，即

$$\begin{cases} J'_1 = \varepsilon'_x + \varepsilon'_y + \varepsilon'_z = \varepsilon'_1 + \varepsilon'_2 + \varepsilon'_2 = 0 \\ J'_2 = \varepsilon'_x\varepsilon'_y + \varepsilon'_y\varepsilon'_z + \varepsilon'_z\varepsilon'_x - (\gamma^2_{xy} + \gamma^2_{yz} + \gamma^2_{zx}) = \varepsilon'_1\varepsilon'_2 + \varepsilon'_2\varepsilon'_3 + \varepsilon'_3\varepsilon'_1 \\ J'_3 = \varepsilon'_x\varepsilon'_y\varepsilon'_z + 2\gamma_{xy}\gamma_{yz}\gamma_{zx} - (\varepsilon'_x\gamma^2_{yz} + \varepsilon'_y\gamma^2_{zx} + \varepsilon'_z\gamma^2_{xy}) = \varepsilon'_1\varepsilon'_2\varepsilon'_3 \end{cases} \tag{2.85}$$

变形时，根据体积不变条件有 $\varepsilon_{\mathrm{m}} = 0$，故此时应变偏张量即为应变张量。

2.3.6　应变增量和应变速率张量

1. 全量应变

全量应变是微元体在某一变形过程或变形过程中的某个阶段结束时的变形大小。

2. 应变增量

应变增量是变形过程中某一极短阶段中的应变。以物体在变形过程中某瞬时的形状尺寸为原始状态，在此基础上发生的无限小应变就是应变增量。塑性成形问题一般都是大变形，前面所讨论的小变形公式在大变形中不能直接应用。一般采用无限小的应变增量来描述某一瞬时的变形情况，整个变形过程可以看作是很多瞬时应变增量的积累。应变增量的必要性是由塑性变形的特点决定的：塑性变形是不可逆的，加载时可以产生变形，卸载时已经产生了的塑性变形并不随应力的减小而减小，而是保留不变。如果质点曾有过几次变形，则其全量应变将是历次变形叠加的结果，通常并不单值地对应某时刻的应力状态。加载过程每一时刻的应力状态一般是和当时应变增量相对应的。了解应变增量一般都是从速度场出发的。物体变形时，体内各质点都在运动，都存在一个速度场。

设物体各点的速度为

$$\dot{u}_i \approx \frac{\partial u_i}{\partial t} \tag{2.86}$$

在随后的一个无限小的时间间隔 $\mathrm{d}t$ 之内，体内各点的位移增量的分量为

$$\mathrm{d}u_i = \dot{u}_i\mathrm{d}t \tag{2.87}$$

产生位移增量后，变形体内各质点就一个相应的无穷小应变增量，用 $\mathrm{d}\varepsilon_{ij}$ 表示。应变增量与位移增量的关系也即几何方程，形式上与小变形几何方程相同，只是把其中的 u_i 改为 $\mathrm{d}u_i$，可得应变增量的几何方程为

$$\mathrm{d}\varepsilon_{ij} = \frac{1}{2}\left[\frac{\partial}{\partial x_j}(\mathrm{d}u_i) + \frac{\partial}{\partial x_i}(\mathrm{d}u_j)\right] \tag{2.88}$$

一点的应变增量也是二阶对称张量，即

$$\mathrm{d}\boldsymbol{\varepsilon}_{ij} = \begin{bmatrix} \mathrm{d}\varepsilon_x & \dfrac{1}{2}\mathrm{d}\gamma_{xy} & \dfrac{1}{2}\mathrm{d}\gamma_{xz} \\ \dfrac{1}{2}\mathrm{d}\gamma_{yx} & \mathrm{d}\varepsilon_y & \dfrac{1}{2}\mathrm{d}\gamma_{yz} \\ \dfrac{1}{2}\mathrm{d}\gamma_{zx} & \dfrac{1}{2}\mathrm{d}\gamma_{zy} & \mathrm{d}\varepsilon_z \end{bmatrix} \tag{2.89}$$

3. 应变速率

单位时间内的应变称为应变速率，$\mathrm{d}\varepsilon_{ij}/\mathrm{d}t$，用 $\dot{\varepsilon}_{ij}$ 表示。

将式(2.87)代入式(2.88)，得

$$\mathrm{d}\varepsilon_{ij} = \frac{1}{2}\left[\frac{\partial}{\partial x_j}(\dot{u}_i\mathrm{d}t) + \frac{\partial}{\partial x_i}(\dot{u}_j\mathrm{d}t)\right]$$

上式两端除以 $\mathrm{d}t$，即得

$$\dot{\varepsilon}_{ij} = \frac{1}{2}\left(\frac{\partial \dot{u}_i}{\partial x_j} + \frac{\partial \dot{u}_j}{\partial x_i}\right) \tag{2.90}$$

4. 应变速率张量

一点的应变速率也是一个二阶对称张量，即应变速率张量

$$\dot{\varepsilon}_{ij} = \begin{bmatrix} \dot{\varepsilon}_x & \dfrac{1}{2}\dot{\gamma}_{xy} & \dfrac{1}{2}\dot{\gamma}_{xz} \\[2mm] \dfrac{1}{2}\dot{\gamma}_{yx} & \dot{\varepsilon}_y & \dfrac{1}{2}\dot{\gamma}_{yz} \\[2mm] \dfrac{1}{2}\dot{\gamma}_{zx} & \dfrac{1}{2}\dot{\gamma}_{zy} & \dot{\varepsilon}_z \end{bmatrix} \tag{2.91}$$

应变速率可以表示变形的快慢，也即变形速度，单位是 $1/\mathrm{s}$。应变速率实际上反映了物体内各质点位移速度的差别，它取决于变形工具运动速度和物体形状尺寸及边界条件，所以单用工具速度或质点速度并不能表示变形速度。

例如，一棒料受到均匀拉伸，它一端的夹头固定不动，另一端以一定速度移动。以固定端为坐标原点，取拉伸方向为 x 轴。设某瞬时棒料长度为 l，这时棒材内各质点 x 向的速度分量与坐标 x 成正比，即

$$\dot{u} = \frac{x}{l}\dot{u}_0$$

于是各质点的 x 向线应变速率分量为

$$\dot{\varepsilon}_x = \frac{\partial \dot{u}}{\partial x} = \frac{\dot{u}_0}{l}$$

应变速率张量和应变增量张量的性质很相近，它们都可描述物体变形过程中任意瞬时的变形情况。如果不考虑变形速度对材料性能及外摩擦的影响，或者这种影响另行考虑，那么用应变增量和应变速率进行计算的结果是完全一样的。若对于应变速率敏感的材料(如超塑性材料)，则采用应变速率进行计算才准确。

2.3.7　点的应变状态与应力状态的组合

变形体内一点的主应力图与主应变图结合构成变形力学图。它形象地反映了该点主应力、主应变有无和方向。主应力图有 9 种可能，塑性变形主应变有 3 种可能，二者组合，则有 27 种可能的变形力学图。但单拉、单压应力状态只可能分别对应一种变形图，所以实际变形力学图应该只有 23 种。如图 2.28 所示，主应力图和主应变图随机组合共 27 种，去掉其中 4 种不能的组合情况即是 23 种。

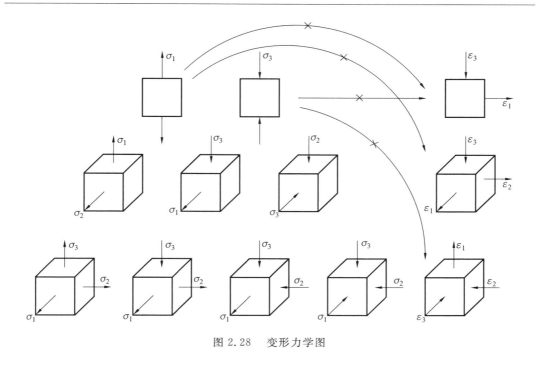

图 2.28　变形力学图

2.5　弹性应力－应变关系

2.5.1　广义的胡克定律

在前部分内容中分别对物体中的应力和应变进行了分析,这些分析适用于任何连续体。但仅考虑应力和应变分析还不能解决问题,必须进一步研究应力与应变之间的物理关系(又称本构关系)。物体中一点的应力状态是由该点独立的 6 个应力分量确定,而同一点附近的应变状态是由该点独立的 6 个应变分量确定,所以应力与应变之间的关系可用下列解析函数表示:

$$
\begin{cases}
\sigma_x = f_1(\varepsilon_x, \varepsilon_y, \varepsilon_z, \gamma_{xy}, \gamma_{yz}, \gamma_{zx}) \\
\sigma_y = f_2(\varepsilon_x, \varepsilon_y, \varepsilon_z, \gamma_{xy}, \gamma_{yz}, \gamma_{zx}) \\
\sigma_z = f_3(\varepsilon_x, \varepsilon_y, \varepsilon_z, \gamma_{xy}, \gamma_{yz}, \gamma_{zx}) \\
\tau_{xy} = f_4(\varepsilon_x, \varepsilon_y, \varepsilon_z, \gamma_{xy}, \gamma_{yz}, \gamma_{zx}) \\
\tau_{yz} = f_5(\varepsilon_x, \varepsilon_y, \varepsilon_z, \gamma_{xy}, \gamma_{yz}, \gamma_{zx}) \\
\tau_{zx} = f_6(\varepsilon_x, \varepsilon_y, \varepsilon_z, \gamma_{xy}, \gamma_{yz}, \gamma_{zx})
\end{cases}
\tag{2.92}
$$

因所研究的物体不仅是连续的、均匀的,而且是线弹性的、无初应力的和变形是微小的,所以式(2.92)可取线性关系,即

$$\begin{cases} \sigma_x = c_{11}\varepsilon_x + c_{12}\varepsilon_y + c_{13}\varepsilon_z + c_{14}\gamma_{xy} + c_{15}\gamma_{yz} + c_{16}\gamma_{zx} \\ \sigma_y = c_{21}\varepsilon_x + c_{22}\varepsilon_y + c_{23}\varepsilon_z + c_{24}\gamma_{xy} + c_{25}\gamma_{yz} + c_{26}\gamma_{zx} \\ \sigma_z = c_{31}\varepsilon_x + c_{32}\varepsilon_y + c_{33}\varepsilon_z + c_{34}\gamma_{xy} + c_{35}\gamma_{yz} + c_{36}\gamma_{zx} \\ \tau_{xy} = c_{41}\varepsilon_x + c_{42}\varepsilon_y + c_{43}\varepsilon_z + c_{44}\gamma_{xy} + c_{45}\gamma_{yz} + c_{46}\gamma_{zx} \\ \tau_{yz} = c_{51}\varepsilon_x + c_{52}\varepsilon_y + c_{53}\varepsilon_z + c_{54}\gamma_{xy} + c_{55}\gamma_{yz} + c_{56}\gamma_{zx} \\ \tau_{zx} = c_{61}\varepsilon_x + c_{62}\varepsilon_y + c_{63}\varepsilon_z + c_{64}\gamma_{xy} + c_{65}\gamma_{yz} + c_{66}\gamma_{zx} \end{cases} \tag{2.93}$$

式中，$c_{ij}(i,j=1,2,\cdots,6)$ 为弹性系数，共 36 个。由于物体是均匀的，物体中各点如有相同的应力，必产生相同的变形，所以弹性系数是常数，称为弹性常数。根据能量守恒定律与形变位能的考查，可以证明，弹性常数之间存在关系 $c_{ij}=c_{ji}$，即式(2.93)中的系数是对称的，因此，在一般情况下，弹性常数只有 21 个。

2.5.2 各向同性体的广义胡克定律

1. 主应力、主应变表示的广义胡克定律

取主方向为坐标轴向，于是由式(2.93)得主应力与主应变之间有下列关系：

$$\begin{cases} \sigma_1 = c_{11}\varepsilon_1 + c_{12}\varepsilon_2 + c_{13}\varepsilon_3 \\ \sigma_2 = c_{21}\varepsilon_1 + c_{22}\varepsilon_2 + c_{23}\varepsilon_3 \\ \sigma_3 = c_{31}\varepsilon_1 + c_{32}\varepsilon_2 + c_{33}\varepsilon_3 \end{cases} \tag{2.94}$$

式中，$c_{ij}(i,j=1,2,3)$ 为 j 方向的单位应变引起 i 方向的应力。

由于是各向同性体，如使 y 轴与 z 轴互换，在式(2.94)的第一式内，σ_1 的正、负号不变，而右边 ε_2 和 ε_3 将彼此互换位置 $\sigma_1=c_{11}\varepsilon_1+c_{12}\varepsilon_3+c_{13}\varepsilon_2$，故 $c_{12}=c_{13}$。同样在第二及第三式中，应有 $c_{21}=c_{23}$，$c_{31}=c_{32}$。同时考虑到 $c_{ij}=c_{ji}$，得

$$c_{12}=c_{13}=c_{21}=c_{23}=c_{31}=c_{32}=b \tag{2.95a}$$

将 x 轴与 y 轴互换，则 σ_1 与 σ_2 互换，ε_1 与 ε_2 互换，结果得 $c_{11}=c_{33}$，于是得

$$c_{11}=c_{22}=c_{33}=a \tag{2.95b}$$

将式(2.95a)、式(2.95b)代入式(2.94)并整理，得

$$\begin{cases} \sigma_1 = a\varepsilon_1 + b(\varepsilon_2+\varepsilon_3) \\ \sigma_2 = a\varepsilon_2 + b(\varepsilon_3+\varepsilon_1) \\ \sigma_3 = a\varepsilon_3 + b(\varepsilon_1+\varepsilon_2) \end{cases} \tag{2.96}$$

引入 $a-b=2\mu$，$b=\lambda$，$\theta=\varepsilon_1+\varepsilon_2+\varepsilon_3$，将其代入式(2.96)并整理，得

$$\begin{cases} \sigma_1 = \lambda\theta + 2\mu\varepsilon_1 \\ \sigma_2 = \lambda\theta + 2\mu\varepsilon_2 \\ \sigma_3 = \lambda\theta + 2\mu\varepsilon_3 \end{cases} \tag{2.97}$$

式中，λ、μ 为拉梅(Lame)弹性常数。

2. 一般情况下的广义胡克定律

为了得到一般情况下的广义胡克定律，取主方向组成的坐标系为原坐标系，$Oxyz$ 坐标系为新坐标系，如图 2.29 所示。

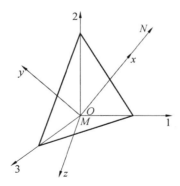

图 2.29　四面体示意图

$$\sigma_x = \sigma_1 l_1^2 + \sigma_2 m_1^2 + \sigma_3 n_1^2$$

$$\sigma_y = \sigma_1 l_2^2 + \sigma_2 m_2^2 + \sigma_3 n_2^2$$

$$\sigma_z = \sigma_1 l_3^2 + \sigma_2 m_3^2 + \sigma_3 n_3^2 = \tau_{xy} = \sigma_1 l_1 l_2 + \sigma_2 m_1 m_2 + \sigma_3 n_1 n_2$$

$$\tau_{xy} = \sigma_1 l_2 l_3 + \sigma_2 m_2 m_3 + \sigma_3 n_2 n_3$$

$$\tau_{zx} = \sigma_1 l_3 l_1 + \sigma_2 m_3 m_1 + \sigma_3 n_3 n_1$$

$$\varepsilon_x = \varepsilon_1 l_1^2 + \varepsilon_2 m_1^2 + \varepsilon_3 n_1^2$$

$$\varepsilon_y = \varepsilon_1 l_2^2 + \varepsilon_2 m_2^2 + \varepsilon_3 n_2^2$$

$$\varepsilon_z = \varepsilon_1 l_3^2 + \varepsilon_2 m_3^2 + \varepsilon_3 n_3^2 = \frac{1}{2}\gamma_{xy} = \varepsilon_1 l_1 l_2 + \varepsilon_2 m_1 m_2 + \varepsilon_3 n_1 n_2$$

$$\frac{1}{2}\gamma_{yz} = \varepsilon_1 l_2 l_3 + \varepsilon_2 m_2 m_3 + \varepsilon_3 n_2 n_3$$

$$\frac{1}{2}\gamma_{zx} = \varepsilon_1 l_3 l_1 + \varepsilon_2 m_3 m_1 + \varepsilon_3 n_3 n_1$$

式中，x 的方向余弦分别为 $\cos(x,1)=l_1, \cos(x,2)=m_1, \cos(x,3)=n_1$；$y$ 的方向余弦分别为 $\cos(y,1)=l_2, \cos(y,2)=m_2, \cos(y,3)=n_2$；$z$ 的方向余弦分别为 $\cos(z,1)=l_3$，$\cos(z,2)=m_3, \cos(z,3)=n_3$。

将式(2.97)代入上式第 1 式，并应用上式第 7 式及 $l_i^2 + m_i^2 + n_i^2 = 1, i=1,2,3$，得

$$\sigma_x = (\lambda\theta + 2\mu\varepsilon_1) l_1^2 + (\lambda\theta + 2\mu\varepsilon_2) m_1^2 + (\lambda + 2\mu\varepsilon_3) n^2$$

$$= \lambda\theta(l_1^2 + m_1^2 + n_1^2) + 2\mu(\varepsilon_1 l_1^2 + \varepsilon_2 m_1^2 + \varepsilon_3 n_1^2) = \lambda\theta + 2\mu\varepsilon_x$$

将式(2.97)代入上式第 4 式，并应用上式第 10 式及 $l_1 l_2 + m_1 m_2 + n_1 n_2 = 0$，得

$$\tau_{xy} = (\lambda\theta + 2\mu\varepsilon_1) l_1 l_2 + (\lambda\theta + 2\mu\varepsilon_2) m_1 m_2 + (\lambda + 2\mu\varepsilon_3) n_1 n_2$$

$$= \lambda\theta(l_1 l_2 + m_1 m_2 + n_1 n_2) + 2\mu(\varepsilon_1 l_1 l_2 + \varepsilon_2 m_1 m_2 + \varepsilon_3 n_1 n_2)$$

$$= 2\mu \cdot \frac{1}{2}\gamma_{xy} = \mu\gamma_{xy}$$

同理可求得另几个关系式，所以一般情况下的广义胡克定律为

$$\begin{cases} \sigma_x = \lambda\theta + 2\mu\varepsilon_x \\ \sigma_y = \lambda\theta + 2\mu\varepsilon_y \\ \sigma_z = \lambda\theta + 2\mu\varepsilon_z \\ \tau_{xy} = \mu\gamma_{xy} \\ \tau_{yz} = \mu\gamma_{yz} \\ \tau_{zx} = \mu\gamma_{zx} \end{cases} \tag{2.98}$$

2.5.3　各向同性体弹性常数间的关系

应力与应变关系式(2.98)必然包括简单拉伸和纯剪切的特殊情况。首先考虑在 x 方向的简单拉伸,其应力状态是

$$\sigma_x \neq 0, \quad \sigma_y = \sigma_z = \tau_{xy} = \tau_{yz} = \tau_{zx} = 0$$

将上式代入式(2.98),得

$$\begin{cases} \lambda\theta + 2\mu\varepsilon_x = \sigma_x \\ \lambda\theta + 2\mu\varepsilon_y = 0 \\ \lambda\theta + 2\mu\varepsilon_z = 0 \end{cases} \tag{2.99a}$$

将上三式相加,并应用 $\theta = \varepsilon_x + \varepsilon_y + \varepsilon_z$ 得

$$\theta = \frac{1}{3\lambda + 2\mu}\sigma_x \tag{2.99b}$$

将式(2.99b)代入式(2.99a)第一式,得

$$\sigma_x = \frac{\mu(3\lambda + 2\mu)}{\lambda + \mu}\varepsilon_x \tag{2.99c}$$

由式(2.99a)的后两式,并利用式(2.99b)、式(2.99c),得

$$\varepsilon_y = \varepsilon_z = -\frac{\lambda}{2(\lambda + \mu)}\varepsilon_x \tag{2.99d}$$

另一方面,根据简单拉伸实验结果,有

$$\begin{cases} \sigma_x = E_m\varepsilon_x \\ \varepsilon_y = \varepsilon_z = -\nu_p\varepsilon_x \end{cases} \tag{2.99e}$$

式中,E_m 为弹性模量;ν_p 为泊松比。

比较式(2.99c)、式(2.99d)、式(2.99e),则有

$$\begin{cases} E_m = \frac{\mu(3\lambda + 2\mu)}{\lambda + \mu} \\ \nu_p = \frac{\lambda}{2(\lambda + \mu)} \end{cases} \tag{2.99f}$$

或

$$\begin{cases} \lambda = \frac{E_m\nu_p}{(1 + \nu_p)(1 - 2\nu_p)} \\ \mu = \frac{E_m}{2(1 + \nu_p)} \end{cases} \tag{2.100a}$$

根据实验有 $E_m > 0, 0 < \nu_p < \frac{1}{2}$,所以 $\lambda > 0, \mu > 0$。

其次考查纯剪切情况,假设剪应力作用在 xy 平面内,于是有

$$\tau_{xy} \neq 0, \quad \sigma_x = \sigma_y = \sigma_z = \tau_{yz} = \tau_{zx} = 0$$

代入式(2.98)得

$$\tau_{xy} = \mu \gamma_{xy} \tag{2.100b}$$

另一方面,由纯剪切实验得

$$\tau_{xy} = G \gamma_{xy} \tag{2.100c}$$

式中,G 为剪切弹性模量。

比较式(2.100b)、式(2.100c),得

$$\mu = G \tag{2.101}$$

将式(2.100a)代入式(2.98),经整理求出用应力分量表示的应变分量公式:

$$\begin{cases}
\varepsilon_x = \dfrac{1}{E}\left[\sigma_x - \nu_p(\sigma_x + \sigma_z)\right] \\[2mm]
\varepsilon_y = \dfrac{1}{E}\left[\sigma_y - \nu_p(\sigma_z + \sigma_x)\right] \\[2mm]
\varepsilon_z = \dfrac{1}{E}\left[\sigma_z - \nu_p(\sigma_x + \sigma_y)\right] \\[2mm]
\gamma_{xy} = \dfrac{1}{G}\tau_{xy} = \dfrac{2(1+\nu_p)}{E}\tau_{xy} \\[2mm]
\gamma_{yz} = \dfrac{1}{G}\tau_{yz} = \dfrac{2(1+\nu_p)}{E}\tau_{yz} \\[2mm]
\gamma_{zx} = \dfrac{1}{G}\tau_{zx} = \dfrac{2(1+\nu_p)}{E}\tau_{zx}
\end{cases} \tag{2.102}$$

各向同性材料也是正交各向异性材料的一种特例,即有无数个对称平面的情况。这时独立材料常数只有 2 个,即弹性模量和泊松比。

习　　题

2.1　已知受力物体中某点的应力张量为

$$\boldsymbol{\sigma}_{ij} = \begin{bmatrix} 2a & 0 & 3a \\ 0 & 4a & -3a \\ 3a & -3a & 0 \end{bmatrix}$$

试将它分解为应力球张量和应力偏张量。

2.2　已知受力物体中某点的主应力分别为

(1)$\sigma_1 = 50, \sigma_2 = -50, \sigma_3 = 75$。

(2)$\sigma_1 = 50, \sigma_2 = 50, \sigma_2 = -100$。

试求正八面体上的总应力、正应力和剪应力。

2.3　已知应力分量为

$$\sigma_x = -Qxy^3 + Ax^3 + By^2$$

$$\sigma_y = -\frac{3}{2}Bxy^2 + \frac{3}{5}Cx^3$$

$$\sigma_z = -By^4 + Cx^2y$$

试利用平衡方程求系数 A、B 和 C。(体力为零)

2.4 如图 2.30 所示,杆件的体力为 f,且为常数,长度为 h,其应力分量为 $\sigma_x = 0$,$\sigma_y = Ay + B$,$\tau_{xy} = 0$,求系数 A 和 B。

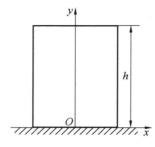

图 2.30 2.4 题图

2.5 已知某点的应力张量 $\boldsymbol{\sigma}_{ij} = \begin{bmatrix} 10 & 0 & 0 \\ 0 & 10 & 0 \\ 0 & 0 & -2 \end{bmatrix}$ (单位:MPa),试求:(1)应力球张量及应力偏张量。

(2)画出与应力张量、球张量、偏张量对应的应力状态图。

2.6 已知弹性应变张量

$$\boldsymbol{\varepsilon}_{ij} = \begin{bmatrix} 0.004 & 0.002 & 0 \\ 0.002 & 0.004 & 0 \\ 0 & 0 & 0.004 \end{bmatrix}$$

试求:(1)主应变。

(2)主方向。

(3)应变偏量。

2.7 如图 2.31 所示棱柱形的杆件,杆件的比重 γ,在自重作用下产生的应变方程为

$$\varepsilon_x = -\mu \frac{\gamma z}{E} \quad \gamma_{xy} = 0$$

$$\varepsilon_y = -\mu \frac{\gamma z}{E} \quad \gamma_{yz} = 0$$

$$\varepsilon_z = \frac{\gamma z}{E} \quad \gamma_{zx} = 0$$

式中,E、μ 为材料的弹性系数。

(1)试检验上述应变分量是否满足变性协调条件。

(2)A 点不动,求出位移分量的一般表达式。

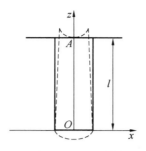

图 2.31　2.7 题图

2.8　已知应变分量为

$$\varepsilon_x = 0.30 \times 10^{-3}, \quad \gamma_{xy} = 0.08 \times 10^{-3}$$

$$\varepsilon_x = -0.04 \times 10^{-3}, \quad \gamma_{yz} = 0$$

$$\varepsilon_z = -0.20 \times 10^{-3}, \quad \gamma_{zx} = -0.10 \times 10^{-3}$$

试写成应变张量的形式,并分解成应变球张量和应变偏张量。

第3章　智能材料塑性力学基础

3.1　智能材料屈服行为

3.1.1　屈服准则

1. 屈服准则

屈服准则又称塑性条件,它是描述不同应力状态下变形体某点进入塑性状态和使塑性变形继续进行的一个判据。

2. 单向拉伸应力状态下的屈服准则

简单拉伸实验是建立塑性理论的基础之一,在许多方面,简单拉伸实验的结果可推广到复杂应力状态。在单向应力状态下,材料由弹性状态进入塑性状态的判据可以由单向拉伸或单向压缩实验确定,即作用在变形体上的应力等于材料的屈服极限 σ_s 时,材料就进入塑性状态,即

$$\sigma = \sigma_s \tag{3.1}$$

3. 复杂应力状态下的屈服准则

对于任意应力状态下的屈服准则,不能用一般的实验方法来确定材料是否进入塑性状态。因此,对于任意的应力状态,描述物体由弹性变形状态进入塑性变形的判据仅是一种假设。

一般情况下,可以将屈服准则表示为应力状态 σ_{ij}、应变状态 ε_{ij}、时间 t、温度 T 等的函数,称为屈服函数,即

$$f(\sigma_{ij}, \varepsilon_{ij}, t, T) = C \tag{3.2}$$

式中,C 为与材料力学性能有关的常数。

在常温情况下,假设不考虑时间因素的影响,则影响材料屈服的只有应力状态 σ_{ij} 和应变状态 ε_{ij}。当材料在屈服的一瞬间,应力 — 应变仍符合胡克定律,应变可由应力唯一确定。因此,屈服准则可表示为应力的函数,即

$$f(\sigma_{ij}) = C \tag{3.3}$$

静水压力实验表明,材料在很高的静水压力作用下的体积变化很小,而且体积的变化是弹性的。因此,可以认为静水压力对材料的屈服没有影响。

3.1.2　能量屈服准则

米泽斯(Mises)屈服准则:金属体内任一小部分发生由弹性状态向塑性状态过渡的条件是等效应力达到单向塑性应力状态下相应变形温度、应变速率及变形程度下的流动应力。表达式为

$$\sigma_i = \frac{1}{\sqrt{2}} \sqrt{(\sigma_1 - \sigma_2)^2 + (\sigma_2 - \sigma_3)^2 + (\sigma_3 - \sigma_1)^2} = \sigma_s \qquad (3.4)$$

在塑性状态下等效应力总是等于流动应力,此时不能将 σ_s 理解为屈服极限,而是单向应力状态下的对应于一定温度、一定变形程度及一定应变速率的流动应力;该应力不是以名义应力来表示而是用真实应力来表示,是把开始屈服后的整个真实应力曲线视作为确定后继屈服所需应力的依据。

$$(\sigma_1 - \sigma_2)^2 + (\sigma_2 - \sigma_3)^2 + (\sigma_3 - \sigma_1)^2 = 2\sigma_s^2 \qquad (3.5)$$

此时,$J_2 = \frac{1}{3}\sigma_s^2$,应力偏量第二不变量 J_2 作为塑性变形发生及发展的判据。

米泽斯屈服准则又称能量准则:当受力物体内一点处的形状改变的弹性能(但未提及形状变化弹性位能)达到某一定值时,该点处即由弹性状态过渡到塑性状态。

3.1.3　最大剪应力屈服准则

特雷斯卡(Tresca)屈服准则:当材料质点中的最大剪应力达到某一临界值 C 时,则材料发生屈服。该临界值 C 取决于材料在变形条件下的性质,而与应力状态无关,可用单向拉伸实验来确定 C 值。该准则也称最大剪应力准则,其表达式为

$$\tau_{max} = C \qquad (3.6)$$

设 $\sigma_1 \geqslant \sigma_2 \geqslant \sigma_s$,式(3.6)可写成

$$\tau_{max} = (\sigma_1 - \sigma_3)/2 = C \qquad (3.7)$$

单向拉伸试样屈服时,$\sigma_2 = \sigma_3 = 0$、$\sigma_1 = \sigma_s$,得 $C = \sigma_s/2$。于是,特雷斯卡屈服准则为

$$\sigma_1 - \sigma_3 = \sigma_s \qquad (3.8)$$

即受力物体的某一质点处的最大切应力达到一定值后就会发生屈服而产生塑性变形。在主方向已知的情况下,用特雷斯卡屈服条件求解问题是比较方便的,因为在一定的范围内,应力分量之间满足线性关系。

3.1.4　屈服准则的验证

米泽斯屈服准则和特雷斯卡屈服准则是否正确,需通过实验验证。采用薄壁管承受轴向拉力、内压力、轴向力及扭矩的实验方法是研究塑性理论的常用方法。

1. 罗德实验与罗德参数

薄壁管加轴向拉力 P 和内压力 p,如图 3.1 所示。

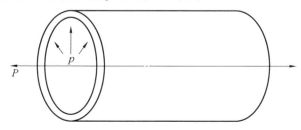

图 3.1　薄壁管受轴向拉力和内压力作用

分析出发点:两个准则是否考虑中间主应力影响。

分析条件:主应力方向是固定不变的,应力次序给定($\sigma_1 \geqslant \sigma_2 \geqslant \sigma_3$)。

为了将米泽斯准则写成类似特雷斯卡屈服条件的形式,罗德引入参数 μ_σ,$\mu_\sigma = \dfrac{2\sigma_2 - \sigma_1 - \sigma_3}{\sigma_1 - \sigma_3}$,可得米泽斯屈服准则表达式为

$$\frac{\sigma_1 - \sigma_3}{\sigma_s} = \frac{2}{\sqrt{3 + \mu_\sigma^2}} \tag{3.9}$$

实验中采用不同轴向拉力 P 与内压力 p,可得各种应力状态下 μ_σ 及屈服点应力 $\dfrac{\sigma_1 - \sigma_3}{\sigma_s}$ 值。当 $\mu_\sigma = 1$ 时,两屈服准则重合;当 $\mu_\sigma = 0$ 时,两屈服准则相对误差最大,为 15.4%。 实验结果(图 3.2)与米泽斯屈服准则比较符合。

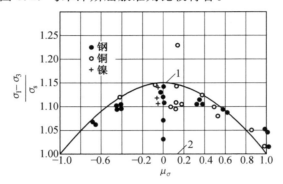

图 3.2 罗德实验资料
1— 米泽斯屈服准则;2— 特雷斯卡屈服准则

2. 泰勒及奎乃实验

实验内容:用铜、铝、钢的薄壁管承受轴向拉力及扭矩做实验,如图 3.3 所示。

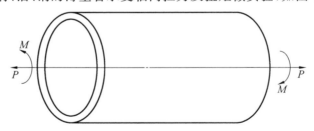

图 3.3 薄壁管受轴向拉力和扭矩作用

实验时用不同的拉力与扭矩之比作为实验变量,从而测定在不同的应力状态下不同屈服条件的数据,结果实验点仍在米泽斯条件的曲线附近,如图 3.4 所示。

实验说明:一般韧性金属材料(如铜、镍、铝、中碳钢、铝合金、铜合金等)与米泽斯条件符合较好,总体说来多数金属符合米泽斯屈服准则。

米泽斯屈服准则和特雷斯卡屈服准则综合比较如下。

(1)当应力的次序已知时,特雷斯卡屈服函数是线性的,使用起来很方便,在工程设计中常常被采用,并用修正系数来考虑中间主应力的影响或作为米泽斯条件的近似。 即米泽斯条件可以写成

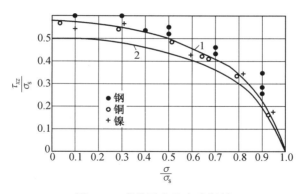

图 3.4　泰勒及奎乃实验资料

1— 米泽斯屈服准则;2— 特雷斯卡屈服准则

$$\sigma_1 - \sigma_3 = \frac{2}{\sqrt{3 + \mu_\sigma^2}}\sigma_s$$

或

$$\sigma_1 - \sigma_3 = \beta\sigma_s \tag{3.10}$$

式中, β 为中间主应力影响系数, $\beta = \dfrac{2}{\sqrt{3 + \mu_\sigma^2}}$ 。

　　式(3.10)与特雷斯卡条件($\sigma_1 - \sigma_3 = \sigma_s$)在形式上仅差一个系数 β 。应用中当应力状态确定时, β 为一常量,根据应力状态所得值加以修正即可。单向受压或受拉时, $\beta = 1$,两个准则重合;纯剪切时, $\beta = 1.154$,两者差别最大; β 在 $1 \sim 1.154$ 范围内,其平均值为 1.077,总体相差不太大。板料冲压中为简化计算,通常取 $\beta = 1.1$ 。

　　(2)关于 β 的选择:如果变形接近于平面变形, $\beta = \dfrac{2}{\sqrt{3}}$;变形为简单拉伸类($\mu_\sigma = -1$)或简单压缩类($\mu_\sigma = \pm 1$)时,取 $\beta = 1$;应力状态连续变化的变形区,如板料冲压多数工序,近似地取 $\beta = 1.1$ 。

　　(3)两屈服准则虽然不一致,但这并不能说明哪一个不正确,屈服准则是对物体在受力时其是否发生屈服的描述,是从不同角度来阐述本已存在的事实。

3.2　屈服准则的应用

3.2.1　屈服准则与强度理论的关系

　　屈服准则又称塑性条件,它是描述不同应力状态下变形体某点进入塑性状态和使塑性变形继续进行的一个判据。现以低碳钢等材料的简单拉伸为例来说明此概念。

　　图 3.5 所示为低碳钢单向拉伸的应力－应变曲线。随着轴向应力 σ 的增加,当其值达到 σ_s 时,材料进入塑性状态。为了使塑性变形继续进行,考虑加工硬化效应应力值仍需继续增加。如果把屈服应力 σ_s 不局限于 A 点的初始屈服应力,而将其理解为与某一应变 ε_N 对应的曲线 AC 上 N 点的应力 Y_N ,只要在试件中的应力不低于 Y_N ,此时塑性变形仍

继续进行。因此,一般线段 AC 上所对应的应力以流动应力 Y 来表示,它是一个广义的"屈服"应力。于是,单向拉伸的屈服准则可以写为

$$\sigma = Y \qquad (3.11)$$

式中,Y 为材料的流动应力,它随温度、应变速率及应变而变化,即

$$Y = f(T, \dot{\varepsilon}, \varepsilon) \qquad (3.12)$$

此数值可从相应的手册中查找,或由一系列实验获得。

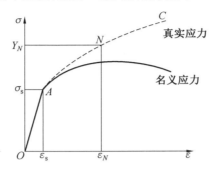

图 3.5   低碳钢的拉伸应力－应变曲线

由于变形体中应力状态比较复杂,对于三向应力状态,不能简单地用某一个主应力(例如 σ_{max} 或 σ_{min})来表征应力的综合效果,但材料力学中的强度理论提供了一个很好的范例。强度理论是给出复杂应力状态下构件是否安全的一个判据,其表征应力的方法可以借鉴。在材料力学中,韧性材料的强度理论可以表达为第三强度理论及第四强度理论,其表达式分别为

$$\sigma_{max} - \sigma_{min} \leqslant [\sigma] = \frac{\sigma_s}{n} \qquad (3.13)$$

及

$$\frac{1}{\sqrt{2}} \sqrt{(\sigma_1 - \sigma_2)^2 + (\sigma_2 - \sigma_3)^2 + (\sigma_3 - \sigma_1)^2} \leqslant [\sigma] = \frac{\sigma_s}{n} \qquad (3.14)$$

式中,σ_s 为材料的屈服应力;n 为安全系数,其值大于 1。

为安全起见,在式(3.13)和式(3.14)中取 $n > 1$,即许用应力小于材料的屈服应力。应该强调的是第三强度理论及第四强度理论适用于任何应力状态,即不局限于某一特定应力状态(如单向拉伸或双向压缩)。在式(3.13)的左端为两倍大小的最大剪应力,其物理概念是:如果构件中的任何一处的最大剪应力都小于某一许用数值,则该构件不会产生塑性变形。对于三向应力状态,只要找到最大正应力 σ_{max} 及最小正应力 σ_{min},将其代入式(3.13),则可判别此构件是否安全。由此可见,对于第三强度理论是以 σ_{max} 或 $\sigma_{max} - \sigma_{min}$ 作为表征应力的,这从物理概念上也是合理的。因此塑性变形的主要机制是滑移与孪晶,都是由剪应力引起的。

下面进一步分析式(3.13)中的安全系数 n,若将 n 取为1,则式(3.13)变为

$$\sigma_{max} - \sigma_{min} = \sigma_s \qquad (3.15)$$

可以将式(3.15)理解为一个屈服准则,至少在简单拉伸时($\sigma_2 = \sigma_3 = 0$)可以得到验证,此时由式(3.15)可见,当 $\sigma_1 = \sigma_s$ 时材料进入屈服状态。于是,可以从物体内应力由弹

性状态进入屈服和继续塑性变形的全过程来进一步加深对强度理论的理解,以及它与屈服准则的内在联系。

在材料力学中,主要研究弹性问题,而把发生塑性变形看成构件的失效,因此必须远离它。而对塑性加工而言,开始塑性变形只是一个起点,由于材料有比较大的延展性,例如不锈钢 0Cr18Ni9 延伸率可达 45% 左右,低碳钢的延伸率一般也大于 25%,因此,开始发生塑性变形并不意味着材料失效。

图 3.6 所示为拉伸时的应力—应变分区,在屈服点以前为弹性区,屈服点以后为塑性区。图 3.7 中 Ⅰ 区相当于材料力学所限制的应力范围,即安全范围;Ⅱ 区是一个人为设置的"缓冲区",或称为"安全储备区";Ⅲ 区为塑性加工中的表征应力范围。

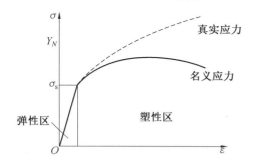

图 3.6　拉伸时材料的分区

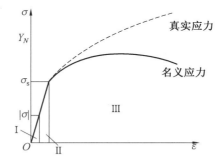

图 3.7　材料力学与塑性力学中的应力分区

第三强度理论实质上是 1864 年特雷斯卡对很多材料进行了大量的挤压实验后得出的一个假说,即塑性变形起源于物体内的最大剪应力达到某一数值。追其根源,强度理论也是起源于产生塑性变形的判据,它仅仅从结构安全的角度,降低了综合应力的许用值,于是在图 3.7 中形成了一个"隔离带"。

前面介绍的"表征应力"是指将一个复杂应力状态的综合效果以表征应力来描述。对于第三强度理论,其表征应力为最大剪应力 $\sigma_{\max}$ 或 $(\sigma_{\max} - \sigma_{\min})/2$。正如前面所说,第三强度理论并不是严格从数学角度推导出来的,而是基于一定的实验事实提出又被实验证实的。严格来讲,最大剪应力仅取决于最大正应力 $\sigma_{\max}$ 及最小正应力 $\sigma_{\min}$,忽略了中间主应力的影响。对此,屈服准则还有其他描述,例如 1913 年米泽斯提出一个决定塑性变形是否发生的判据,它涵盖了最大、最小及中间主应力,其表现形式为

$$(\sigma_1 - \sigma_2)^2 + (\sigma_2 - \sigma_3)^2 + (\sigma_3 - \sigma_1)^2 = 2\sigma_{\mathrm{s}}^2 \tag{3.16}$$

整理可得

$$\frac{1}{\sqrt{2}} \sqrt{(\sigma_1 - \sigma_2)^2 + (\sigma_2 - \sigma_3)^2 + (\sigma_3 - \sigma_1)^2} = \sigma_{\mathrm{s}} \tag{3.17}$$

对比式(3.17)与式(3.14)可见,当式(3.14)中 $n=1$ 时,两者完全相同,即第四强度理论来源于式(3.17),仅仅是从安全角度做了一些处理。对比式(3.13)与式(3.14),可以指出其差别是表征应力不同,而对于不同强度理论,或更实质地说,对于不同的屈服准则其表征应力不同。

我国学者俞茂宏提出了双剪应力屈服准则,表达式为

$$\begin{cases} f(\tau_{13},\tau_{12})=\tau_{13}+\tau_{12}=\sigma_1-\dfrac{1}{2}(\sigma_2+\sigma_3)-k_b=0 \\ \qquad (当\ \tau_{12}\geqslant\tau_{23}\ 或\ \sigma_2\leqslant\dfrac{1}{2}(\sigma_1+\sigma_3)\ 时) \\ f'(\tau_{13},\tau_{23})=\tau_{13}+\tau_{23}=\dfrac{1}{2}(\sigma_1+\sigma_2)-\sigma_3-k_b=0 \\ \qquad (当\ \tau_{12}\leqslant\tau_{23}\ 或\ \sigma_2\geqslant\dfrac{1}{2}(\sigma_1+\sigma_3)\ 时) \end{cases} \tag{3.18}$$

大量实验结果证明,双剪应力屈服准则在土木、机械、岩土压力加工等众多工程领域都是有效的。

3.2.2 中间主应力的影响

1. 中间主应力对特雷斯卡屈服准则的影响

如前所述,特雷斯卡屈服准则的出发点是考虑物体质点处所受最大剪切应力是否超过允许值。即在特雷斯卡屈服准则中,只考虑了最大与最小主应力对材料屈服的影响,没有考虑中间主应力对材料屈服的影响。

特雷斯卡屈服准则为

$$\sigma_{max}-\sigma_{min}=Y \tag{3.19}$$

2. 中间主应力对米泽斯屈服准则的影响

米泽斯屈服准则从能量的角度出发,考虑到每个应力对其的贡献,即米泽斯屈服准则考虑了中间主应力对屈服的影响。

米泽斯屈服准则为

$$(\sigma_1-\sigma_2)^2+(\sigma_2-\sigma_3)^2+(\sigma_3-\sigma_1)^2=2Y^2 \tag{3.20}$$

3. 米泽斯屈服准则与特雷斯卡屈服准则的关系

若规定 $\sigma_1>\sigma_2>\sigma_3$,则特雷斯卡屈服准则为

$$\frac{\sigma_1-\sigma_3}{Y}=1 \tag{3.21}$$

为将米泽斯屈服准则也写成类似形式,科学家洛德引入了一个参数 μ_σ,即

$$\mu_\sigma=\frac{2\sigma_2-\sigma_1-\sigma_3}{\sigma_1-\sigma_3} \tag{3.22}$$

则有

$$\sigma_1-\sigma_3=\frac{2}{\sqrt{3+\mu_\sigma^2}}Y \tag{3.23}$$

式中

$$\beta=\frac{2}{\sqrt{3+\mu_\sigma^2}} \tag{3.24}$$

β 称为中间主应力影响系数。

从这里可以看出,米泽斯屈服准则与特雷斯卡不同之处是米泽斯屈服准则考虑了中间主应力影响,这也是米泽斯屈服准则更吻合实验的根本原因。

由实验分析可知,在单向受拉或受压时,中间主应力不会产生影响,即此时两种屈服准则是一样的;而在纯剪切情况下,中间主应力影响最大。中间主应力影响系数 β 是根据应力状态不同凭经验选取,其值的选取对于指导生产有重要意义。

3.2.3　屈服准则的几何表达

1. 屈服表面

物体单向拉压的应力空间是一维的,初始屈服条件是两个离散的点,即拉(压)初始屈服点,在复杂应力状态下,初始屈服函数在应力空间中表示一个曲面,称为初始屈服面。它是初始弹性阶段的界限,当应力点位于此曲面内,材料处于弹性状态;当应力点位于此曲面上,材料进入塑性状态。这个曲面就是由达到初始屈服的各种应力状态点集合而成的,它相当于简单拉伸曲线上的初始屈服点。

假如描述应力状态的点在屈服表面上开始屈服;各向同性的理想塑性材料屈服表面是连续的;屈服表面不随塑性流动而变化;应变强化不同塑性变形阶段要用到后继屈服表面。

2. 平面应力状态下的屈服表面

在平面应力状态下,米泽斯屈服准则图形为椭圆;特雷斯卡屈服准则图形为六边形,如图 3.8 所示。

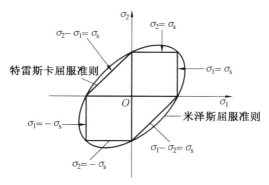

图 3.8　平面应力状态下的米泽斯屈服准则及特雷斯卡屈服准则图形

3. 三向应力状态下的屈服表面

对于三向应力需要用主应力空间描述,图 3.9 中表示出三个互相垂直的坐标轴 $(\sigma_1,\sigma_2,\sigma_3)$,该空间称为主应力空间。

现考查一个过原点与三个主应力轴等倾斜轴线 OE,它的方向余弦是 $l=m=n=\dfrac{1}{\sqrt{3}}$,这个轴上的每一点应力状态为 $\sigma_1=\sigma_2=\sigma_3=\sigma_m$,等同于静液应力状态,此时偏应力等于零。

π 平面:过原点等静应力为零的平面,$\sigma_1=\sigma_2=\sigma_3=0$。

过 P 点平行于 OE 的直线上全部点至 OE 线有相同的距离,即应力偏量相同,其动点的轨迹为与 OE 线等距离的圆柱面,圆柱的半径等于 $\sqrt{\dfrac{2}{3}}\,\sigma_s$。圆柱轴线与三坐标轴等倾

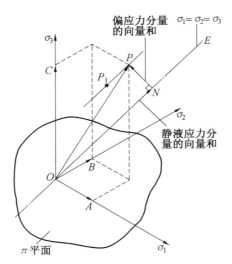

图 3.9　主应力空间应力状态描述

斜。因此,主应力空间中米泽斯屈服表面是一圆柱面,而特雷斯卡屈服表面是一正六棱柱,内接于米泽斯圆柱。

4.π 平面上两准则的图形

π 平面上两准则的图形即为屈服表面在 π 平面上的投影。图 3.10、图 3.11 所示分别为 π 平面上、主应力空间中米泽斯屈服准则及特雷斯卡屈服准则的图形,反映了如下概念。

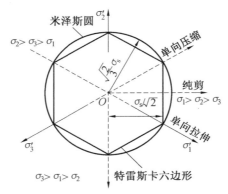

图 3.10　π 平面上米泽斯屈服准则及特雷斯卡屈服准则的图形

(1)屈服面内为弹性区。

(2)屈服面上为塑性区。

(3)当物体承受三向等拉或三向等压应力状态时,如图 3.11 中 OE 线,不管其绝对值多大,都不可能发生塑性变形。

3.2.4　硬化材料后继屈服与固体现实应力空间

1.鲍辛格(Bauschinger)效应

材料经预先加载并产生少量塑性变形(残余应变为 1% ～ 4%),卸载后,再同向加载,

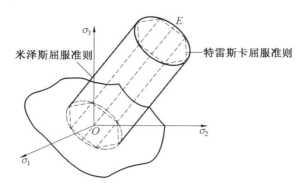

图 3.11　主应力空间中米泽斯屈服准则及特雷斯卡屈服准则的屈服表面

规定残余伸长应力增加,反向加载,规定残余伸长应力降低的现象,称为鲍辛格效应。

2. 后继屈服表面

应变硬化材料塑性流动的应力应随着塑性应变的增加而增加,如果应变超过初始屈服时的应变,屈服表面必然发生变化。

如果初始屈服应力用 σ_{s0} 表示,则在 π 平面内的初始屈服轨迹是半径为 $\sqrt{\dfrac{2}{3}}\sigma_{s0}$ 的圆。如果在超过初始屈服条件后继续变形,这时所需应力设为 σ_s,假设进一步塑性变形并不引起材料的各向异性,则屈服轨迹仍是圆,其半径为 $\sqrt{\dfrac{2}{3}}\sigma_s$。后继屈服轨迹包围初始屈服轨迹,两者同轴,$\pi$ 平面上同心圆或六边形,如果材料应变硬化时保持各向同性,屈服轨迹就随着应力及应变的进程而胀大,屈服表面一定沿某种途径向外运动,如图 3.12 所示。

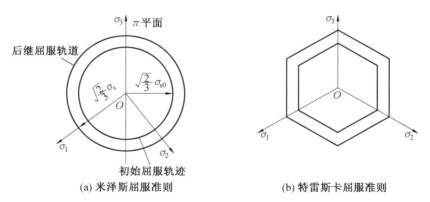

(a) 米泽斯屈服准则　　　　　　　　(b) 特雷斯卡屈服准则

图 3.12　各向同性应变硬化材料在 π 平面上的后继屈服轨迹

理想塑性材料屈服函数可由下式确定:

$$\Phi(\sigma_{ij})=Y \tag{3.25}$$

函数 Φ 变到常数 σ_s 时产生屈服,主应力空间中用初始屈服表面表示。应变硬化材料 σ_s 值的变化取决于材料的应变硬化特性,函数 Φ 是加载函数,其代表应力的施加函数 Φ 是应变硬化屈服函数,取决于先前的材料的应变过程,也取决于材料的应变硬化特性。

区别以下三种不同的情况。

当 $\Phi = \sigma_s$ 时,应力状态由屈服表面上一点表示。

如果

$$\mathrm{d}\Phi = \frac{\partial \Phi}{\partial \sigma_{ij}} \mathrm{d}\sigma_{ij} > 0 \tag{3.26}$$

则为加载过程,应力状态由初始屈服表面向外运动并产生塑性流动。

如果

$$\mathrm{d}\Phi = \frac{\partial \Phi}{\partial \sigma_{ij}} \mathrm{d}\sigma_{ij} = 0$$

则为中性变载,应力状态在屈服表面上(若此时应力分量在改变),应变硬化材料不产生塑性流动。

如果

$$\mathrm{d}\Phi = \frac{\partial \Phi}{\partial \sigma_{ij}} \mathrm{d}\sigma_{ij} < 0$$

则为弹性卸载,应力状态从屈服表面向内运动。

当 $\Phi < \sigma_s$ 时,表示弹性应力状态。

对于理想塑性材料,$\Phi = \sigma_s$,$\mathrm{d}\Phi = 0$ 塑性流动,$\mathrm{d}\Phi > 0$ 情况不可能。

各向同性应变硬化材料的概念数学上很简单,但这只是初步近似,因为它没有考虑鲍辛格效应。这个效应使屈服轨迹一边收缩另一边膨胀,塑性变形过程中,屈服表面形状是变化的。

实验结果表示米泽斯椭圆屈服轨迹呈不对称膨胀,如图 3.13 所示。

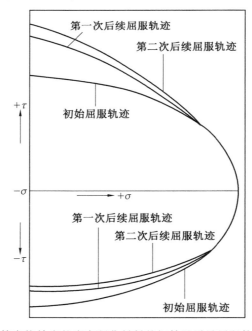

图 3.13　鲍辛格效应的应变硬化材料的初始及后继屈服轨迹的图形

2. 钟罩理论

工程材料承受抗拉强度是有限的,拉应力作用下所能承受的塑性变形小于压应力作用下所能达到的数值。刘叔仪将恒温断裂条件引入后指明固体的现实应力空间(图3.14),如钟罩盖在米泽斯圆柱上,钟罩代表断裂面,钟罩与柱面间为塑性变形区,圆柱面为初始屈服曲面,柱内为弹性区对于三向压应力状态随着流体静压力增加,可以承受很大的塑性变形而不致断裂。

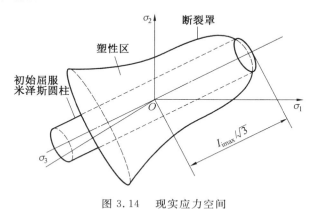

图 3.14　现实应力空间

3.3　塑性应力－应变关系

3.3.1　加、卸载准则和 Drucker 公设

如果通过屈服条件判断材料进入塑性阶段,则下一步必须确定其应力状态的变化是加载还是卸载。因为在塑性阶段,对于加载和卸载,其应力－应变关系服从不同的规律,加载时要产生新的塑性变形,卸载时则不产生新的塑性变形。

1. 理想塑性材料的加载和卸载

在复杂应力状态下,理想塑性材料的屈服应力是不变的,所以加载条件和屈服条件一样,在应力空间中,加载曲面的形状、大小和位置都和屈服曲面一样。当应力点保持在屈服面之上时,称为加载,这时塑性变形可任意增长(但各塑性应变分量之间的比例不能任意,需要满足一定关系);应力状态变化时,尽管塑性变形还可以不断增长,但屈服函数的值却不再增长。当应力点从屈服面之上变到屈服面之内时就称为卸载。以 $f(\sigma_{ij}) = 0$ 表示屈服曲面,可以把上述加载和卸载准则用数学形式表示如下:

$$\begin{cases} f(\sigma_{ij}) < 0 & \text{弹性状态} \\ f(\sigma_{ij}) = 0, \quad \mathrm{d}f = \dfrac{\partial f}{\partial \sigma_{ij}} \mathrm{d}\sigma_{ij} = 0 & \text{加载} \\ f(\sigma_{ij}) = 0, \quad \mathrm{d}f = \dfrac{\partial f}{\partial \sigma_{ij}} \mathrm{d}\sigma_{ij} < 0 & \text{卸载} \end{cases} \quad (3.27)$$

在应力空间中,屈服面的外法线方向 **n** 矢量的分量与 $\dfrac{\partial f}{\partial \sigma_{ij}}$ 成正比,$\dfrac{\partial f}{\partial \sigma_{ij}} \mathrm{d}\sigma_{ij} < 0$ 表示应

力增量向量指向屈服面内;$\frac{\partial f}{\partial \sigma_{ij}}\mathrm{d}\sigma_{ij}=0$ 表示 $\boldsymbol{n}\cdot\mathrm{d}\boldsymbol{\sigma}=0$,即应力点只能沿屈服面上变化,仍属于加载,如图 3.15 所示。由于屈服面不能扩大,$\mathrm{d}\boldsymbol{\sigma}$ 不能指向屈服面以外。

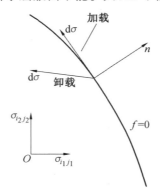

图 3.15　理想塑性材料屈服面上的应力增量

应该指出,由于特雷斯卡屈服准则是由几个方程分段表示的,其屈服轨迹为分段直线,各线段之间的交点是一个角点,没有唯一的法线方向。特雷斯卡屈服准则的这些特点对于相应的塑性应力－应变关系的建立带来很多不便,相关的应用也不多。因此本书只针对米泽斯屈服准则等具有光滑屈服面的情况建立塑性应力－应变关系。

2. 强化材料的加载和卸载

强化材料的加载条件和屈服条件不同,它随着塑性变形的发展而不断变化。它一般可表示为

$$f(\sigma_{ij},H_\alpha)=0 \tag{3.28}$$

式中,$H_\alpha(\alpha=1,2,\cdots)$ 为表征由塑性变形引起的物质微观结构变化的参量,它们与塑性变形历史有关,如流动应力、背应力等。在应力空间内,式(3.28)所表示的加载曲面随 H_α 的变化而改变其形状、大小和位置。

强化材料的加载和卸载准则与理想塑性材料的不同之处是 $\mathrm{d}\boldsymbol{\sigma}$ 在指向屈服面之外时才算加载(图 3.16),而当 $\mathrm{d}\boldsymbol{\sigma}$ 沿着加载面变化时,为中性变载过程,这个过程中应力状态发生变化,但不引起新的塑性变形。单向应力状态或理想塑性材料没有这个过程。当 $\mathrm{d}\boldsymbol{\sigma}$ 指向加载面内部变化时,则是卸载过程,用数学形式表示为

$$f(\sigma_{ij})=0\begin{cases}\text{当 } \mathrm{d}f=\dfrac{\partial f}{\partial \sigma_{ij}}\mathrm{d}\sigma_{ij}>0 & \text{加载}\\[2mm]\text{当 } \mathrm{d}f=\dfrac{\partial f}{\partial \sigma_{ij}}\mathrm{d}\sigma_{ij}=0 & \text{中性变载}\\[2mm]\text{当 } \mathrm{d}f=\dfrac{\partial f}{\partial \sigma_{ij}}\mathrm{d}\sigma_{ij}<0 & \text{卸载}\end{cases} \tag{3.29}$$

3. 加载和卸载准则的其他表示方法

当采用米泽斯屈服准则时,有

$$(\sigma_1-\sigma_2)^2+(\sigma_2-\sigma_3)^2+(\sigma_3-\sigma_1)^2=2\sigma_\mathrm{s}^2$$

又

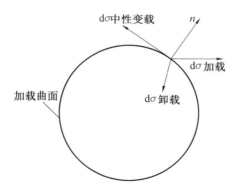

图 3.16　强化材料屈服面上的应力增量

$$J_2 = \frac{1}{6}\left[(\sigma_1 - \sigma_2)^2 + (\sigma_2 - \sigma_3)^2 + (\sigma_3 - \sigma_1)^2\right] = \left(\frac{\sigma_s}{\sqrt{3}}\right)^2$$

$$\sigma_i = \frac{1}{\sqrt{2}}\sqrt{(\sigma_1 - \sigma_2)^2 + (\sigma_2 - \sigma_3)^2 + (\sigma_3 - \sigma_1)^2} = \sigma_s$$

即屈服函数可用应力偏量第二不变量 J_2 或应力强度 σ_i 表示,此时的加载与卸载准则为

对理想塑性材料

$$\begin{cases} \mathrm{d}\sigma_i = 0 \text{ 或 } \mathrm{d}J_2 = 0 & \text{加载} \\ \mathrm{d}\sigma_i < 0 \text{ 或 } \mathrm{d}J_2 < 0 & \text{卸载} \end{cases} \tag{3.30}$$

对强化材料

$$\begin{cases} \mathrm{d}\sigma_i > 0 \text{ 或 } \mathrm{d}J_2 > 0 & \text{加载} \\ \mathrm{d}\sigma_i < 0 \text{ 或 } \mathrm{d}J_2 < 0 & \text{卸载} \\ \mathrm{d}\sigma_i = 0 \text{ 或 } \mathrm{d}J_2 = 0 & \text{中性变载} \end{cases} \tag{3.31}$$

4. 杜拉克(Drucker) 强化公设

考虑如图 3.17 所示的一个单向应力状态下强化材料的应力循环过程。设材料从某个应力状态 σ^0 开始加载,在到达加载应力 σ 后,再增加一个 $\mathrm{d}\sigma$,它将引起一个新的塑性应变增量 $\mathrm{d}\varepsilon^p$。在这样一个变形过程中,应力做了功,如果现在将应力重新降回到 σ^0,弹性应变将得到恢复,弹性应变能得到释放,然而塑性应变能部分则是不可逆的。在这样一个应力循环过程中,所做的功恒大于零,也即消耗了功,这部分功转化成热能并引起材料微观组织的变化。这个功是消耗于塑性变形的,称为附加应力所做的功,可表示如下(图 3.17 中的阴影面积):

$$(\sigma - \sigma^0)\mathrm{d}\varepsilon^p \geqslant 0 \tag{3.32}$$

若 σ^0 就是处于塑性状态,即 $\sigma^0 = \sigma$,则在 $\mathrm{d}\sigma$ 增加和 $\mathrm{d}\sigma$ 减小的应力循环中塑性功为正,可表示为

$$\mathrm{d}\sigma\mathrm{d}\varepsilon^p \geqslant 0 \tag{3.33}$$

式中,等号仅对理想塑性材料成立。

杜拉克根据这一性质及有关热力学的规律提出了弹塑性介质强化的假定,一般称为杜拉克公设。杜拉克公设可表述如下。

设在外力作用下处于平衡状态的材料单元体上施加某种附加外力,使单元体的应力

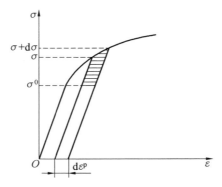

图 3.17　应力循环

加载,然后移去附加外力,使单元体的应力卸载到原来的应力状态。于是,在施加应力增量(加载)的过程中,以及在施加和卸去应力增量的循环过程中,附加外力所做的功不为负。

在一般应力状态下,式(3.32)和式(3.33)分别为

$$(\sigma_{ij} - \sigma_{ij}^0)\mathrm{d}\varepsilon_{ij}^{\mathrm{p}} \geqslant 0 \tag{3.34}$$

$$\mathrm{d}\sigma_{ij}\mathrm{d}\varepsilon_{ij}^{\mathrm{p}} \geqslant 0 \tag{3.35}$$

下面说明不等式(3.34)和式(3.35)的几何意义,为此将应力空间 σ_{ij} 和塑性应变空间 $\varepsilon_{ij}^{\mathrm{p}}$ 的坐标重合。这时应力状态 σ_{ij}^0 用矢量 $\overrightarrow{A_0A}$ 表示,应力 σ_{ij} 用矢量 $\overrightarrow{OA}$ 表示,塑性应变增量 $\mathrm{d}\varepsilon_{ij}^{\mathrm{p}}$ 用矢量 $\overrightarrow{AB}$ 表示,应力增量 $\mathrm{d}\sigma_{ij}$ 用 $\overrightarrow{AC}$ 表示。$\sigma_{ij}-\sigma_{ij}^0$ 是矢量 $\overrightarrow{A_0A}$。这时不等式(3.34)就表示为(图 3.18)

$$\overrightarrow{A_0A} \cdot \overrightarrow{AB} \geqslant 0$$

它表示矢量 $\overrightarrow{A_0A}$ 与 $\overrightarrow{AB}$ 的夹角不大于直角。设在 A 点作一超平面垂直于 AB,要保证上式成立,则位于加载曲面上或其内的所有应力点 A_0 只能在过屈服面上任何点所作超平面的同侧,这就是说,加载曲面必须是外凸的,这里外凸包括加载面是平的情形。

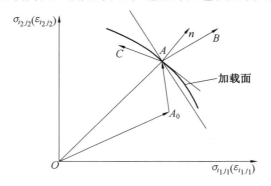

图 3.18　式(3.34)和式(3.35)的几何意义

其次讨论代表 $\mathrm{d}\varepsilon_{ij}^{\mathrm{p}}$ 的矢量 $\overrightarrow{AB}$ 的方向问题。假定 A 点处在光滑的加载面上,在这点的外法线矢量 $\boldsymbol{n}$ 存在而且唯一。$\overrightarrow{AB}$ 的方向与 $\boldsymbol{n}$ 的方向是一致。如果矢量 $\overrightarrow{AB}$ 不与 $\boldsymbol{n}$ 的方向重合,则总可以找到一点 A_0(在加载面上和以内)使 $\overrightarrow{AB}$ 与 $\overrightarrow{A_0A}$ 的夹角超过直角。只有 $\overrightarrow{AB}$

与 n 重合，$\overrightarrow{AB}$ 与 $\overrightarrow{A_0A}$ 的夹角才不会超过直角。这时，$d\varepsilon_{ij}^{p}$ 的方向就可以用数学形式表示为

$$d\varepsilon_{ij}^{p} = d\lambda \frac{\partial f}{\partial \sigma_{ij}} \qquad (3.36)$$

式中，$d\lambda > 0$ 为一比例系数。

式(3.36)称为塑性流动法则，它表明塑性应变增量各分量之间的比例可由 σ_{ij} 在屈服面 $f(\sigma_{ij})$ 上的位置决定，而与 $d\sigma_{ij}$ 无关。

下面再讨论式(3.35)的几何意义，从图 3.18 中可以看出，它可以写成

$$\overrightarrow{AC} \cdot \overrightarrow{AB} \geqslant 0 \text{ 或 } \overrightarrow{AC} \cdot n \geqslant 0$$

它表示当 $d\varepsilon_{ij}^{p}$ 不为零时，$d\sigma_{ij}$ 必须指向加载面的外法线一侧，这就是加载准则，这时 $\frac{\partial f}{\partial \sigma_{ij}} d\sigma_{ij} \geqslant 0$；如果 $d\sigma_{ij}$ 不指向外法线一侧，则只有 $d\varepsilon_{ij}^{p} = 0$ 才不违反上式，这就是卸载法则。

对于理想塑性材料，由于 $d\sigma_{ij}$ 不能指向外法线一侧，因此不论加载和卸载都有 $d\sigma_{ij} \, d\varepsilon_{ij}^{p} = 0$（加载时 $\overrightarrow{AC}$ 与 n 垂直，卸载时 $d\varepsilon_{ij}^{p} = 0$）。

3.3.2　增量理论和全量理论

1. 增量理论

增量理论又称流动理论，是描述材料在塑性状态时应力与应变速率或应变增量之间关系的理论。它是针对加载过程中每一瞬间的应力状态所确定的该瞬间的应变增量，这样就不需要考虑加载历史的影响。增量理论的代表有列维－米泽斯理论和普朗特－路埃斯(Levy－Mises)理论。列维－米泽斯(Prant－Reuss)理论忽略弹性变形，认为塑性应变增量的各分量与相应的应力偏量成同一比例；普朗特－路埃斯理论认为总应变增量应包括弹性与塑性两部分，塑性部分与列维－米泽斯方程一致，比列维－米泽斯理论更为全面。

2. 全量理论

全量理论又称形变理论，以弹性和塑性变形的全量作为基础，认为应力主方向与应变主方向相重合，应力偏量分量与相应的应变偏量成比例。在简单加载条件下，全量理论是正确的，从工程应用出发，偏离比例加载不大时，仍有相当的适应性。

3.3.3　应力－应变对应规律

塑性变形时，当应力顺序 $\sigma_1 > \sigma_2 > \sigma_3$ 不变，且应变主轴方向不变时，则主应变的顺序与主应力顺序相对应，即 $\varepsilon_1 > \varepsilon_2 > \varepsilon_3$（顺序关系）。当 $\sigma_2 \gtreqless \frac{\sigma_1 + \sigma_3}{2}$ 的关系保持不变时，相应地有 $\varepsilon_2 \gtreqless 0$（中间关系）。顺序关系与中间关系的实质是将增量理论的定量描述变为一种定性判断。中间关系是决定变形类型的依据。

$\sigma_2 > \frac{\sigma_1 + \sigma_3}{2}$ 时，$\varepsilon_2 > 0$，应变状态 $\varepsilon_1 > 0$，$\varepsilon_2 > 0$，$\varepsilon_3 < 0$，属于压缩类变形；$\sigma_2 < \frac{\sigma_1 + \sigma_3}{2}$ 时，$\varepsilon_2 < 0$，应变状态 $\varepsilon_1 > 0$，$\varepsilon_2 < 0$，$\varepsilon_3 < 0$，属于伸长类变形；$\sigma_2 = \frac{\sigma_1 + \sigma_3}{2}$，$\varepsilon_2 = 0$，应变状态为平面应变。

3.4 塑性应力－应变关系应用

3.4.1 塑性变形应力－应变曲线的简化形式

实验所得的真实应力－应变曲线一般不是简单的函数关系。在解决塑性加工问题时,为了便于计算,对不同的金属材料,可以采取不同的变形体模型,即应力－应变曲线的简化形式。

1. 理想弹塑性体模型

图 3.19(a)是理想弹塑性体模型,该模型没有考虑材料的强化。当塑性变形与弹性变形处于同一数量级时,采用这种模型,它适用于热加工分析。OA 是弹性阶段,AB 是塑性阶段,应力表达式如下:

$$\begin{cases} \varepsilon < \varepsilon_s, & \sigma = E\varepsilon \\ \varepsilon > \varepsilon_s, & \sigma = \sigma_s = E\varepsilon_s \end{cases} \tag{3.37}$$

2. 理想刚塑性体模型

图 3.19(b)是理想刚塑性体模型,它与理想弹塑性体模型一样,没有考虑加工硬化,但它忽略弹性变形阶段。当弹性变形与塑性变形相比可以忽略不计时,采用这种模型。如大多数金属在高温低速下的大变形,以及一些低熔点金属在室温下的大变形,其解析表达式为

$$\sigma = \sigma_s \tag{3.38}$$

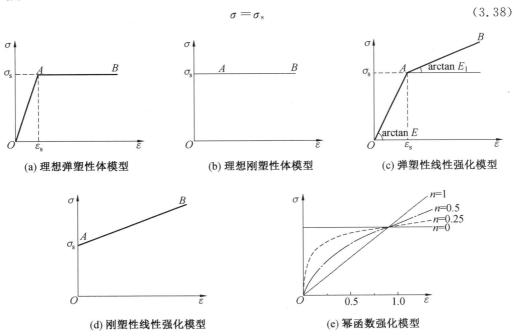

(a) 理想弹塑性体模型　　(b) 理想刚塑性体模型　　(c) 弹塑性线性强化模型

(d) 刚塑性线性强化模型　　(e) 幂函数强化模型

图 3.19　真实应力－应变曲线的简化类型

3. 弹塑性线性强化模型

图 3.19(c) 是弹塑性线性强化模型,其表达式分为两段

$$\begin{cases} \varepsilon \leqslant \varepsilon_s, & \sigma = E\varepsilon \\ \varepsilon > \varepsilon_s, & \sigma = E_1(\varepsilon - \varepsilon_s) \end{cases} \tag{3.39}$$

对于线性硬化材料若弹性变形不能忽略,则属于这种形式,如金属在室温下的小塑性变形。

4. 刚塑性线性强化模型

图 3.19(d) 是具有线性强化的刚塑性体模型,有时为了简化起见,对某些材料可以用直线代替曲线,此时的表达式为

$$\sigma = \sigma_s + B_2\varepsilon \tag{3.40}$$

这一直线称为硬化直线,式中 $B_2 = \dfrac{S_b - \sigma_s}{\delta_b}$。

5. 幂函数强化模型

图 3.19(e) 是幂函数强化模型。大多数工程金属在室温下有加工硬化,其应力 － 应变曲线可用指数方程式表示为

$$\sigma = B\varepsilon^n \tag{3.41}$$

式中,B 为与材料性能有关的常数;n 为硬化指数,它是表示材料加工硬化特性的一个重要参数,n 值越大,说明材料的应变强化能力越强。对金属材料 n 的范围是 $0 < n < 1$。当 $n=0$ 时,代表理想刚塑性体模型;当 $n=1$ 时,代表理想弹塑性体模型。B 值与 n 值可从手册中查到。

幂函数强化模型的曲线是连续的,常将其应用于室温下的冷加工。

3.4.2　塑性应力 － 应变关系的特点

1. 塑性应力 － 应变特点概述

材料产生塑性变形时,应力与应变之间的关系有以下特点。

(1) 塑性变形是不可恢复的,是不可逆的关系,应力与应变之间没有一般的单值关系,而是与加载历史或应变路径有关。

(2) 对于应变硬化材料,卸载后再重新加载,其屈服应力就是卸载时的屈服应力,比初始屈服应力要高。

(3) 塑性变形时,可以认为体积不变,即应变球张量为零,泊松比 $\nu = 0.5$。

(4) 应力与应变之间的关系是非线性的,因此,全量应变主轴与应力主轴不一定重合。

2. 塑性应力 － 应变特点例证

下面举例说明特点(1)与特点(4)。

(1) 单向拉伸情况。

在单向拉伸时(图 3.20),在弹性范围内,应变只取决于当时的应力,反之亦然。如 σ_c 总是对应 ε_c,不管是由 σ_a 加载而得还是由 σ_d 卸载而得。在塑性范围内,如果是理想塑性材料(图 3.20 中虚线),则同一 σ_s 可以对应任何应变。如果是硬化材料,由 σ_s 加载到 σ_e,对

应的应变是 ε_e，如由 σ_f 卸载到 σ_e，则应变为 ε'_f，应力－应变非单值关系。

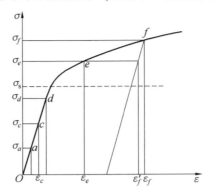

图 3.20　单向拉伸时的应力－应变曲线

（2）两向应力情况。

如图 3.21 所示，图 3.21(a) 为刚塑性硬化材料的单向拉伸及纯剪切时的真实应力－应变曲线，图 3.21(b) 为其屈服轨迹。现将材料单向拉伸到 A 后继续加载到 C 点，C 点在后继屈服轨迹 CD 上，这时材料内的屈服应力为 σ_C，而得到塑性应变为 $\varepsilon_1 = \varepsilon_C$、$\varepsilon_2 = \varepsilon_3 = -\dfrac{\varepsilon_C}{2}$，见表 3.1 中序号 1。然后将其卸载到 E 点，此时材料内保留的应力 σ_E 小于材料的屈服应力，但由于塑性变形是不可逆的，ε_1、ε_2、ε_3 不能恢复，仍保留在变形体中。再将材料加载切应力到后继屈服轨迹 CD 上的 F 点，这时 C 点和 F 点的等效应力相等，材料在保留的正应力和再次加载的切应力共同作用下到达了后继屈服点，但还没有开始再次进行塑性变形，所以应变状态并未发生改变，这时应变主轴不变，但应力主轴发生了变化，见表 3.1 中序号 2，应力与应变并不对应，而且主轴不重合。如果从初始状态先加纯切应力通过屈服点 B 到达 D 点，这里的应力和应变见表 3.1 中序号 3。如果同样经后继屈服轨迹里面的任意路线变载到 F 点，则应力与应变见表 3.1 中序号 4，其结果也同上。如果从初始状态沿直线 $OF'F$ 到达 F 点，则应力与应变见表 3.1 中序号 5，这时应力与应变主轴重合。由表 3.1 可以看出，同样的一种应力状态，由于加载路径不同，会出现好几种应变状态，同样地，同一种应变状态，可以有几种应力状态。

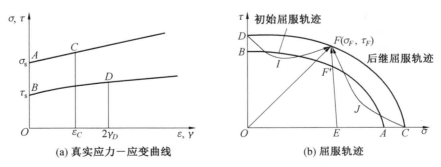

(a) 真实应力－应变曲线　　(b) 屈服轨迹

图 3.21　拉伸剪切复合应力的塑性应力－应变关系

表 3.1　加载路径不同时应力和应变

序号	加载路线	最终应力状态	全量应变状态	说明
1	OAC	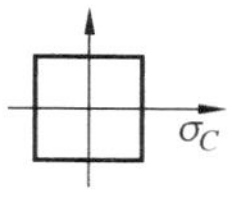 主轴 σ_C	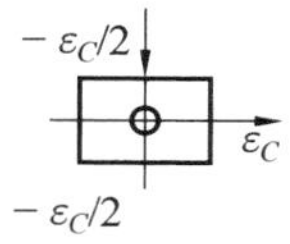 $-\varepsilon_C/2$　主轴 ε_C　$-\varepsilon_C/2$	比例加载 应力应变对应 主轴重合
2	$OAC(E、J)F$	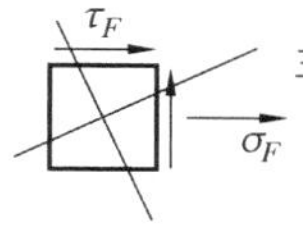 τ_F　主轴 σ_F	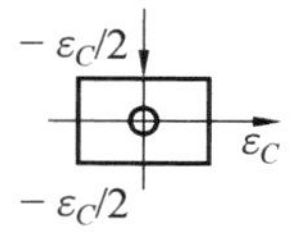 $-\varepsilon_C/2$　主轴 ε_C　$-\varepsilon_C/2$	应力改变 应变未改变 主轴不重合
3	OBD	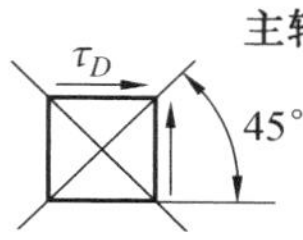 τ_D　主轴 45°	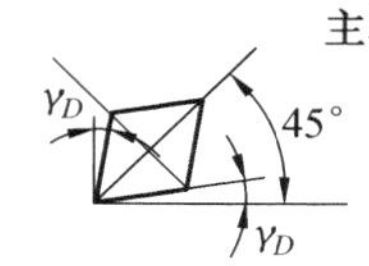 主轴 γ_D　45°　γ_D	比例加载 应力应变对应 主轴重合
4	$OBD(I)F$	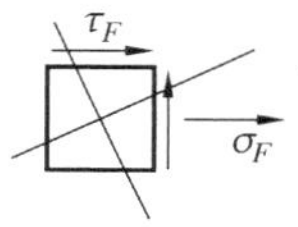 τ_F　主轴 σ_F	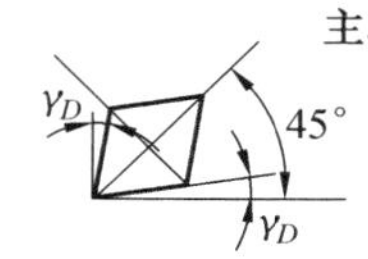 主轴 γ_D　45°　γ_D	应力改变 应变未改变 主轴不重合
5	$OF'F$	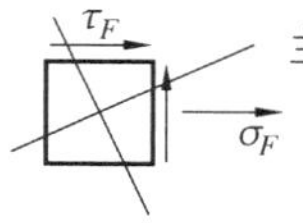 τ_F　主轴 σ_F	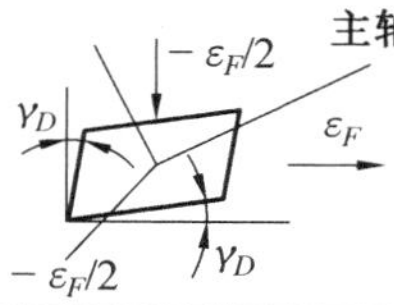 $-\varepsilon_F/2$　主轴 γ_D　ε_F　$-\varepsilon_F/2$　γ_D	比例加载 应力应变对应 主轴重合

由塑性变形时应力与应变之间关系的特点可以看到,离开加载历史来建立应力与全量塑性应变之间的普遍关系是不可能的,因此,一般只能建立应力与应变增量之间的关系,然后根据具体的加载路线,具体分析。另外,从上述例子中也可以看到,在比例加载的条件下,应力主轴与应变主轴重合,而且它们之间有对应关系,因此,可以建立全量关系。

3.4.3　增量理论特点分析

增量理论是每一瞬时的应变增量与当时的应力状态有关。

1. 列维－米泽斯理论

(1) 列维－米泽斯方程的表达形式。

列维－米泽斯方程是建立在下面四个假设基础上的。

① 材料是理想刚塑性材料,即全应变增量中的弹性应变增量为零,这时总应变增量与塑性应变增量是一致的。

② 材料服从米泽斯屈服准则,即 $\sigma_i = \sigma_s$。

③ 每一加载瞬间,应力主轴与塑性应变增量主轴重合。

④ 塑性变形时体积不变,即

$$d\varepsilon_x + d\varepsilon_y + d\varepsilon_z = d\varepsilon_1 + d\varepsilon_2 + d\varepsilon_3 = 0$$

所以应变增量张量就是应变增量偏张量,即

$$\mathrm{d}\varepsilon_{ij} = \mathrm{d}\varepsilon'_{ij}$$

在上述四个假定的条件下,塑性变形时应变增量 $\mathrm{d}\varepsilon_{ij}$ 与相应的应力偏量成比例:

$$\frac{\mathrm{d}\varepsilon_x}{\sigma'_x} = \frac{\mathrm{d}\varepsilon_y}{\sigma'_y} = \frac{\mathrm{d}\varepsilon_z}{\sigma'_z} = \frac{\mathrm{d}\gamma_{xy}}{2\tau_{xy}} = \frac{\mathrm{d}\gamma_{yz}}{2\tau_{yz}} = \frac{\mathrm{d}\gamma_{zx}}{2\tau_{zx}} = \mathrm{d}\lambda \tag{3.42}$$

或

$$\mathrm{d}\varepsilon_{ij} = \sigma'_{ij}\mathrm{d}\lambda \tag{3.43}$$

式中,$\mathrm{d}\lambda$ 为正的瞬时常数,在加载不同瞬时是变化的,卸载时 $\mathrm{d}\lambda = 0$。

式(3.43)称为列维－米泽斯方程,它是列维和米泽斯分别在1871年与1913年建立的。

列维－米泽斯方程还可以写成比例形式和差比形式:

$$\frac{\mathrm{d}\varepsilon_x - \mathrm{d}\varepsilon_y}{\sigma_x - \sigma_y} = \frac{\mathrm{d}\varepsilon_y - \mathrm{d}\varepsilon_z}{\sigma_y - \sigma_z} = \frac{\mathrm{d}\varepsilon_z - \mathrm{d}\varepsilon_x}{\sigma_z - \sigma_x} = \mathrm{d}\lambda \tag{3.44}$$

或

$$\frac{\mathrm{d}\varepsilon_1 - \mathrm{d}\varepsilon_2}{\sigma_1 - \sigma_2} = \frac{\mathrm{d}\varepsilon_2 - \mathrm{d}\varepsilon_3}{\sigma_2 - \sigma_3} = \frac{\mathrm{d}\varepsilon_3 - \mathrm{d}\varepsilon_1}{\sigma_3 - \sigma_1} = \mathrm{d}\lambda \tag{3.45}$$

式(3.45)表明,应力莫尔圆及全应变增量莫尔圆是几何相似的。

(2)比例系数 $\mathrm{d}\lambda$ 的求解。

为了确定比例系数 $\mathrm{d}\lambda$,将式(3.44)转化为

$$\begin{cases} (\mathrm{d}\varepsilon_x - \mathrm{d}\varepsilon_y)^2 = (\sigma_x - \sigma_y)^2 \mathrm{d}\lambda^2 \\ (\mathrm{d}\varepsilon_y - \mathrm{d}\varepsilon_z)^2 = (\sigma_y - \sigma_z)^2 \mathrm{d}\lambda^2 \\ (\mathrm{d}\varepsilon_z - \mathrm{d}\varepsilon_x)^2 = (\sigma_z - \sigma_x)^2 \mathrm{d}\lambda^2 \end{cases} \tag{3.46}$$

再根据式(3.42)可得

$$\begin{cases} \mathrm{d}\gamma_{xy}^2 = 4\tau_{xy}^2 \mathrm{d}\lambda^2 \\ \mathrm{d}\gamma_{yz}^2 = 4\tau_{yz}^2 \mathrm{d}\lambda^2 \\ \mathrm{d}\gamma_{zx}^2 = 4\tau_{zx}^2 \mathrm{d}\lambda^2 \end{cases} \tag{3.47}$$

又

$$\sigma_i = \frac{1}{\sqrt{2}}\sqrt{(\sigma_x - \sigma_y)^2 + (\sigma_y - \sigma_z)^2 + (\sigma_z - \sigma_x)^2 + 6(\tau_{xy}^2 + \tau_{yz}^2 + \tau_{zx}^2)}$$

将式(3.46)、式(3.47)代入 σ_i 中,并令

$$\mathrm{d}\varepsilon_i^P = \frac{\sqrt{2}}{3}\left[(\mathrm{d}\varepsilon_x - \mathrm{d}\varepsilon_y)^2 + (\mathrm{d}\varepsilon_y - \mathrm{d}\varepsilon_z)^2 + (\mathrm{d}\varepsilon_z - \mathrm{d}\varepsilon_x)^2 + \frac{3}{2}(\gamma_{xy}^2 + \gamma_{yz}^2 + \gamma_{zx}^2)\right]$$

式中,$\mathrm{d}\varepsilon_i^P$ 为等效塑性应变增量,或塑性应变增量强度。

可解得

$$\mathrm{d}\lambda = \frac{3\mathrm{d}\varepsilon_i^P}{2\sigma_i} = \frac{3\mathrm{d}\varepsilon_i^P}{2Y} \tag{3.48}$$

由此可得列维－米泽斯理论完整的应力－应变关系方程式

$$\begin{cases} \mathrm{d}\varepsilon_x = \dfrac{3\mathrm{d}\varepsilon_i}{2Y}\sigma_x', & \mathrm{d}\gamma_{xy} = \dfrac{3\mathrm{d}\varepsilon_i}{Y}\tau_{xy} \\[2mm] \mathrm{d}\varepsilon_y = \dfrac{3\mathrm{d}\varepsilon_i}{2Y}\sigma_y', & \mathrm{d}\gamma_{yz} = \dfrac{3\mathrm{d}\varepsilon_i}{Y}\tau_{yz} \\[2mm] \mathrm{d}\varepsilon_z = \dfrac{3\mathrm{d}\varepsilon_i}{2Y}\sigma_z', & \mathrm{d}\gamma_{zx} = \dfrac{3\mathrm{d}\varepsilon_i}{Y}\tau_{zx} \end{cases} \tag{3.49}$$

（3）列维 — 米泽斯方程的应用。

① 已知应变增量分量且对于特定材料（σ_s 可知），可以求得应力偏量分量或正应力之差（$\sigma_1 - \sigma_2$）、（$\sigma_2 - \sigma_3$）、（$\sigma_3 - \sigma_1$），但一般不能求出 σ_1、σ_2、σ_3，因为此时 $\mathrm{d}\varepsilon_m = 0$，应力球张量不能被唯一确定。

② 已知应力分量，只能求得应变增量的比值但不能求得应变增量的数值。原因是对于理想塑性材料，应变分量的增量与应力分量之间无单值关系（即使求得也有很多解）。

③ 若两正应力相等，由于应力偏量分量相同，应变增量也相同，反之亦然。

④ 若某一方向的应变增量为零，则该方向的正应力应等于平均应力 σ_m，在平面应变时，若有 $\sigma_1 \geqslant \sigma_2 \geqslant \sigma_3$，以及沿 σ_2 的应变增量为零，则有

$$\sigma_2 = \sigma_m = \frac{\sigma_1 + \sigma_3}{2}$$

（4）应力 — 应变速率方程（圣维南（Saint — Venant）塑性流动方程）。

将式（3.43）两边同除 $\mathrm{d}t$，得

$$\frac{\mathrm{d}\varepsilon_{ij}}{\mathrm{d}t} = \frac{\mathrm{d}\lambda}{\mathrm{d}t}\sigma_{ij}'$$

式中，$\dot{\boldsymbol{\varepsilon}}_{ij}$ 为应变速率张量，$\dfrac{\mathrm{d}\varepsilon_{ij}}{\mathrm{d}t} = \dot{\boldsymbol{\varepsilon}}_{ij}$；$\lambda_0$ 为比例因子，$\dfrac{\mathrm{d}\lambda}{\mathrm{d}t} = \lambda_0 = \dfrac{3\dot{\varepsilon}_i}{2Y}$，其中 $\dot{\varepsilon}_i$ 为等效应变速率或应变速率强度。

于是有

$$\begin{cases} \dot{\varepsilon}_x = \lambda_0\sigma_x', & \dot{\gamma}_{xy} = 2\lambda_0\tau_{xy} \\[2mm] \dot{\varepsilon}_y = \lambda_0\sigma_y', & \dot{\gamma}_{yz} = 2\lambda_0\tau_{yz} \\[2mm] \dot{\varepsilon}_z = \lambda_0\sigma_z', & \dot{\gamma}_{zx} = 2\lambda_0\tau_{zx} \end{cases} \tag{3.50}$$

式（3.50）就是应力 — 应变速率分量方程，它是圣维南于 1870 年提出的，它与牛顿黏性流体公式相似，故又称圣维南塑性流动方程。如果不考虑应变速率对材料性能的影响，该式与列维 — 米泽斯方程是一致的。

2. 普朗特 — 路埃斯理论

普朗特 — 路埃斯理论是在列维 — 米泽斯理论的基础上发展起来的，这个理论认为，对于变形较大的问题，忽略弹性变形是可以的。但当变形较小时，略去弹性应变会带来较大的误差。因此，提出在塑性区考虑弹性变形部分，即总应变增量的分量由弹塑性两部分组成，即

$$\begin{aligned} \mathrm{d}\varepsilon_x &= \mathrm{d}\varepsilon_x^e + \mathrm{d}\varepsilon_x^p, & \mathrm{d}\gamma_{xy} &= \mathrm{d}\gamma_{xy}^e + \mathrm{d}\gamma_{xy}^p \\ \mathrm{d}\varepsilon_y &= \mathrm{d}\varepsilon_y^e + \mathrm{d}\varepsilon_y^p, & \mathrm{d}\gamma_{yz} &= \mathrm{d}\gamma_{yz}^e + \mathrm{d}\gamma_{yz}^p \\ \mathrm{d}\varepsilon_z &= \mathrm{d}\varepsilon_z^e + \mathrm{d}\varepsilon_z^p, & \mathrm{d}\gamma_{xz} &= \mathrm{d}\gamma_{xz}^e + \mathrm{d}\gamma_{xz}^p \end{aligned}$$

简记为

$$d\varepsilon_{ij} = d\varepsilon_{ij}^{e} + d\varepsilon_{ij}^{p}$$

弹性应变部分为

$$d\varepsilon_{ij}^{e} = \frac{1}{2G}d\sigma'_{ij} + \frac{1-2\nu}{E}\delta_{ij}d\sigma_{m}$$

塑性应变部分由列维－米泽斯方程计算

$$d\varepsilon_{ij}^{p} = d\lambda\sigma'_{ij}$$

于是得普朗特－路埃斯方程为

$$d\varepsilon_{ij} = \frac{1}{2G}d\sigma'_{ij} + \frac{1-2\nu}{E}\delta_{ij}d\sigma_{m} + d\lambda\sigma'_{ij} \tag{3.51}$$

式(3.51)也可写为

$$\begin{cases} d\varepsilon'_{ij} = \dfrac{1}{2G}d\sigma'_{ij} + d\lambda\sigma'_{ij} \\ d\varepsilon_{m} = \dfrac{1-2\nu}{E}d\sigma_{m} \end{cases} \tag{3.52}$$

3. 增量理论的特点归纳

(1) 普朗特－路埃斯理论与列维－米泽斯理论的差别在于前者考虑了弹性变形而后者不考虑弹性变形,实际上后者是前者特殊情况。列维－米泽斯方程仅适应于大应变问题,无法求回弹及残余应力场问题。普朗特－路埃斯方程主要用于小应变及求解弹性回跳及残余应力问题。

(2) 两理论都着重指出了塑性应变增量与应力偏量之间关系。如用几何图形(图 3.22)来表示,设应力偏量的矢量为 $\boldsymbol{S}$,在 π 平面内沿着米泽斯屈服轨迹的径向,由于应力(偏量)主轴与应变分量的瞬时增量主轴重合,在数量上仅差一比例常数,若用自由矢量表示塑性应变增量,则必平行于矢量 $\boldsymbol{S}$ 且沿屈服曲面的径向,而弹性应变增量则与应力张量的矢量平行。

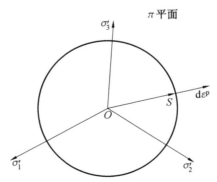

图 3.22 $d\varepsilon^{p}$ 平行于 $\boldsymbol{S}$ 沿屈服面法线方向

(3) 整个变形过程可由各瞬时段的变形积累而得,因此增量理论能表达加载过程对变形的影响,能反映出复杂加载情况。如加载途径由 ①、②、③、④ 段(图 3.23)组成,要得到最终的应力或应变解,首先根据第一段加载情况,运用该段方程组求解,把此解化为第二段加载的初值继续求解,如此连续进行,得到第 ④ 段的积分解,即所需求解。对于大变形问题求全量解,应变应采用大应变表达式。

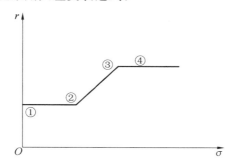

图 3.23　复杂加载途径

(4) 增量理论仅适用于加载情况(即变形功大于零的情况),并没有给出卸载规律,卸载情况下仍按胡克定律进行。

3.4.4　全量理论特点分析

增量理论虽然比较严密,但实际解题并不方便,因为在解决实际问题时,工程师往往更关注的是应变全量。每一时刻的应变增量积分到应变全量并非易事,因此,需要建立应力与应变全量之间的关系式。

在比例加载时,应力主轴方向将固定不变,由于应变增量主轴与应力主轴重合,所以应变增量主轴也保持不变,这种变形称为简单变形。在这种条件下,对普朗特－路埃斯方程进行积分,得到全量应变和应力之间的关系,称为全量理论。

1. 亨盖理论

全量理论最早是由亨盖在 1924 年提出的,该理论指出应力偏量分量与塑性应变偏量分量应相似且同轴,可用下式表达:

$$\frac{\varepsilon_x^{\mathrm{p}}}{\sigma_x'} = \frac{\varepsilon_y^{\mathrm{p}}}{\sigma_y'} = \frac{\varepsilon_z^{\mathrm{p}}}{\sigma_z'} = \frac{\gamma_{xy}^{\mathrm{p}}}{\tau_{xy}} = \frac{\gamma_{yz}^{\mathrm{p}}}{\tau_{yz}} = \frac{\gamma_{zx}^{\mathrm{p}}}{\tau_{zx}} = \varphi \tag{3.53}$$

在亨盖应力－应变关系式中应变是全量而不是分量,比例常数可以仿照 3.4.3 节的方法得到

$$\varphi = \frac{3\varepsilon_{\mathrm{i}}}{2Y}$$

如果是弹塑性材料的小变形,则要考虑弹性变形部分,此时,亨盖方程为

$$\begin{cases} \varepsilon_{ij}' = \dfrac{1}{2G}\sigma_{ij}' + \varphi\sigma_{ij}' \\[2mm] \varepsilon_{\mathrm{m}} = \dfrac{1-2\nu}{E}\sigma_{\mathrm{m}} \end{cases} \tag{3.54}$$

引入系数 G',$\dfrac{1}{2G'} = \varphi + \dfrac{1}{2G}$,$G'$ 称为塑性切变模量,于是式(3.54)第一式可写为

$$\varepsilon_{ij}' = \frac{1}{2G'}\sigma_{ij}' \tag{3.55}$$

2. 那达依理论

1937 年那达依提出另一种全量理论,其特点如下。

（1）考虑材料是强化材料，而不像亨盖考虑的是理想塑性材料，强化规律用八面体切应力及八面体切应变之间的关系来描述：

$$\tau_8 = f(\gamma_8)$$

（2）考虑是大应变情况，应变以对数应变形式表示，不考虑弹性变形。

（3）当主应变的方向和比例保持不变且初始应变等于零时，应变全量与应力偏量的各分量之间存在以下关系：

$$\varepsilon_{ij} = \frac{1}{2} \frac{\gamma_8}{\tau_8} \sigma'_{ij} \tag{3.56}$$

3. 依留申理论

1943 年依留申将全量理论整理得更完善，明确地提出了形变理论所适用的范围和比例变形时所必须满足的条件。

伊留申提出的加载条件如下。

（1）外载荷各分量按比例增加，变形体处于主动变形的过程中，不出现中途卸载的情况。

（2）变形体是不可压缩的，泊松比 $\nu = 0.5$。

（3）材料的应力－应变曲线具有幂强化的形式。

（4）满足小弹塑性变形的各项条件，塑性变形和弹性变形属于同一量级。

以上几个条件中，外载荷按比例增加的条件是必要条件，取 $\nu = 0.5$ 对简化计算具有重要意义，因为不同 ν 值对最后计算结果的影响是很小的。幂强化形式的物理关系可以避免区分弹性和塑性区，而且可以通过选择材料常数来逼近实际强化曲线。

满足上述条件后，再假定材料是刚塑性的，即 $\frac{1}{2G} = 0$，式（3.53）可写为

$$\frac{\varepsilon_x'}{\sigma_x'} = \frac{\varepsilon_y'}{\sigma_y'} = \frac{\varepsilon_z'}{\sigma_z'} = \frac{\gamma_{xy}}{2\tau_{xy}} = \frac{\gamma_{yz}}{2\tau_{yz}} = \frac{\gamma_{zx}}{2\tau_{zx}} = \frac{1}{2G'} = \varphi \tag{3.57}$$

式（3.57）也可写为差比形式

$$\frac{\varepsilon_x - \varepsilon_y}{\sigma_x - \sigma_y} = \frac{\varepsilon_y - \varepsilon_z}{\sigma_y - \sigma_z} = \frac{\varepsilon_z - \varepsilon_x}{\sigma_z - \sigma_x} = \frac{1}{2G'} = \varphi \tag{3.58}$$

或

$$\frac{\varepsilon_1 - \varepsilon_2}{\sigma_1 - \sigma_2} = \frac{\varepsilon_2 - \varepsilon_3}{\sigma_2 - \sigma_3} = \frac{\varepsilon_3 - \varepsilon_1}{\sigma_3 - \sigma_1} = \frac{1}{2G'} = \varphi \tag{3.59}$$

即按全量应变理论，主应力差值与主应变差值成比例，因此应力莫尔圆与应变莫尔圆相似。

设 E' 为塑性模量，则塑性变形时塑性模量 E' 与塑性切变模量 G' 有如下关系：

$$G' = \frac{E'}{2(1 + \nu)} = \frac{E'}{3} = \frac{\sigma_i}{3\varepsilon_i} \tag{3.60}$$

E'、G' 不仅与材料性能有关，也和变形程度、加载历史有关，而与物体所处的应力状态无关。塑性变形的每一瞬时对应于一个值。

将式（3.60）和 $\sigma_m = \dfrac{\sigma_x + \sigma_y + \sigma_z}{3}$ 代入式（3.57）可得

$$
\begin{cases}
\varepsilon_x = \dfrac{1}{E'}\left[\sigma_x - \dfrac{1}{2}(\sigma_y + \sigma_z)\right], & \gamma_{xy} = \dfrac{1}{G'}\tau_{xy} \\[2mm]
\varepsilon_y = \dfrac{1}{E'}\left[\sigma_y - \dfrac{1}{2}(\sigma_z + \sigma_x)\right], & \gamma_{yz} = \dfrac{1}{G'}\tau_{yz} \\[2mm]
\varepsilon_z = \dfrac{1}{E'}\left[\sigma_z - \dfrac{1}{2}(\sigma_x + \sigma_y)\right], & \gamma_{zx} = \dfrac{1}{G'}\tau_{zx}
\end{cases}
\tag{3.61}
$$

式(3.61)与弹性变形时的广义胡克定律相似,式中 E'、$\dfrac{1}{2}$、G' 分别与广义胡克定律式中的 E、ν、G 相当。

在塑性成形时,难于普遍保证比例加载,所以严格来说不能使用塑性变形的全量理论。但一些研究表明,全量理论在偏离加载条件不多时仍然适用,或者说不少问题用全量求解所得的结果基本上能说明实际问题,所以至今塑性加工理论中仍流行用全量理论求解。

3.4.5　应力－应变顺序关系和中间关系的证明

当应力顺序不变时,例如 $\sigma_1 > \sigma_2 > \sigma_3$,偏应力分量的顺序也是不变的($\sigma_1 - \sigma_m) > (\sigma_2 - \sigma_m) > (\sigma_3 - \sigma_m$),列维－米泽斯方程对于主应力条件可以写为

$$
\frac{\mathrm{d}\varepsilon_1}{\sigma_1 - \sigma_m} = \frac{\mathrm{d}\varepsilon_2}{\sigma_2 - \sigma_m} = \frac{\mathrm{d}\varepsilon_3}{\sigma_3 - \sigma_m} = \mathrm{d}\lambda
\tag{3.62}
$$

可得 $\mathrm{d}\varepsilon_1 > \mathrm{d}\varepsilon_2 > \mathrm{d}\varepsilon_3$,对于初始应变为零的变形过程,可视为几个阶段所组成,在时间间隔 t_1 中,应变增量为

$$
\mathrm{d}\varepsilon_1\,|_{t_1} = (\sigma_1 - \sigma_m)\,|_{t_1}\,\mathrm{d}\lambda_1
$$
$$
\mathrm{d}\varepsilon_2\,|_{t_1} = (\sigma_2 - \sigma_m)\,|_{t_1}\,\mathrm{d}\lambda_1
$$
$$
\mathrm{d}\varepsilon_3\,|_{t_1} = (\sigma_3 - \sigma_m)\,|_{t_1}\,\mathrm{d}\lambda_1
$$

在时间间隔 t_2 中,应变增量为

$$
\mathrm{d}\varepsilon_1\,|_{t_2} = (\sigma_1 - \sigma_m)\,|_{t_2}\,\mathrm{d}\lambda_2
$$
$$
\mathrm{d}\varepsilon_2\,|_{t_2} = (\sigma_2 - \sigma_m)\,|_{t_2}\,\mathrm{d}\lambda_2
$$
$$
\mathrm{d}\varepsilon_3\,|_{t_2} = (\sigma_3 - \sigma_m)\,|_{t_2}\,\mathrm{d}\lambda_2
$$

在时间间隔 t_n,应变增量为

$$
\mathrm{d}\varepsilon_1\,|_{t_n} = (\sigma_1 - \sigma_m)\,|_{t_n}\,\mathrm{d}\lambda_n
$$
$$
\mathrm{d}\varepsilon_2\,|_{t_n} = (\sigma_2 - \sigma_m)\,|_{t_n}\,\mathrm{d}\lambda_n
$$
$$
\mathrm{d}\varepsilon_3\,|_{t_n} = (\sigma_3 - \sigma_m)\,|_{t_n}\,\mathrm{d}\lambda_n
$$

由于主轴方向不变,各方向的应变全量等于各阶段应变增量之和,即

$$
\varepsilon_1 = \sum \mathrm{d}\varepsilon_1, \quad \varepsilon_2 = \sum \mathrm{d}\varepsilon_2, \quad \varepsilon_3 = \sum \mathrm{d}\varepsilon_3
$$
$$
\varepsilon_1 - \varepsilon_2 = (\sigma_1 - \sigma_2)\,|_{t_1}\,\mathrm{d}\lambda_1 + (\sigma_1 - \sigma_2)\,|_{t_2}\,\mathrm{d}\lambda_2 + \cdots + (\sigma_1 - \sigma_2)\,|_{t_n}\,\mathrm{d}\lambda_n
$$

由于始终保持 $\sigma_1 > \sigma_2$,故有

$$
(\sigma_1 - \sigma_2)\,|_{t_1} > 0, (\sigma_1 - \sigma_2)\,|_{t_2} > 0, \cdots, (\sigma_1 - \sigma_2)\,|_{t_n} > 0
$$

且因 $d\lambda_1, d\lambda_2, \cdots, d\lambda_n$ 皆大于零,于是上式右端恒大于零,即 $\varepsilon_1 > \varepsilon_2$,同理有 $\varepsilon_2 > \varepsilon_3$,汇总上面两式可得 $\varepsilon_1 > \varepsilon_2 > \varepsilon_3$,即"顺序对应关系"得到证明。又根据体积不变条件 $\varepsilon_1 + \varepsilon_2 + \varepsilon_3 = 0$,因此 ε_1 定大于零,ε_3 定小于零。

至于沿中间主应力 σ_2 方向的应变 ε_2 的符号需要根据 σ_2 的相对大小来定:

$$\varepsilon_2 = (\sigma_2 - \sigma_m)\big|_{t_1} d\lambda_1 + (\sigma_2 - \sigma_m)\big|_{t_2} d\lambda_2 + \cdots + (\sigma_2 - \sigma_m)\big|_{t_n} d\lambda_n$$

若变形过程中保持 $\sigma_2 > \dfrac{\sigma_1 + \sigma_3}{2}$,即 $\sigma_2 > \sigma_m$,由于 $d\lambda_1 > 0, d\lambda_2 > 0, \cdots, d\lambda_n > 0$,则上式右端恒大于零,即 $\varepsilon_2 > 0$。同理可证,当 $\sigma_2 < \dfrac{\sigma_1 + \sigma_3}{2}$ 时,$\varepsilon_2 < 0$;$\sigma_2 = \dfrac{\sigma_1 + \sigma_3}{2}$,$\varepsilon_2 = 0$。

以上证明是根据增量理论导出的全量应变定性表达式,而非从全量理论推导出的。

习　　题

3.1　试求平面应力或两向应力状态的米泽斯屈服准则和特雷斯卡屈服准则的几何图形。

3.2　如图 3.24 所示为主应力空间,如果物体某点的应力为 $P(\sigma_1, \sigma_2, \sigma_3)$,则这个应力状态可由应力空间中的应力向量 $\overrightarrow{OP}$ 表示,图中 $\overrightarrow{OE}$ 则为与 3 个主应力轴等倾斜的轴线。过 P 点作 OE 的垂线交 OE 于 N 点。

(1) OE 所表示的意义?

(2) $|\overrightarrow{NP}|$ 与 Y 成什么关系时发生屈服(以米泽斯屈服准则计算)?

(3) 由(2)可知米泽斯屈服条件的空间几何形状是什么?

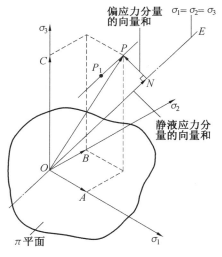

图 3.24　主应力空间

3.3　试写出平面应力状态下米泽斯屈服准则和特雷斯卡屈服准则的数学表达式,画出其屈服轨迹的几何图形,指出二准则相差最大的点及其变形特征,说明二准则的物理意义和异同点。

3.4　已知两端封闭的薄壁圆筒受内压 p 的作用如图 3.25 所示,直径为 50 cm、厚度为 5 mm、材料的屈服极限为 250 N/mm^2,试分别用米泽斯屈服准则和特雷斯卡屈服准则求出圆筒的屈服压力。如果考虑 σ_r 时,其影响将多大?

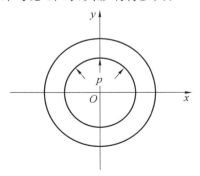

图 3.25　薄壁圆筒受力状态

3.5　计算受均内压的厚壁球壳的应力分布,证明在塑性状态时用米泽斯屈服准则或特雷斯卡屈服准则计算将得到相同的结果并求刚进入塑性状态时的内压 p。

3.6　证明米泽斯屈服条件可表达成

$$\frac{1}{2}\sigma'_{ij}\cdot\sigma'_{ij}=\frac{1}{3}Y^2,\quad i,j=x,y,z$$

3.7　已知平面应力状态 $\sigma_x=750\ \text{N/mm}^2$,$\sigma_y=150\ \text{N/mm}^2$,$\tau_{xy}=150\ \text{N/mm}^2$,正好使材料屈服,试分别按米泽斯屈服准则和特雷斯卡屈服准则求出单向拉伸时的屈服极限 σ_s 各为多大?

3.8　塑性应力－应变关系有什么特点?为什么说塑性变形的应力和应变关系之间没有单值关系,而是与加载历史、加载路径有关?

3.9　塑性应力－应变关系理论有几种,分别写出数学表达式,并说明其应用条件。

3.10　在一般情况下应变增量积分是否等于应变全量,为什么?在什么情况下这种积分才成立?

3.11　简述真实应力－应变曲线的简化形式及其特点。

3.12　幂函数方程中 $\sigma=B\varepsilon^n$ 中,n 表示什么,有何意义?一般金属材料的 n 值在什么范围内?

3.13　简述并证明塑性变形时应力－应变顺序、中间规律。

3.14　比较伸长类、压缩类变形的变形特征。

3.15　边长 200 mm 的立方块金属,在 z 方向作用有 200 MPa 的压应力,为了使立方体在 x、y 方向的膨胀量不大于 0.05 mm,则应在 x、y 方向施加多大的压力($E=2.07\times10^5$ MPa,$\nu=0.3$)

3.16　有一金属块,在 x 方向作用有 150 MPa 的压应力,在 y 方向作用有 150 MPa 的压应力,在 z 方向作用有 200 MPa 的压应力,试求此金属块的单位体积变化率($E=2.07\times10^5$ MPa,$\nu=0.3$)。

3.17　已知物体中某点在 x 和 y 方向的正应力分量为 $\sigma_x=35$ MPa,$\sigma_y=25$ MPa,而沿 z 方向的应变被完全限制住,试求该点的 σ_z、ε_x、ε_y($E=2.0\times10^5$ MPa,$\nu=0.3$)。

3.18　橡皮立方块放在同样大小的铁盒内,在上面用铁盖封闭,铁盖上受均布压力 p

的作用,如图 3.26 所示,设铁盖与铁盒都可看作刚体,不计橡皮与铁盒之间的摩擦。试求

(1) 铁盒侧面所受到的压力。

(2) 橡皮块的体积应变。

(3) 橡皮块中的最大切应力。

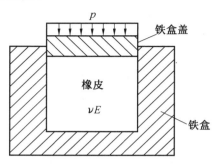

图 3.26 受力示意图

3.19 某物体在容器内受到 $p = 4.5a$(a 为某一常数)的静水压力,测得其体积应变 $\theta = -3.6 \times 10^{-5}$,若材料的泊松比 $\nu = 0.3$,试求弹性模量 E。

3.20 如果某种材料的体积弹性模量 K 与拉压弹性模量 E 之比非常大,试求泊松比的近似值,并说明为什么此种材料是不可压缩的。

3.21 已知一点的三个主应力如下所示,试求其塑性应变增量的比值。

(1)$\sigma_1 = 2\sigma_s$,$\sigma_2 = \sigma_s$,$\sigma_3 = 0$。

(2)$\sigma_1 = \sigma_s$,$\sigma_2 = 0$,$\sigma_3 = -\sigma_s$。

(3)$\sigma_1 = 0$,$\sigma_2 = -\sigma_s$,$\sigma_3 = -\sigma_s$。

3.22 在如下情况下,试求塑性应变增量的比。

(1) 单项拉伸,$\sigma_1 = \sigma_s$。

(2) 纯剪切,$\tau = \dfrac{\sigma_s}{\sqrt{3}}$。

(3) 拉拔,$\sigma_1 = \sigma_s$,$\sigma_2 = \sigma_3 = -\sigma_s$。

3.23 已知塑性状态下某质点的应力张量为 $\begin{bmatrix} -150 & 0 & 5 \\ 0 & -150 & 0 \\ 5 & 0 & -350 \end{bmatrix}$,应变增量分量 $d\varepsilon_x = 0.1\delta$($\delta$ 为一无限小量),试求应变增量的其余分量。

3.24 某塑性材料,屈服应力为 $\sigma_s = 150$ MPa,已知某点的应变增量张量为 $d\varepsilon_{ij} = \begin{bmatrix} 0.1 & 0.05 & -0.05 \\ 0.05 & 0.1 & 0 \\ -0.05 & 0 & -0.2 \end{bmatrix} \delta$($\delta$ 为一无限小量),平均应力 $\sigma_m = 50$ MPa,试求该点的应力状态。

3.25 有一刚塑性硬化材料,其硬化曲线,即等效应力 - 应变曲线为 $\sigma_i = 200(1 + \varepsilon_i)$ MPa,其中某质点承受两向应力,应力主轴始终不变。试按下列两种加载路径分别求出最终的塑性全量主应变 ε_1、ε_2、ε_3。

（1）主应力从 0 开始直接比例加载到最终主应力状态（300,0,−200）MPa。

（2）主应力从 0 开始加载到（−150,0,100）MPa，然后比例变载到（300,0,−200）MPa。

3.26　下列数据（表3.2）是从一次拉伸实验中记录下来的，试件材料为低碳钢，试件直径为 15 mm，标距为 50 mm。

表 3.2　低碳钢的单轴拉伸数据

载荷 /kN	42.05	41.85	47.43	51.32	54.8	57.59	59.98	62.28
长度 /mm	51.18	51.59	52.37	53.16	53.92	54.71	55.5	56.29

试画出（1）名义应力－应变曲线；（2）真实应力－对数应变曲线。

3.27　以相对伸长 ε 表示的真实应力－应变曲线的幂次方程为 $S=C\varepsilon^m$，试证明在拉伸失稳点 b 有

$$m=\frac{\varepsilon_b}{1+\varepsilon_b} \text{ 或 } \varepsilon_b=\frac{m}{1-m}$$

3.28　已知某材料的应力－应变曲线为 $S=300\varepsilon^{0.25}$ MPa，试计算其抗拉强度 σ_b。

3.29　已知一点的应力状态为 $\begin{bmatrix} 30 & 10 & 0 \\ 10 & 30 & 0 \\ 0 & 0 & 0 \end{bmatrix}$，其变形类型是什么。

3.30　两端封闭的薄壁圆筒受内压 p 的作用，求 ε_r、ε_θ、ε_z 的大小关系及变形类型。

3.31　通过屈服准则计算纯剪切时米泽斯屈服准则与特雷斯卡屈服准则屈服应力比值为多少？

第4章　压电材料多场耦合力学理论及应用

　　材料是国民经济和社会发展的基础与先导,与信息、能源并列为当代文明的"三大支柱",是人类赖以生存和发展的物质基础。无论是社会经济整体实力的增强,还是人们物质文化生活水平的提高,都离不开高性能的新型功能材料。功能材料作为信息时代的支柱材料,以其独特的力、热、电、磁、光以及声学等功能性质,在各类信息的检测、转换、处理和存储中具有广泛的应用,是一类重要的、国际竞争极为激烈的高技术材料。这类材料包括铁电、压电、介电、热电、光电、半导体、超导和磁性材料等。其中,铁电、压电材料是一类重要的信息功能材料,广泛应用于集成电路、自动控制、海洋测绘、通信技术、汽车和能源等高技术领域,成为电子学领域中的关键材料,在国民经济和国防建设中占有十分重要的地位。

　　压电材料是功能材料中应用极广的一种,它是一种能够将机械能和电能互相转换的功能材料。压电材料以其独特的性能,在商业、军事、汽车、计算机、医学以及消费等领域中得到广泛应用。压电材料的应用已遍及人们日常生活中的方方面面,如煤气灶、热水器的点火要用到压电点火器;电子钟表、声控门铃、报警器、儿童玩具、电话等都要用上压电谐振器和蜂鸣器;银行、商店、超净厂房和安全保密场所的管理;以及侦察、破案等场合都可能要用上能验证每个人笔迹和声音特征的压电传感器;医院检查人体内脏器官要用装有压电陶瓷探头的医用超声仪;电视机要用压电滤波器、压电变压器;收录机要用压电微音器、压电喇叭;照相机和录像机要用压电马达等。压电材料按其应用的工作状态可分为强激励和弱激励两种类型。前者主要是利用压电材料的能量转换特点把电能转换为机械能,或者反之,工作在很高的激励状态下;后者则主要是利用其信息检测及处理方面的性质,工作在很低的激励状态下。

4.1　压电效应及材料

4.1.1　压电效应

1. 正压电效应

　　早在1880年,法国的两位科学家居里兄弟,在研究石英晶体的物理性质时,发现了一种特殊的现象,这就是若按某种方位从石英晶体上切割下一块薄晶片,在其表面敷上电极,当沿着晶片的某些方向施加作用力而使晶片产生形变后,会在两个电极表面上出现等量的正、负电荷。电荷的面密度与施加的作用力的大小成正比;当作用力撤除后,电荷也就消失了。压电效应是指某些物质能将电能转化为机械能或者能将机械能转化为电能的现象。这种因机械力的作用而使石英晶体表面出现电荷的现象,称为正压电效应,如图4.1所示。后来,人们又在其他一些晶体上进行了类似的实验,发现有许多晶体与石英晶体一样也具有这种现象。这些具有压电效应的晶体统称为压电晶体。

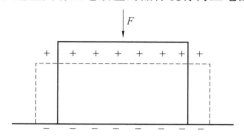

图 4.1　正压电效应示意图

(实线代表晶片形变前的情况,虚线代表晶片形变后的情况)

2. 逆压电效应

发现正压电效应的第二年,也就是 1881 年,由李普曼在理论上预言,由居里兄弟在实验上证实了另一种物理现象:如果将一块压电晶体置于外电场中,电场的作用会使压电晶体发生形变,而形变的大小与外电场的大小成正比,当电场撤除后,形变也消失了。这种因电场的作用而使压电晶体产生形变的现象,称为逆压电效应,如图 4.2 所示。实验证明,凡具有正压电效应的晶体,也一定具有逆压电效应,二者一一对应。

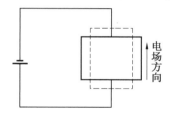

图 4.2　逆压电效应示意图

(实线代表晶片形变前的情况,虚线代表晶片形变后的情况)

3. 电致伸缩效应

压电晶体在外电场的作用下,会使晶体发生形变的现象,称为逆压电效应。其实,任何介质在电场中,由于诱导极化的作用,都会引起介质的形变。这种形变与逆压电效应所产生的形变是有区别的。

在讨论电介质的形变时,主要从两个方面考虑:一方面电介质可能受外力作用而引起弹性形变;另一方面电介质可能受外电场的极化作用而产生形变。由实验可知,因诱导极化作用而产生的形变与外电场的平方成正比,这就是电致伸缩效应。它所产生的形变与外电场的方向无关。可是,逆压电效应所产生的形变与外电场成正比,而且当电场反向时,形变也发生变化(如原来伸长可变为缩短,或者原来缩短可变为伸长)。

此外,电致伸缩效应在所有的电介质中都具有,不论是非压电晶体还是压电晶体;而逆压电效应只有在压电晶体中才具有。压电晶体常在小信号下应用,与压电效应相比,一般状况下,可以把很弱的电致伸缩效应忽略。然而,对于一些高介电性的压电材料,则需要加以考虑。

4.1.2 压电材料的基本类型及特性

目前,压电材料大致可以分为三类:第一类是压电晶体,这里所说的晶体指的是以石英晶体为代表的单晶;第二类是压电陶瓷,主要是多晶半导陶瓷;第三类是压电高分子。下面对这几种压电材料的特性进行具体分析。

1. 压电晶体

压电晶体主要指的是单晶晶体,包括石英晶体和其他压电单晶。其中,最具代表性的就是石英晶体,也就是我们常说的水晶(包括人造水晶和天然水晶,如图 4.3 所示)。下面对压电晶体进行具体介绍。

(1) 石英晶体。

① 石英晶体的结构。石英晶体在压电传感器中使用较多,目前来看,压电传感器使用的都是居里点为 573 ℃ 的石英晶体,并且这些晶体均为右旋石英晶体,其晶体的理想结构如图 4.3(c) 所示。这种晶体的理想结构有三十个面,这些面按照位置和形状可以分成五类,分别为图中所示的 r 类面、R 类面、m 类面、s 类面、x 类面,整体看上去类似一个六角棱柱。

 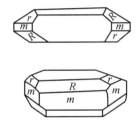 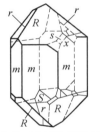

(a) 天然石英晶体 (b) 人工石英晶体 (c) 右旋石英晶体理想外形

图 4.3 石英晶体的外形

② 石英晶体的坐标系。在对晶体结构进行分析时,通常会选用如图 4.4 所示的对称晶轴坐标 $abcd$。图 4.4 所示的晶体为左旋石英晶体,其压电效应的极性以及晶体结构恰好与右旋石英晶体相反。在该坐标系中(图 4.4),晶体晶锥的上下顶点所在直线即为 c 轴的方向。通常情况下,我们会选择右手直角坐标来进行晶体机电特性的讨论,这样会相对方便。在进行讨论时,一般会作出如下规定:将 x 轴称为电轴,其方向与 a 轴重合(有时也会与 b 轴或者 d 轴重合),无论是 a 轴还是 b 轴或者 d 轴,它们都在六棱柱的中心和棱线与切面角点所在的直线上,此时压电效应在 x 轴的垂直面上最强;y 轴则自棱柱中心出发,与 m 面垂直,即与 z 轴和 x 轴均成 90° 角,机械变形沿 y 轴最为明显,因此称 y 轴为机轴;c 轴的方向即为 z 轴的方向,该方向不会发生压电效应,因此称之为中性轴,同时由于沿 z 轴方向的光线透过水晶时不会发生折射,因此此 z 轴也被称为光轴。

③ 石英晶体的特性。对于压电石英晶体来说,其特性主要包括以下几点:(a) 具有较小的压电常数,无论是温度还是时间稳定性都非常好;对温度、湿度的变化不敏感,介电常数稳定性好,工作温度域广,制作的传感器可以在很宽的温度范围内工作。(b) 机械强度和品质因素高,弹性模量大,允许应力高达 $6.8 \times 10^7 \sim 9.8 \times 10^7$ Pa,且刚度大,固有频率

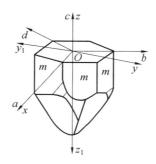

图 4.4　左旋石英晶体坐标系示意图

高,动态特性好;在冲击力作用下漂移也很小,所以适用于测量大量程的力和加速度。(c)居里点为 573 ℃,无热释电性,且绝缘性、重复性均好。天然石英的上述性能较人工石英要好,但天然石英在自然界中存在数量较少,属于贵重材料,因此只用于制作标准传感器。

(2) 其他压电单晶。

除上述所说的石英晶体(包括人工石英晶体和天然石英晶体)外,还有一些其他的压电单晶,如钽酸锂($LiTaO_3$)、铌酸锂($LiNbO_3$)和锗酸锂($LiGeO_3$)等,它们在传感器的研发与制作中逐渐显示出了各自的优越性。在这些压电单晶中,最为典型的就是钽酸锂,它是一种透明的铁电晶体,呈淡黄色或者无色。一般情况下,铌酸锂属于多畴单晶,对其进行极化处理,会使其转化成单畴单晶,这样它的单晶特点才会体现出来。锗酸锂的居里点非常高,一般可以达到 1 200 ℃,耐高温、耐辐射,并且时间稳定性非常好。除这些优点外,铌酸锂还具有非常好的声光效应和光电效应,应用非常广泛。但是,它质地比较脆,不耐冲击,因此加工和使用时要小心谨慎,避免急冷急热。

传感器中几种常用压电单晶的性能见表 4.1。

表 4.1　常见压电单晶性能

性能	材料				
	石英	铌镁酸	钽酸锂	镓酸锂	锗酸铋
压电常数 /(pC · N⁻¹)	$d_{11} = 2.3$ $d_{14} = 0.73$	$d_{33} = 6$ $d_{31} = 1$	$d_{33} = 8$ $d_{31} = 2$	$d_{33} = 8.6$ $d_{31} = 6.9$	—
弹性常数 /($\times 10^9$N · m⁻²)	80	24.5	27.1	14	12.8
介电常数	4.6	3.9	41	7	38
机电耦合常数	$K_{11} = 0.1$ $K_{14} = 0.14$	$K_{33} = 0.1$ $K_{31} = 0.14$	$K = 0.5$	$K_{33} = 0.33$	$K = 0.15$
居里点 /℃	573	1 210	666	—	—

2. 压电陶瓷

压电陶瓷的发现和应用时间并不长,最早发现具有压电性能的陶瓷材料(钛酸钡)是在 1947 年。在短短的几十年里,压电陶瓷材料由于制作工艺简单、耐潮湿、耐高温等优点,发展极为迅速,应用日益广泛。从日常生活用的压电式电子打火机到压电扬声器乃至飞船、导弹中的振动测量传感器,压电陶瓷材料都会被用到。压电常数是压电体把机械能转变为电能或把电能转变为机械能的转换系数。它反映压电材料弹性(机械)性能与介电性能之间的耦合关系。压电陶瓷是一种非单晶物质(人工多晶),压电陶瓷的压电常数为石英晶体的几倍,因此灵敏度高,在检测技术、电子技术和超声领域中应用得很普遍。

压电陶瓷在传感器中应用较为广泛,大致可以分为二元系、三元系和四元系三类压电陶瓷,下面对这几种压电陶瓷进行介绍。

(1)二元系压电陶瓷。

常见的二元系压电陶瓷有钛酸铅、钛酸钡、钒酸盐系列和锆钛酸铅系列。其中,应用最为广泛的是锆钛酸铅系列,其次是钛酸钡。

(2)三元系压电陶瓷。

常见的三元系压电陶瓷有PMN,其组成成分为锆钛酸铅、钛酸铅与铌镁酸铅。另外,还有铌锰酸铅系等,它们不仅能抗电击穿,而且具有较好的耐高温和耐高压性能。

(3)四元系压电陶瓷。

在这几种压电陶瓷中,性能最为优越的是四元系压电陶瓷,目前已经研制成功并投入使用。这一类压电陶瓷的压电常数较高,能够在高温下工作。

3. 压电高分子

最早发现的压电高分子是诸如木材、羊毛和骨头等生物物质,此后又在一些合成聚合物中发现了压电性。许多具有压电性的高分子材料也具有热电、铁电性,如聚偏氟乙烯就同时具有三种效应。具有代表性的压电高分子有以下几类:① 生物高分子,如蛋白质、核酸、各种多糖等;② 旋光性高分子,如多种合成聚氨基酸、旋光性聚酯、旋光性聚酰胺及液晶聚合物等;③ 高分子驻极体;④ 复合型压电材料,这是以聚合物作为载体,与具有压电性的无机晶体进行复合组成的复合体系材料。

(1)生物高分子。

一些天然高分子的压电应变常数列于表4.2。从表4.2中可以看出,生物高分子具有一定的压电性,对生物体压电性进行研究,可以更好地探索生物生长的奥秘,促进生物医学的发展。例如可以利用骨头的压电性,以电来刺激骨头的生长,治疗骨折;利用压电性来控制生长,进行外科整形等。

表 4.2　一些天然高分子的压电应变常数

材料	$d_{25}/(\times 10^{-12}C \cdot N^{-1})$	材料	$d_{25}/(\times 10^{-12}C \cdot N^{-1})$	材料	$d_{25}/(\times 10^{-12}C \cdot N^{-1})$
抽提肌球版薄膜	0.01	肠	0.007	筋肉	0.07
抽提肌动版薄膜	0.05	主动脉	0.02	骨	0.2
三醋纤维素薄膜	0.27	壳质	0.06	纤维朊	0.2
二醋纤维素薄膜	0.53	木材	0.10	韧带	0.27
氰乙基纤维素薄膜	0.83	青麻	0.27	肌肉	0.1
纤维素	1.0	甲壳	0.7	丝纤维	1.0
小牛胸腺 DNA	0.002	—	—	角	1.83
鲑精子 DNA	0.01	水晶	2.17	腱	2.33

　　由于生物高分子不仅具有构型上的不对称性,而且主链中的偶极肽键与轴同向排列,可以形成单向螺旋,因此具有较高的旋光性能;螺旋分子中存在着大量的可极化基团,具有一定的自发极化能力,因而从结构上讲,生物高分子具有一定的铁电性,生物高分子广泛存在于自然界中,因而对它们进行进一步研究是十分必要的。但此类高分子由于要在外电场的作用下才能产生自发极化现象,且自发极化率较小,所以对它们铁电性应用的研究不多。而其压电和热电性能非常明显,因而得到了应用,如可用作生物传感器等。

　　(2)旋光性高分子。

　　由 α—氨基酸聚合得到的合成多肽,可以是结晶的,也可以是非晶态的无规线团,后者由于有对称中心,不会有压电性;而具有高度结晶和高度取向结构的多肽,则具有压电性。结晶多肽有螺旋结构的 α—型(通常聚 L—氨基酸为右螺旋,聚 D—氨基酸为左螺旋)和平面锯齿结构的乒型。其压电应变常数见表 4.3。

表 4.3　在室温下合成多肽的压电应变常数

聚合物	分子结构	取向方法	拉伸比	$d_{25}/(\times 10^{-12} C \cdot N^{-1})$
聚 — L — 丙氨酸	α	液压	1.5	1
聚 — γ — 甲基 — L — 谷氨酸盐	α	拉伸	2	2
聚 — γ — 甲基 — L — 谷氨酸盐	β	滚压	2	0.5
聚 — γ — 甲基 — D — 谷氨酸盐	α	拉伸	2	— 1.3
聚 — γ — 甲基 — L — 谷氨酸盐	α	磁场		1
聚 — β — 苄基 — L — 天冬氨酸盐	α	滚压	2	0.3
聚 — β — 苄基 — L — 天冬氨酸盐	ω	滚压	2	0.3
聚 — γ — 乙基 — D — 谷氨酸盐	α	滚压	2	0.6
脱氧核糖核酸		—		0.03
聚 — D — 环氧丙烷	—	拉伸	1.5	—

　　液晶聚合物的分子结构中若含有不对称碳原子或结构中含有不对称因素,则它在一定条件下可以显示手性近晶相,产生自发极化而具有铁电性。这类液晶聚合物称之为铁电液晶聚合物(Ferroelectric Liquid Crystal Polymer,FLCP)。与铁电生物高分子不同的是,它无须外电场的作用便能发生自发极化现象,且其自发极化强度(P_s)较大,因而在应用方面更为广泛。FLCP 按其碳晶元位置可分为侧链型、主链型、主侧链混合型等,侧链型中其主链化学结构是聚硅氧烷、聚(甲基)丙烯酸酯、聚酰胺、聚醚等。

　　将环氧环引入高分子,形成相互连接的双手性中心;将 —NO₂ 基团引入与手性碳原子直接相连的苯环上,使自发极化率和响应时间均得到改善。还可以引入间隔基或通过共聚高分子引入柔性单元,使手性中心易于运动不相互影响,从而缩短响应时间。

　　聚丙烯酸酯型侧链液晶的铁电性最初为 Shibaev 等人所报道,其性能见表 4.4。

表 4.4　聚丙烯酰胺液晶的铁电参数

R*	M	转变温度 /℃	液晶倾角 /(°)
—$CH_2CH(CH_3)C_2H_5$	48 000	g　45　Sc^*　73　$S_∧$　85　I	21
—$CH_2CH(Cl)CH_2CH(CH_3)_2$	31 000	g　50　Sc^*　73　($S_∧$)85　I	31

* g 为玻璃态；Sc^* 为手性近晶向；$S_∧$ 为近晶向；I 为各向同性的熔体状态。

同样,当在侧链中引进环氧并形成相连手性中心时,则可测温度范围变大。其主要影响因素有主链形态、间隔基长度、手性中心的位置及其相互间的关系等。一般而言,间隔基长度为 6～12 个亚甲基基团才能形成 S*C 相,如在聚硅氧烷中至少需要 6 个亚甲基基团,而聚甲基丙烯酸酯中至少需要 11 个,而聚丙烯酸酯中的间隔基为 10 个或 10～11 个亚甲基基团均能形成 S*C 相,而 4～8 个则不能。当手性中心位于主链时,可以提高其自发极化率。

总而言之,人们对 FLCP 进行了许多研究,其响应时间达到了微秒级,可与小分子液晶相比。但也存在着一些问题,如黏度较高、导电性差等,需要进一步研究解决。

(3)高分子驻极体。

所有的聚合物薄膜都或多或少显示一定的压电性,但一般其固有压电性数值很小。为了增加其极化程度往往可以采用驻极体的方法。

在较高温度下,将处于软化或熔融状态的一些极性高分子置于高直流电压下,使其极化,并在冷却之后才撤去电场,则其极化状态在极化条件消失后,仍能半永久性地保留。具有这种性质的高分子材料称为高分子驻极体。高分子驻极体内保持的电荷包括真实电荷(表面电荷和体电荷)与介质极化电荷。真实电荷是指被俘获在体内或体表的正负电荷,来自电极的注入,因此,表面电荷与电极的电性相同,称为同号电荷;极化电荷是指定向排列的偶极子,极化电荷的表面电荷与电极电性相反,称为异号电荷。形成驻极体后,其压电性能可以大大增强。

高分子驻极体材料主要有两类:一类是高绝缘性材料,如聚四氟乙烯和氟乙烯与丙烯的共聚物,它的高绝缘性保证了良好的电荷储存性能;另一类是强极性物质,如聚偏氟乙烯(PVDF)及其共聚物、碳纤尼龙、聚碳酸酯、聚丙烯腈等,这一类物质具有较大的偶极矩(表 4.5)。

表 4.5　室温下高分子驻极体的压电常数

聚合物	压电常数 d_{31} /($\times 10^{-12}$ C·N^{-1})	热电常数 /($\times 10^{-6}$ C·m^{-2}·K^{-1})	共聚物 / 共混物	压电常数 d_{31} /($\times 10^{-12}$ C·N^{-1})	热电常数 /($\times 10^{-6}$ C·m^{-2}·K^{-1})
PVDF	30～40	40	P(VDF—TrFE)	49	50
PVF	1～7	10	P(VDF—TFE)	20.0	25
PVC	0.5～10	1	P(VDF—VF)	6.0	—
PVF_8	—	0.4	PVDF/PMMA (90/10)	10	7
PTFE	—	0.4			

续表4.5

聚合物	压电常数 d_{31} /($\times 10^{-12}$ C · N^{-1})	热电常数 ($\times 10^{-6}$ C · m^{-2} · K^{-1})	共聚物 / 共混物	压电常数 d_{31} /($\times 10^{-12}$ C · N^{-1})	热电常数 /($\times 10^{-6}$ C · m^{-2} · K^{-1})
尼龙 11	$0.5 \sim 5$	5	PVF/PVC (88/12)	—	15
尼龙 5.7	—	1			
PAN	1	1	P(VDCN — VAc)	7.0	3.1
PC	0.5	—	P(VDCN — MMA)	0.3	—
PMMA	0.43	—	P(VDF — VClF₃)	20.0	—
PAAm	—	1	P(AN — VDCN)	—	40
PET	—	0.004			

　　在所有压电高分子材料中,聚偏氟乙烯有特殊的地位,它不仅具有优良的压电性、热电性,而且还具有优良的力学性能。与压电陶瓷相比,PVDF 比重小、柔韧性好、加工方便。既可以加工成几微米厚的薄膜,也可以弯曲成各种形状,适用于弯曲的表面,易于加工成大面积或复杂的形状,也利于器件的小型化。而且,其声阻大,可与液体很好地匹配。室温下 PVDF 与无机压电材料性能对比见表 4.6。

表 4.6　PVDF 室温下的压电性能

性能	PVDF	PZT	BaTiO₃
密度 /(g · cm^{-3})	1.78	7.5	5.7
相对介电常数	12	1 300	1 700
压电常数 d_{31}/($\times 10^{-12}$ C · N^{-1})	$20 \sim 30$	$100 \sim 300$	80
热电常数 /($\times 10^{-6}$ C · m^{-2} · K^{-1})	40	$50 \sim 300$	200
弹性模量 /($\times 10^9$ Pa)	$1 \sim 3$	80	110
声速 /(km · s^{-1})	202	4.6	
声阻抗 /[$\times 10^9$ g · $(m^2 \cdot s)^{-1}$]	$3 \sim 4$	$20 \sim 40$	$20 \sim 30$
硬度系数 /($\times 10^9$ N · m^{-2})	10	150	—
机电耦合系数 /%	11	30	21

　　一般认为,聚偏氟乙烯有四种晶型,分别为 α 相、α_p 相、β 相和 γ 相。其中,α 相晶体为偶极子反向平行排列,晶区不显示极化电荷,没有压电和热电性质。PVDF 挤压出来时,主要成分即为非极性的 α 相。经过极化处理得到的 α_p 相具有极化电荷,显示压电和热电特性。而经过单向拉伸得到的 β 相晶区,分子呈反式构型,是平面锯齿型结构。晶胞中偶极同向排列,形成极性晶体,表现出很强的压电效应,其压电和热电常数最大约为 γ 相的 2 倍。

　　对于聚偏氟乙烯,已经有多种解释模型,主要以材料中存在着偶极子的结晶区被非晶区包围这种假设为基础。分子偶极矩相互平行,这样,极化电荷被集中到晶区与非晶区的界面,每个晶区都成为大的偶极子。再进一步假设材料的晶区和非晶区的热膨胀系数不同。并且材料本身是可压缩的,这样,当材料外形尺寸由于受到外力而发生变形时,带电晶区的位置和指向将由于形变而发生变化,使整个材料总的带电状态发生变化构成压电现象。同样,当温度发生变化时,也会引起材料晶区和非晶区发生不规则形变,从而产生热电现象。驻极体的形成主要是在材料中产生极化电荷,或者局部注入电荷,构成半永久性极化材料。最常见的高分子驻极体形成方法包括热极化、电晕极化、液体接触极化、电子束注入和光电极化法等。

所谓热极化法,是在升高聚合物温度的同时,施加高电场,使材料内的偶极子定向排列在保持电场强度的同时,降低材料的温度,使偶极子的指向性在较低的温度下得以保持得到高分子驻极体。一般热极化过程是一个多极化过程。制备时的温度点达到该聚合物的玻璃化温度以上,熔点以下。对聚偏氟乙烯,温度应保持在 80~120 ℃ 之间;对聚四氟乙烯,温度应在 150~200 ℃ 之间。根据需要,温度和极化电场应保持数分钟到数小时。热极化方法的优点是所得极化取向和电荷积累可以保持较长时间。

电晕极化法是依靠放电现象在绝缘聚合物表面注入电荷,方法是在两电极(其中一个电极做成针型)之间施加数千伏的电压,发生电晕放电。为了使电流分布均匀和控制电子注入强度,需要在针状电极与极化材料之间放置金属网,并加数百伏正偏压。其优点是方法简便,不需要控制温度。缺点是稳定性不如热极化法。此外还有火花放电法、Townsend 放电法等,可以在聚合物表面积累较大密度的电荷。

液体接触极化法是通过一个软湿电极将电荷传导到聚合物表面的方法。具体方法是在电极表面包裹一层由某种液体润湿软布,聚合物背面制作一层金属层,在电极与金属层之间施加电压,使电荷通过润湿的包裹层传到聚合物表面。电荷传输需要克服液体和聚合物界面的双电层,润湿液体多为水和乙醇。使用这种方法,通过湿电极在聚合物表面的移动,可以在较大面积上注入电荷。当导电液体挥发,移开电极之后,电荷被保持在聚合物表面。这种方法的优点是方法简单、控制容易、电荷分布均匀。

电子束注入法是通过电子束发射源将适当能量的电子直接注入合适厚度的聚合物中,这种方法已被用来给厚板型聚合物和薄膜型材料注入电荷。采用这种方法需要防止电子能量过高而穿过聚合物膜。聚合物厚度与穿透电子的能量有一定的关系,例如厚度为 25 m 的聚四氟乙烯,需要使用能量在 50×10^3 eV 以下的电子束,小型电子加速器或电子显微镜即可满足这样的能量条件。为了使电子束分布均匀,需要在电子束运行途中加入扫描或者散焦装置。

使用电子束注入法除了可以直接在聚合物中注入电子外,如果聚合物材料的背面被金属化或者接地,电子束轰击材料表面可以释放出二次电子,在聚合物材料表面产生正电荷,这种二次电子发射可以产生比原来高几个数量级的电导值。使用电子束注入法可以控制电荷的注入深度和密度,在工业生产上具有较大的意义。

使用光作为激发源产生驻极体的方法常用于无机和有机光导体的电荷注入过程,其中最重要的高分子光导体是聚乙烯基咔唑与芴酮共聚物。如果在电场存在下,使用可见光或者紫外光照射这种材料,会产生永久性极化。这种效应是光照射产生的载流子被电场分离的、符号相反的双电荷分布区,也可以是分布于材料内部的单电荷分布区,这种光驻极体往往有许多特殊的性质。

聚偏氟乙烯还表现出类似的铁电性质,在室温时,PVDF 的极化方向也可因电场而反转,实验发现偶极子在电场下的转向发生在片晶之中,与 PVDF 同类的聚合物还有偏氟乙烯三氟乙烯共聚物(PVDF/TrFE)、聚氟乙烯(PVF)、聚二氰基乙烯共聚物 P(VDCN — VAc)及聚氯乙烯(PVC)等。

某些尼龙也具有铁电特性。聚酰胺中的极性键只有酰胺键,所以,随着脂肪酸中的碳原子数目的增加,极性基团的分布密度相应下降,剩余极化强度会相应减小。当分子链采取全反式结构,且链中的酰胺键平行排列时,这样的链可以被分子内的氢键所固定。在晶体中形成氢键片层时,聚合物有自发极化性能,从而聚合物具有铁电性。

(4)复合型压电材料。

高分子压电材料具有可挠性,但其压电常数小,使用时有局限性。为此,可以将具有较强压电性的无机粉末加入到高分子压电材料中,所用的压电材料一般是 $BaTiO_3$、PZT 陶瓷等无机微细粉末,用量在 70% 以上;高分子材料则用尼龙、聚甲基丙烯酸甲酯或聚偏二氟乙烯等的粉末或颗粒;经过轧辊或流涎法复合,形成片状或膜状,再经极化处理使之具有压电性。用这样的方法可以使之兼具压电陶瓷较高的压电常数和合成高分子压电材料较强的柔韧性的优点,因此,具有很高的实用价值。

表 4.7　高分子复合材料的压电常数

基材名称	介电常数		压电常数 $d_{31}/(\times 10^{-12} C \cdot N^{-1})$	
	基材	复合材料	基材	复合材料
PVDF	10	55	5.5	20
尼龙 11	3.7	25	1.01	8
尼龙 12	3.6	25	0.32	8
PVC	3.3	23	0.32	0.8
PMMA	3.3	23	—	0.2
PP	2.2	18	0.13	0.1

4.2　压电材料的基本原理

4.2.1　压电晶体的压电原理

石英晶体所以能够产生压电效应,是与它的内部结构分不开的。组成石英晶体的硅离子(Si^{4+})和氧离子(O^{2-})在 z 平面上的投影,为了讨论方便,将这些硅、氧离子等效为图 4.5 中的正六边形排列。

当正应力 $\sigma_1 = 0$ 时,正、负离子(即 Si^{4+} 和 O^{2-})正好分布在正六边形的顶角上,形成三个互成 120° 夹角的电偶极矩 $\boldsymbol{p}_1$、$\boldsymbol{p}_2$ 和 $\boldsymbol{p}_3$,如图 4.6(a)所示。此时正负电荷中心重合,电

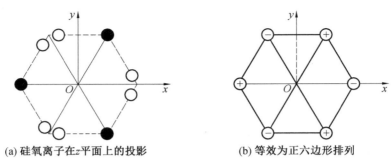

(a) 硅氧离子在 z 平面上的投影   (b) 等效为正六边形排列

图 4.5   硅氧离子等效为正六边形排列

偶极矩的矢量和等于零,即

$$\boldsymbol{p}_1 + \boldsymbol{p}_2 + \boldsymbol{p}_3 = \boldsymbol{0} \tag{4.1}$$

当晶体受到沿 x 方向的压力(即 $\sigma_1 < 0$)作用时,晶体沿 x 方向将产生收缩,正、负离子的相对位置也随之发生变化,如图 4.6(b) 所示。此时正、负电荷中心不再重合,电偶极矩在 x 方向的分量为

$$(\boldsymbol{p}_1 + \boldsymbol{p}_2 + \boldsymbol{p}_3)_x > 0 \tag{4.2}$$

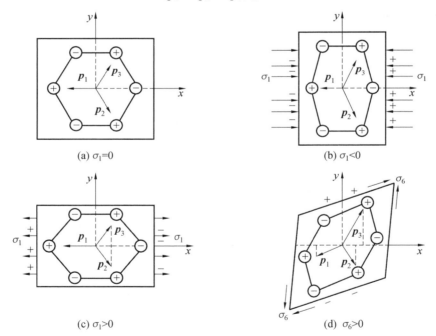

(a) $\sigma_1 = 0$ (b) $\sigma_1 < 0$

(c) $\sigma_1 > 0$ (d) $\sigma_6 > 0$

图 4.6   石英晶体的压电机构示意图

在 y、z 方向的分量为

$$(\boldsymbol{p}_1 + \boldsymbol{p}_2 + \boldsymbol{p}_3)_y = 0$$
$$(\boldsymbol{p}_1 + \boldsymbol{p}_2 + \boldsymbol{p}_3)_z = 0 \tag{4.3}$$

由式(4.3)看出,在 x 轴的正向出现正电荷,在 y、z 轴方向则不出现电荷。

4.2.2　压电陶瓷的压电原理

1. 压电陶瓷的内部结构

（1）压电陶瓷是多晶体。

把一块压电陶瓷经过研磨、抛光、腐蚀后，放在显微镜下观察，便可以清楚地看出，整个陶瓷体是由一颗颗的小晶粒无规则地"镶嵌"而成的。图 4.7 所示为某种压电陶瓷放大了 3 000 倍的显微照片。

如果单看一个小晶粒，从实验分析可知，小晶粒内的原子（或离子、分子）是有规则地排列的，也就是说，晶粒内的原子在空间的排列是周期性重复的。图 4.8 所示为原子在空间周期性重复排列的一种情况，即简单立方晶系。整个晶体就是这样的立方格子在三维空间内不断重复出现而构成的，这样的小立方格子称为晶胞。晶胞的三个边长，称为晶格常数。在经常遇到的无机物晶体中，晶格常数往往是几个埃的大小。

图 4.7　压电陶瓷显微照片

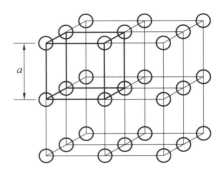

图 4.8　简单立方晶格示意图

从图 4.7 中可以看出，压电陶瓷是由许多小晶粒组成的。每个小晶粒的晶格示意图，如图 4.9 所示。每个晶粒内的原子都是有规则地排列的，但这一晶粒与那一晶粒的晶格方向则不一定相同，因而，从整体来看，仍是混乱、无规则的。对于这样的结构，我们把它称为多晶体。

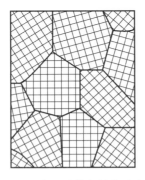

图 4.9　压电陶瓷晶体的晶格取向示意图

（2）晶体的内部结构。

晶体结构的共同特点是晶胞的周期性重复排列。不同种类的晶体，其晶胞的大小、形状和构成晶胞的原子是不同的。如果从晶胞的形状(即对称性)来区分,客观世界成千上万种晶体可以归纳为三十二种对称类型,其中具有压电性的晶类共有二十种。在这二十种类型中,有十种可能兼有铁电性。因此,压电、铁电晶体的种类实际上是相当多的。

为了描述晶胞,用 a、b、c 分别表示晶胞六面体的三个边长,也就是前面提到过的晶格常数。三个边长之间的夹角用 α、β、γ 表示。通常,把这三个边长和三个夹角称为晶胞参数,用来描述晶胞的大小和形状。

如果晶胞的三个边长相等,三个夹角均为 $90°$,即

$$\begin{cases} a=b=c \\ \alpha=\beta=\gamma=90° \end{cases} \tag{4.11}$$

这个晶胞就是一个立方体,称为立方晶胞。由立方晶胞组成的晶体属于立方晶系。

如果晶胞参数是

$$\begin{cases} a=b\neq c \\ \alpha=\beta=\gamma=90° \end{cases} \tag{4.12}$$

这个晶胞就是一个长方体,称为四方(或四角)晶胞。由四方晶胞组成的晶体属于四方晶系(或四角晶系)。

如果晶胞参数是

$$\begin{cases} a=b=c \\ \alpha=\beta=\gamma\neq 90° \end{cases} \tag{4.13}$$

这个晶胞就是一个菱方体,称为菱方(或三角)晶胞。由菱方晶胞组成的晶体属于三角晶系。图 4.10 分别画出了这三种晶胞的形状。

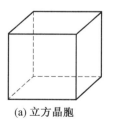 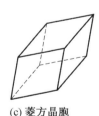

(a) 立方晶胞　　　　　　(b) 四方晶胞　　　　　　(c) 菱方晶胞

图 4.10　三种晶胞形状

目前应用最广泛的压电陶瓷,例如钛酸钡($BaTiO_3$)、钛酸铅($PbTiO_3$)、锆钛酸铅[$PbZr_xTi_{1-x}$,$0\leqslant x\leqslant 1$]、铌酸钾钠($K_xNa_{1-x}NbO_3$)等等,都属于钙钛矿型($CaTiO_3$)结构。它们的共同特点是:第一,化学分子式的形式相同,都可以写成 ABO_3 的形式。其中:A 可代表两价的正离子,如铅离子(Pb^{2+})、钡离子(Ba^{2+})等;或一价的正离子,如钾离子(K^+)等。B 可代表四价的正离子,如钛离子(Ti^{4+})、锆离子(Zr^{4+})等;或五价的正离子,如铌离子(Nb^{5+})等。第二,相应的离子在晶胞中排列的位置也是相同的,其晶胞结构如图 4.11(a) 所示,A 离子位于六面体的八个顶角上,氧离子位于六面体的六个面心,B 离子位于六面体的中心。整个晶粒就是由这样的晶胞重复排列而成的。

钙钛矿型结构也可以看成是由氧八面体组成的。如果将六面体上的六个氧原子分别用直线连接起来,就成为一个氧八面体。氧八面体的结构特点是:它的中央被一个较小的

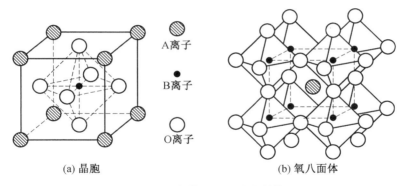

(a) 晶胞　　　　　　　　(b) 氧八面体

A 离子
B 离子
O 离子

图 4.11　钙钛矿型的晶胞结构

金属离子(即 B 离子,如 Ti^{4+}、Zr^{4+} 等) 所占据,而另一个较大的金属离子(即 A 离子,如 Pb^{2+}、Ba^{2+} 等),则处在八个氧八面体的间隙中,如图 4.11(b) 所示。

　　应该注意,图 4.11 画出的晶胞结构,只是表示了离子的排列位置,并没有如实地反映出离子的大小。正、负离子之间互相吸引使得各离子尽可能紧密地堆积在一起,如果把不同的离子看成是一些半径不同的小球,则整个晶体就可认为是由许多有规律排列的离子球紧密堆积而成,如图 4.12 所示。

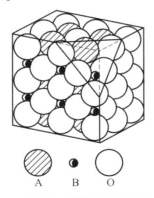

A　　B　　O

图 4.12　钙钛矿型结构的离子堆积模型

　　对于钛酸钡($BaTiO_3$)的情况:Ba^{2+} 的离子半径为 1.43 Å(1 Å = 0.1 nm),Ti^{4+} 的离子半径为 0.68 Å,O^{2-} 的离子半径为 1.40 Å。对于钛酸铅($PbTiO_3$)的情况;Pb^{2+} 的离子半径为 1.32 Å,Ti^{4+} 的离子半径为 0.68 Å,O^{2-} 的离子半径为 1.40 Å。从这些数据可以看出,钙钛矿型结构中的 A 离子半径与氧离子半径比较接近,所以,A 离子与氧离子实际上形成了密堆积。由于 B 离子半径远小于氧离子半径,所以 B 离子能够位于氧八面体的中间间隙。如果 B 离子的半径与氧离子的半径相近,则氧八面体中的空隙将容纳不下 B 离子,在这种情况下,ABO_3 形式的化合物就不可能形成钙钛矿型结构。由此可见,凡是具有 ABO_x 形式的化学分子式的晶体,不可能都是属于钙钛矿型结构;只有 A 离子的半径与氧离子的半径相近,而 B 离子的半径则远小于氧离子半径的 ABO_x 形式化合物,才能形成钙钛矿型结构。表 4.8 中,列出了钙钛矿型化合物中一些 A 离子和 B 离子的半径,以供参考。

表 4.8　钙钛矿型化合物中 A 离子和 B 离子的半径

A 离子		半径 /Å	B 离子		半径 /Å
钠	Na$^+$	0.94	钒	V^{3+}	0.59
银	Ag$^+$	1.26	铌	Nb^{5+}	0.69
钾	K$^+$	1.33	钽	Ta^{5+}	0.68
铷	Rb$^+$	1.47	钛	Ti^{4+}	0.68
铯	Cs$^+$	1.67	钐	Sm^{4+}	0.71
镉	Cd^{2+}	0.97	铪	Hf^{4+}	0.78
镁	Mg^{2+}	0.78	锆	Zr^{4+}	0.79
钙	Ca^{2+}	1.06	铈	Ce^{4+}	0.94
锶	Sr^{2+}	1.27	钍	Th^{4+}	1.02
铅	Pb^{2+}	1.32			
钡	Ba^{2+}	1.48			

实际上，目前生产的压电陶瓷材料，除了采用单一的化合物（如 BaTiO$_3$ 陶瓷或 PbTiO$_3$ 陶瓷）外，还可采用两种或两种以上的 ABO$_x$ 形式（其中也有一些不是 ABO$_x$ 形式）化合物所形成的固溶体。例如，目前应用最广泛的锆钛酸铅（简写成 PZT），就是锆酸铅－钛酸铅的固溶体。

一种原子溶入另一种原子（或分子）所组成的晶体中，形成的固体称为固溶体。常见的固溶体有以下两种。

① 取代式（又称代位式）固溶体，即晶格中的部分甲原子被本来不在此晶体中的乙原子所取代了。往往有这样的规律，若甲、乙两原子半径相差不大时，置换的比例可以比较自由地变动；若甲、乙两原子半径相差比较大，置换的比例就受到一定限制。

② 填隙式固溶体，即晶格中原来的原子没有被取代，溶入原子只占有晶格中的间隙位置。显然，这些溶入的填隙原子半径必须比较小。

锆钛酸铅是属于取代式固溶体，其中一部分钛离子被锆离子所取代，仍然保持钙钛矿型 ABO 的晶体结构。它的化学分子式可写成 Pb(Zr$_x$Ti$_{1-x}$O$_3$) 的形式，其中 x 的数值小于 1。

（3）晶体结构随温度变化的情况。

通过上面的介绍，我们对压电陶瓷的晶体结构有了一个初步的认识，但是压电材料的晶体结构不是一成不变的，它将随着温度而变化，由量变到质变。实验上发现，对于具有钙钛矿型结构的 ABO$_x$ 晶体，如 BaTiO$_3$ 和 PbTiO$_3$，当温度高于 T_c 时，晶格为立方晶系，无压电效应；当温度低于 T_c 时，则转变为四方晶系，存在压电效应。从一种晶系到另一种晶系的转变是结构上的质变，物理学上称这个质变为相变。因为相变前后都是处于固体状态，所以又称为"固－固相变"。T_c 称为相变温度。对于压电陶瓷，在 T_c 以上，无压电效应；在 T_c 以下，存在压电效应。所以，T_c 又称为居里温度。

不同材料制成的压电陶瓷（甚至同一种材料含不同杂质时），它们的居里温度不相同。图 4.13 所示为 BaTiO$_3$ 晶格常数随温度变化的关系。从图 4.13 中可以看出,当温度高于 120 ℃ 时,它属于立方晶系,这时晶胞的三个边长彼此相等,即 $a=b=c=4.009$ Å。当温度低于 120 ℃.时,它属于四方晶系,这时晶胞的三个边长为 $a=b<c$,即 c 轴伸长了,而 a、b 两轴缩短了(c 比 a 要长约 1%)。当温度等于居里温度时,晶格发生突变,即从一种晶系转变为另一种晶系。

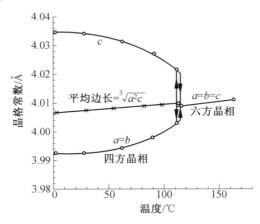

图 4.13　BaTiO$_3$ 晶格常数随温度的变化

2. 压电陶瓷的自发极化与电畴

(1)自发极化的产生。

上面所讲的钙钛矿型压电陶瓷,并不是在任何温度下都具有压电效应,只是当温度低于居里温度时,才具有压电效应。另外,钙钛矿型晶体 BaTiO$_3$ 和 PbTiO$_3$ 等在居里温度以上时,属于立方晶系;在居里温度以下时,属于四方晶系。由此可见,压电陶瓷所以具有压电效应,是与陶瓷体的立方晶相和四方晶相的内在差别有密切关系的。

如上所述,在居里温度以上,BaTiO$_3$ 或者 PbTiO$_3$ 的晶胞都是立方体,正离子(Ba^{2+}、Ti^{4+} 或 Pb^{2+}、Ti^{4+})的对称中心(即正电荷的中心)位于立方体的中心;负离子(O^{2-})的对称中心(即负电荷的中心)也位于立方体的中心。这时正、负电荷的中心是重合的,不出现电极化,如图 4.14(a)所示。由于氧离子与钛离子的直径之和小于 BaTiO$_3$ 晶胞的边长,即氧八面体中间的空隙大于钛离子的体积,因此,钛离子可能偏离其中心位置。但是,又由于晶胞是一个立方体,对称性很高,所以钛离子在立方体内上、下、左、右、前、后等六个方向偏离其中心的机会相同,即时而向左、时而向右、忽前、忽后、忽上、忽下,对中心偏离的平均结果为零。因此,正、负电荷的中心仍是重合的,不出现电极化。

在居里温度以下,立方晶胞转变为四方晶胞,边长有 $a=b=c$ 的关系。这时氧离子和钛离子的直径之和(约为 4.00 Å)与晶胞的两个短边长(即 a 与 b)的数值相近,但小于晶胞的第三个边长,所以在四方晶胞中,钛离子沿 c 轴方向偏离其中心位置的机会远大于其沿 a 轴或 b 轴方向偏离的机会,晶胞在 c 轴方向就产生了正、负电荷的中心不重合,如图 4.14(b)所示,也就是说,晶胞出现了电极化。极化方向从负电荷的中心指向正电荷的中心。晶胞发生自发形变的同时,又自发产生电矩,电矩的方向是沿着边长增大的方向,就是自发极化。由此可见,BaTiO$_3$ 或 PbTiO$_3$ 晶体在居里温度以上,属于立方晶相,不存在

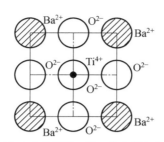 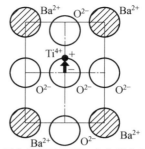

(a) 立方晶相时，正、负电荷中心　　　　(b) 四方晶相时，正、负电荷中心不
重合，不出现电极化　　　　　　　　重合，出现平行于c轴的电极化

图 4.14　极化的产生

自发极化；在居里温度以下，转变为四方晶相，存在与 c 轴平行的自发极化。

下面，再以 $PbTiO_3$ 为例，较具体地说明在四方晶相时所出现的自发极化的情况。

图 4.15 给出了室温时 $PbTiO_3$ 晶胞中各个离子的位置及离子中心的相对位置，其中，图 4.15(a) 是一个立体图（没有画出铅离子），图上的数字表示钛离子到各氧离子之间的距离；图 4.15(b) 是一个沿着 c 轴方向投影的示意图。当晶胞沿 a 轴和 b 轴方向收缩时，就可能把上、下底面中心的两个氧离子（氧上和氧下）挤出铅离子中心所在的平面。另外，四个氧离子（即氧前、氧后、氧左、氧右）则因 c 轴有所伸长，不会被挤出铅离子中心所在的平面。例如，当氧上和氧下离子向下挤出时，氧上离子与钛离子的距离缩短，氧下离子与钛离子的距离伸长。这样，钛离子受到氧上离子的作用大于氧下离子的作用，因而 Ti 向上位移，晶胞出现极化。这就是晶胞从立方晶相转变为四方晶相时会出现自发极化的原因。

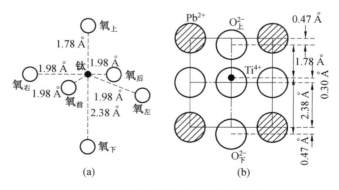

图 4.15　四方晶系 $PbTiO_3$ 晶胞的离子位移

应该指出，自发极化的出现，虽然与钛离子的位移有着密切关系，但不能由此就认为，自发极化的产生完全是钛离子位移的结果，因为其他离子也起着很重要的作用。

（2）电畴和电畴的运动。

① 钙钛矿型结构中的电畴。即使是一块完整的钙钛矿型晶体，它从立方晶相转变成四方晶相时，原来立方晶胞三个晶轴中的任何一个晶轴，都有可能成为四方晶相中的 c 轴。因为自发极化是与 c 轴平行的，所以各晶胞的自发极化取向也可彼此不相同。这样，为了使晶体能量处在最低的状态，晶体中就会出现若干个小区域，每个小区域内的晶胞自

发极化有相同的方向,但是邻近区域之间的自发极化方向则不同。自发极化方向一致的区域称为电畴(或铁电畴)。整个晶体包含了许多电畴。因为在四方晶相时,自发极化的取向只能与原立方晶相三个晶轴之一平行,所以,相邻的两个电畴中的自发极化方向只能成 90° 或 180°,相应电畴的交界面就分别称为 90° 畴壁和 180° 畴壁。图 4.16 表示钙钛矿型结构在四方晶相时,90° 畴壁和 180° 畴壁的示意图,其中,小箭头表示每个晶胞中自发极化的方向,$A'A$ 是 90° 畴壁,$B'B$ 是 180° 畴壁。180° 畴壁是很薄的,一般只有几个晶胞的厚度,而 90° 畴壁则有几十个晶胞的厚度。从图中还可以看出,90° 畴壁与自发极化之间的夹角约为 45°,在 90° 畴壁两边的畴,自发极化方向通常是"首尾相接"的排列,因为这样排列使得畴壁上没有空间电荷存在,有利于晶体处于能量较低的状态。

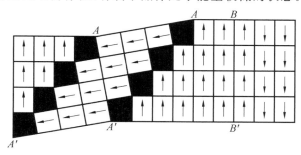

图 4.16　四方晶体的 90° 畴壁和 180° 畴壁示意图

用偏光显微镜可直接观察到经过抛光的陶瓷表面的电畴结构,也可以用酸腐蚀的方法显示电畴。由于电畴两端存在不同符号的束缚电荷,所以腐蚀速度不一样,正端腐蚀快,负端腐蚀慢。在高倍数的显微镜下可以看到腐蚀后晶粒上的电畴结构花纹。图 4.17(a) 是锆钛酸铅陶瓷中电畴结构的电子显微照片(放大了 26 000 倍),照片上 90° 畴壁和 180° 畴壁都显示出来了。图 4.17(b) 是照片上电畴结构的对比说明,再结合图 4.16 中的情况,便不难理解照片所显示的铁电畴结构花纹。

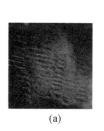

(a)

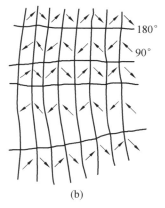

(b)

图 4.17　锆钛酸铅陶瓷中电畴结构的电子显微照片

铁电畴结构只是在居里温度以下才出现。在居里温度以上时,各晶胞都变为立方相,自发极化消失,电畴结构也消失。

② 在外电场作用下的电畴运动。如果在一块多畴的晶体上加足够高的直流电场时,

自发极化方向与电场方向一致的电畴便不断增大,而自发极化方向与电场方向不一致的电畴则不断减小,最后整个晶体由多畴变成单畴,自发极化方向与电场方向一致。有时,也把这种电畴变化的过程,称为电畴转向。

在压电陶瓷生产中,极化工序的作用就是在陶瓷片上加一个足够高的直流电场,迫使陶瓷内部的电畴转向,或者迫使自发极化做定向排列。图 4.18 表示陶瓷中的电畴在极化工序处理前后的变化情况(为了简单起见,图中把极化后的晶粒画成单畴,实际上极化后的晶粒往往不是单畴)。在极化工序处理以前,各晶粒内存在许多自发极化方向不同的电畴,陶瓷内的极化强度为零,如图 4.18(a) 所示。在极化工序处理时的情况,如图 4.18(b) 所示。在极化工序处理以后,外电场等于零,各晶粒的自发极化在一定程度上按原外电场方向取向,陶瓷内的极化强度不再为零。这种极化强度,称为剩余极化强度,如图 4.18(c) 所示。

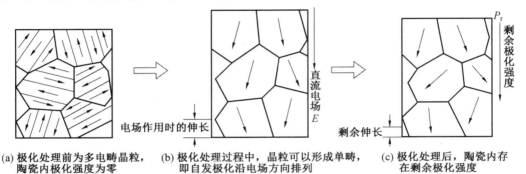

(a) 极化处理前为多电畴晶粒,陶瓷内极化强度为零　(b) 极化处理过程中,晶粒可以形成单畴,即自发极化沿电场方向排列　(c) 极化处理后,陶瓷内存在剩余极化强度

图 4.18　压电陶瓷中的电畴在极化工序处理前后变化的示意图

③ 电畴运动所引起的形变。以钙钛矿型结构中的一个晶粒为例,在居里温度以上时,它是立方晶相。为了叙述简便,假设整个晶粒的形状是一个立方体,如图 4.19(a) 所示。当温度降到居里温度以下,它就转变为四方晶相,并出现电畴。如果形成单畴,则晶粒为一长方体,如图 4.19(b) 所示。这时,沿极化方向上的边长比垂直极化方向的边长大 1% 左右(即 c 轴大于 a 轴约 1% 左右)。如果晶粒中形成 180° 畴壁,如图 4.19(c) 所示,则晶粒的形状和大小与图 4.19(b) 相同。如果晶粒中形成 90° 畴壁,则由于两个电畴之间的 c 轴和 a 轴彼此方向不同,以及 $c > a$ 等原因,晶粒的形状将发生显著畸变,如图 4.19(d) 所示。由此可见,晶粒中 180° 畴壁的形成或运动,不会引起晶粒的畸变,也不会在晶粒中引起内应力。但是,90° 畴壁的形成或运动,则将使晶粒发生显著畸变,同时还会在晶粒中引起内应力。

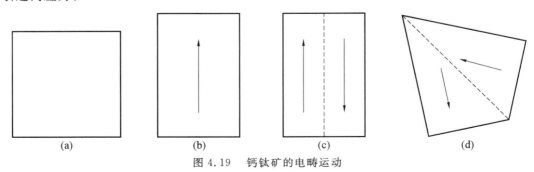

(a)　(b)　(c)　(d)

图 4.19　钙钛矿的电畴运动

（3）铁电性与电滞回线。

在居里温度以下,压电陶瓷不但具有自发极化,而且它的自发极化方向可以因外电场作用而转向。凡具有这种特性的固体称为"铁电体"。因此,严格地说,压电陶瓷应称为"铁电陶瓷",或称铁电多晶体。

将一个交变电场加到压电陶瓷片上,通过示波器可以直接观察到陶瓷的电滞回线,即极化强度随外加电场而变化的情况,如图 4.20 所示。当电场从零开始增加时,自发极化与电场方向相同的那些电畴将变大,而自发极化与电场相反的那些电畴将变小。因此,陶瓷内的极化强度随外电场而增加,如图 4.20 中的 OA 曲线,相应的电畴结构如图 4.21(b)所示。为了叙述简便,假设压电陶瓷内只存在 $180°$ 畴壁,如图 4.21(a)所示。当电场强度继续增大到只具有单个电畴时,极化强度便达到饱和,此后,极化强度随外电场线性增加,如图 4.20 中的 BC 线段,相应的电畴结构如图 4.21(c)所示。如果将这个线段外推到电场等于零,则与纵坐标轴相交于 P_s 点。这时,陶瓷内的自发极化都在同一个方向上,所以 P_s 也称为自发极化强度。当电场由图 4.20 中 C 处开始降低时,极化强度也随之而减小;当电场等于零时,极化强度并不等于零,而等于剩余极化强度 P_r,相应的电畴结构如图 4.21(d)所示。 从图 4.20 中可以看出,陶瓷的剩余极化强度小于自发极化强度。当电场沿反向增加,到达图 4.20 中 E 处时,陶瓷的极化强度为零,相应的电畴结构如图 4.21(e)所示。反向电场继续增大时,极化强度反向,相应的电畴结构如图 4.21(f)所示。当反向极化强度达到饱和后,再减小反向电场,则极化强度沿曲线 HFC 变化,如图 4.20 所示。由于 E 能使陶瓷极化强度重新变为零,所以 E_c 称为矫顽场强度。例如,$BaTiO_3$ 陶瓷在室温时的矫顽场强度约为几百伏／毫米,而铌钛酸铅陶瓷在室温时的矫顽场强度则达 $1 \sim 3 \ kV/mm$。

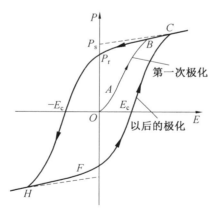

图 4.20　铁电体的电滞回线

在阴极射线示波器的荧光屏上,直接观察电滞回线的线路如图 4.22 所示。因为加在示波器垂直偏向板上的电压与样品上的极化强度 P 成正比;加在示波器水平偏向板上的电压与加在样品上的电场 E 成正比。电源用经过升压变压器的交流电压。如果电容 C_0 选择合适,那么电压每变化一个周期,便在示波器的荧光屏上显示出如图 4.20 所示的电滞回线图形。

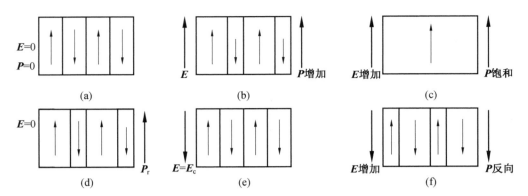

图 4.21　在交变电场作用下,自发极化强度变化示意图

通过对电滞回线的观测,可以测量压电陶瓷的自发极化强度 P_s、剩余极化强度 P_r,以及矫顽场强度 E_c 等。所以,电滞回线观测是研究铁电材料的一个很重要的实验方法。

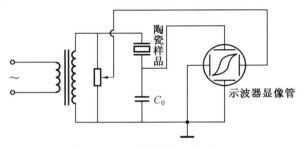

图 4.22　电滞回线的线路简图

4.2.3　压电聚合物的压电原理

非极性晶体的压电性是由晶体中的内应变引起的。内应变就是同晶格变形无关的原子位移。对不导电的并可能埋藏着电荷的聚合物薄膜,其压电性的说明不仅考虑到晶格中的内应变,而且也考虑到同整个体系的平均变形无关的电荷位移。

考虑薄膜中在 $x=\xi$ 处的一个原子,电荷为 q(图 4.23),设想薄膜的其他原子形成一个连续体,具有均匀的介电常数 ζ,当薄膜两面电极被短路时,电极上的感应电荷 q_1 和 q_2 为

$$q_1 = -q\frac{C}{C_2}, \quad q_2 = -q\frac{C}{C_1}, \quad q = -(q_1+q_2) \tag{4.13}$$

式中,C 为电极间的电容量;C_1 为上电极与平面 $x=\xi$ 间的电容量;C_2 为下电极和平面 $x=\xi$ 间的电容量。

当薄膜被施加应变时,比值 C_1/C_2 和 C_2/C 随着变化,而 q_1 和 q_2 按式(4.13)变化,这种变化产生压电电流,$i=-\mathrm{d}q_1/\mathrm{d}t=\mathrm{d}q_2/\mathrm{d}t$。由于 C_1/C 与 $l/\left(\dfrac{l}{2}-\xi\right)$ 成正比,如果应变是均匀的,并且 $l/\left(\dfrac{l}{2}-\xi\right)$ 保持不变,就没有压电性。发生压电性的两种可能性是:① 整个薄膜均匀地变形(例如薄膜的伸长),但由于薄膜中的弹性不均匀性,应变也是局部不均

匀，② 薄膜不均匀地变形(例如薄膜的弯曲)。如用一个单独的晶体来代替聚合物薄膜，则 ① 的情况相当于内应变，② 的情况相当于式(4.13)中由应变梯度引起的压电性。

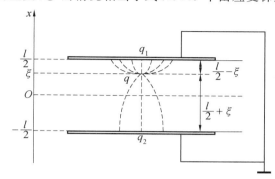

图 4.23　薄膜中带电荷原子和电极上诱导电荷的图示

4.2.4　压电材料性能影响因素

1. 陶瓷的极化

所谓极化，就是在压电陶瓷上加一个强直流电场，使陶瓷中的电畴沿电场方向取向排列。

极化状态是电场对电介质的荷电质点产生相对位移的作用力与电荷间互相吸引力的暂时平衡统一的状态。极化机理主要有以下三种。

(1) 电子位移极化。电介质的原子或离子在电场力作用下，带正电的原子核与壳层电子的负电荷中心出现不重合。

(2) 离子位移极化。电介质正、负离子在电场力作用下发生相对位移，从而产生电偶极矩。

(3) 取向极化。组成电介质的有极分子，有一定的本征(固有)电矩，由于热运动，取向无序，总电矩为零，当外加电场时，电偶极矩沿电场方向排列，出现宏观电偶极矩。

对于各向异性晶体，极化强度与电场存在如下关系：

$$P_m = \rho_e \chi_{mn} E_n, \quad m,n = 1,2,3$$

式中，χ_{mn} 为极化率，或用电位移写成：

$$D_m = \rho_{mn} E_n$$

只有经过极化工序处理的陶瓷，才能显示压电效应。要使压电陶瓷得到完善的极化，充分发挥其压电性能，就需要合理地选择极化条件：极化电场、极化温度和极化时间。三者相互协调，提高极化温度可以降低极化电场或缩短极化时间。

(1) 极化电场。

极化电场是极化诸条件中的主要因素。极化电场越高，促使电畴取向排列的作用越大，极化就越充分。极化电场必须大于样品的矫顽场，通常为矫顽场的二、三倍。矫顽场与样品的成分、结构及温度有关。

(2) 极化温度。

在极化电场和时间一定的条件下，极化温度高，电畴取向排列较易，极化效果好。这可从以下两方面理解。

① 结晶各向异性随温度升高而降低，自发极化重新取向克服的应力阻抗较小；同时由于热运动，电畴运动能力加强。

② 温度越高，电阻率越小，由杂质引起的空间电荷效应所产生的电场屏蔽作用小，故外加电场的极化效果好，但是温度过高，击穿强度降低，常用压电陶瓷材料的极化温度通常取 320 ~ 420 K 之间。

（3）极化时间。

极化时间长，电畴取向排列的程度高，极化效果较好。因为极化初期主要是 180°电畴的反转，以后的变化是 90°电畴的转向，90°电畴转向由于内应力的阻碍而较难进行，因而适当延长极化时间，可提高极化程度。一般极化时间从几分钟到几十分钟。

总之，极化电场、极化温度、极化时间三者必须统一考虑，因为它们之间相互有影响，应通过实验选取最佳条件。

2. 压电陶瓷的性能稳定性

经过极化后的压电陶瓷具备了各项压电性能，但实际使用时发现压电陶瓷的性能在极化后随时间变化，而且在环境温度发生改变时，各项压电性能也变化，因此如何考核和改善压电陶瓷性能稳定性问题，一直受到人们的重视。

压电陶瓷性能的时间稳定性，常称为材料的老化或经时老化。关于老化的机理，还不很清楚。一般认为，极化过程中，90°畴的取向使晶体 c 轴方向改变，伴随着较大的应变。极化后，在内应力作用下，已转向的 90°畴有部分复原而释放应力，但尚有一定数量的剩余应力，电畴在剩余应力作用下，随时间的延长复原部分逐渐增多，因此剩余极化强度不断下降，压电性减弱。此外，180°畴的转向，虽然不产生应力，但转向后处于势能较高状态，因此仍趋于重新分裂成 180°畴壁，这也是老化的因素。总之老化的本质是极化后电畴由能量较高状态自发地转变到能量较低状态，这是一个不可逆过程。然而老化过程要克服介质内部摩擦阻尼，这和材料组成、结构有关，因而老化的速率又是可以在一定程度上加以控制和改善的。目前有两种途径可以改善稳定性：一是改变配方成分，寻找性能比较稳定的配比和添加物；另一种是把极化好的压电陶瓷片进行"人工老化"处理，如加交变电场，或做温度循环等。人工老化是为了加速自然老化过程，以便在尽量短的时间内，达到足够的相对稳定阶段（一般自然老化开始速率大，随时间延续趋于相对稳定）。

压电陶瓷的温度稳定性主要与晶体结构特性有关。改善温度稳定性主要通过改变配方成分和添加物的方法，使材料结构随温度变化减小到最低限度，例如，一般不取在相界附近的组成，对于 PZT 瓷，其 Zr 与 Ti 的比值取在偏离相界的四方相侧，使结构稳定。

生产任何一种压电元件，都希望选择适合元件要求的优质压电材料，靠什么来识别材料性能的优劣？通常是选定一些能反映材料性能的参数，这些参数的大小即标志材料性能的优劣。压电陶瓷除具有压电性能外，还具有一般介质材料所具有的介电性能和弹性性能。所以反映压电陶瓷性能的参数特别多，例如：

介电性质方面有：介电常数、介质损耗；

弹性性质方面有：弹性常数、机械品质因数；

压电性质方面有：压电常数、机电耦合系数。

此外,还有谐振频率与反谐振频率、频率常数、居里温度,以及密度参数等。

3. 介电性质

(1) 介电常数。

介电常数是表征压电陶瓷的介电性质或者是反映材料的极化性质的一个参数,通常用 ζ 表示。不同用途的压电元件,对材料的介电常数的要求也不相同。例如,陶瓷扬声器、送话器等要求材料的介电常数大一些好;高频压电元件则要求材料的介电常数小一些好。压电陶瓷的介电常数,随配方、工艺条件的不同而差别很大。

介电常数 ζ 与元件的电容 C、电极面积 A 和电极间距离 l 之间的关系为

$$\zeta = C\frac{l}{A} \tag{4.14}$$

式中各量的单位为:电容 $C(\mathrm{F})$、电极面积 $A(\mathrm{m^2})$、电极间距离 $l(\mathrm{m})$、介电常数 $\zeta(\mathrm{F/m})$。

有时也使用相对介电常数 ζ_r,它与介电常数的关系为

$$\zeta_r = \frac{\zeta}{\zeta_0} \tag{4.15}$$

式中, ζ_0 为真空介电常数,其值为 $8.85 \times 10^{-12}\mathrm{F/m}$。相对介电常数 ζ_r 是一个无量纲的物理量。

(2) 介电损耗。

压电元件在交变电压的作用下,工作一段时间后要发热。这表明,压电元件工作时,总有一部分电能要转变成热量。通常把在交流电压作用下,单位时间内因发热而损耗的电能,称为电介质的介电损耗。介电损耗是电介质的重要品质指标之一。例如,大功率换能器就要求材料的介质损耗非常小,否则在工作中会由于剧烈发热而使换能器损坏。

引起介电损耗的原因是多方面的。在压电陶瓷中,主要原因如下。

① 外加电压变化时,陶瓷内的极化状态也要随之发生变化。当陶瓷内极化状态的变化跟随不上外加电压的变化时,就要出现滞后现象,引起介质损耗。

② 由于陶瓷内部存在漏电流而引起介质损耗。

③ 由于工艺不完善,因此陶瓷结构不均匀,而引起介质损耗。

以上这些原因,都可用介质中存在一个损耗电阻 R(阻为 Ω)来表示。就是说,在交变电压的作用下,可用图 4.24 所示的 RC 并联电路来等效,其中, R 为等效的损耗电阻; C 为试样的电容。

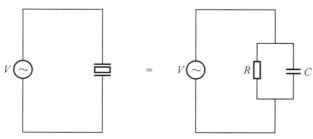

图 4.24　RC 并联等效电路示意图

在交变电压的作用下,无介质损耗,即 $\Omega = \infty$ 时,电路中的电流 I 与电压 V 之间的关

系如图 4.25(a) 所示；有介质损耗，即 $\Omega \neq \infty$ 时，电流 I 与电压 V 之间的关系如图 4.25(b) 所示。从图 4.25 中可以看出，有介质损耗时，通过电容 C 分路的电流 I_c 与总电流 I 的夹角为 α，其正切值为

$$\tan \alpha = \frac{I_R}{I_c} = \frac{1}{\omega C \Omega} \tag{4.16}$$

式中，ω 为交变电压的角频率。因为只有 I_R 分量才消耗能量，产生损耗，I_c 不消耗能量，所以 I_R 为总电流 I 的有功分量；I_c 为总电流 I 的无功分量。可见，$\tan \alpha$ 值越小，I_R 也小，介电损耗越小；$\tan \alpha$ 值越大，I_R 也大，则介电损耗越大，因而通常用 $\tan \alpha$ 来表示压电陶瓷的介电损耗，称为介电损耗角正切。

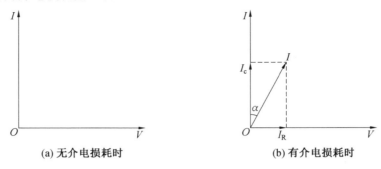

(a) 无介电损耗时   (b) 有介电损耗时

图 4.25　I、I_c 和 I_R 相位关系示意图

4. 弹性性质

任何物体在外力作用下，都要发生不同程度的弹性形变。而弹性常数就是反映材料的弹性性质的参数。压电陶瓷中用得最多的弹性常数是弹性柔顺常数，常用 s 表示。

现以长方片为例，说明弹性柔顺常数 s 与应力 σ 和应变 ε 之间的关系。如图 4.26 所示的长方片，虚线代表形变前的情况，实线代表形变后的情况。

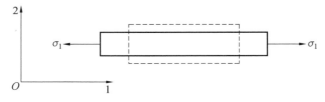

图 4.26　长方片的形变

在沿方向 1 的伸缩应力 σ_1 的作用下，与方向 1 平行的边被拉长，与方向 2 和方向 3 平行的边则有所收缩。实验证明，在弹性限度范围以内：

(1) 沿方向 1 的伸缩应变 ε_1 与伸缩应力 σ_1 成正比，比例系数为弹性柔顺常数 s_{11}，即

$$\varepsilon_1 = s_{11} \sigma_1 \tag{4.17}$$

式中，$E = \dfrac{1}{s_{11}}$ 称为弹性模量。

(2) 沿方向 2 的伸缩应变 ε_2 与伸缩应力 σ_1 成正比，比例系数为弹性柔顺常数 s_{12}，即

$$\varepsilon_2 = s_{12} \sigma_1 \tag{4.18}$$

而 $\nu = -\dfrac{s_{12}}{s_{11}}$ 称为泊松比，它表示横向相对收缩与纵向相对伸长之比。

（3）沿方向 3 的伸缩应变 ε_3 与伸缩应力 σ_1 成正比，比例系数为弹性柔顺常数 s_{13}，即

$$\varepsilon_3 = s_{13}\sigma_1 \tag{4.19}$$

（4）如果长条片受到的是切应力 σ_5 的作用，则可发现切应变 ε_5 与切应力 σ_5 成正比，比例系数为弹性柔顺系数 s_{55}，即

$$\varepsilon_5 = s_{55}\sigma_5 \tag{4.20}$$

同理，还可以得到其他几个弹性柔顺常数 s_{22}、s_{33}、s_{23}、s_{44}、s_{66} 等。

由于压电陶瓷存在压电效应，因此样品在电学条件不同时，所得到的弹性柔顺常数也不相同，即有

短路弹性柔顺常数：s_{11}^E、s_{33}^E、s_{12}^E、s_{13}^E、ss_{55}^E；

开路弹性柔顺常数：s_{11}^D、s_{33}^D、s_{12}^D、s_{13}^D、s_{55}^D。

所谓短路，是指测量弹性柔顺常数时，外电路的电阻很小，相当于短路的情况，或者是电场强度 $E=0$（或 ＝常数）时的情况。

所谓开路，是指测量弹性柔顺常数时，外电路的电阻很大，相当于开路的情况，或者是电位移 $D=0$（或 ＝常数）时的情况。

5. 机械品质因数

机械品质因数 Q_m 反映了压电陶瓷材料在谐振时机械损耗的大小，是衡量压电材料的另一个重要参数。产生机械损耗的原因是材料存在内摩擦。当压电元件振动时，要克服内摩擦而消耗能量，所以 Q_m 反映了压电陶瓷振动时 Q_m 因克服内摩擦而消耗的能量的多少。机械品质因数的定义为

$$Q_m = 2\pi \frac{\text{谐振时振子储存的机械能量}}{\text{谐振时每周内损耗的机械能量}} \tag{4.21}$$

Q_m 不仅与材料的组分和工艺有关，而且与振动模式有关。对于压电陶瓷材料来说，一般资料中所给出的 Q_m 值，如果不加特别的说明，通常是指圆片伸缩振动模式的机械品质因数。

6. 机电耦合系数

压电振子是最基本的压电元件，它是被覆激励电极的压电体。样品的几何形状不同，可以形成各种不同的振动模式（表 4.9）。表征压电性质的参数，除以前讨论的压电常数外，还有表征压电陶瓷的机械能与电能之间的耦合关系的物理量，即机电耦合系数。

表 4.9　压电陶瓷的振动方式及其机电耦合系数

样品形状	振动方式	机电耦合系数
极化方向 薄圆片 电极面	沿径向伸缩振动	平面机电耦合系数 k_p
极化方向 薄长片 电极面	沿长度方向伸缩振动	横向机电耦合系数 k_{31}

续表4.9

样品形状	振动方式	机电耦合系数
极化方向↑ 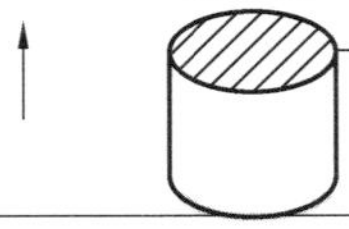 圆柱体 电极面	沿轴向伸缩振动 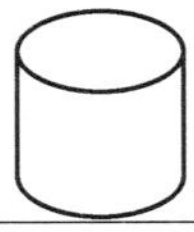	纵向机电耦合系数 k_{33}
极化方向↑  薄片 电极面	沿厚度方向伸缩振动 	厚度伸缩机电耦合系数 k_t
长方片 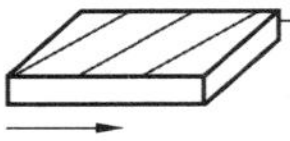 电极面 极化方向→	厚度切向振动 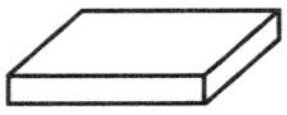	厚度切变机电耦合系数 k_{15}

机电耦合系数 k 是综合反映压电材料性能的参数,表示在每一次循环中转换成机械能的电能,或者转换成电能的机械能的分数的平方根。其是反映了压电陶瓷材料机械能与电能之间的耦合和转换能力的一个物理量,是无量纲的量,它的定义为

$$k^2 = \frac{通过逆压电效应转换的机械能}{输入的电能} \quad (4.22)$$

由于压电陶瓷元件的机械能与元件的形状和振动模式有关,因此对不同的振动模式有不同的耦合系数,常用的几种机电耦合系数分别如下。

① 平面机电耦合系数 k_p(薄圆片沿厚度方向极化和电激励,做径向伸缩振动)。

② 横向机电耦合系数 k_{31}(细长条沿厚度方向极化和电激励,做长度伸缩振动)。

③ 纵向机电耦合系数 k_{33}(细棒沿长度方向极化和电激励,做长度伸缩振动)。

④ 厚度伸缩机电耦合系数 k_t(薄片沿厚度方向极化和电激励,做厚度方向伸缩振动)。

⑤ 厚度切变机电耦合系数 k_{15}(矩形板沿长度方向极化,激励电场的方向垂直于极化方向,做厚度切变振动)。

7. 其他性能参数

表征压电陶瓷性能的物理量除了上述的表征介电性质方面的介电常数、介质损耗;表征弹性性质方面的弹性常数、机械品质因数;表征压电性质方面的压电常数、机电耦合系数外,还有谐振频率与反谐振频率、频率常数、居里温度以及密度参数等。

(1)谐振频率与反谐振频率。

若压电材料是具有谐振频率 f_r 的弹性体,当施加于压电子上的激励信号频率等于 f_r 时,压电振子由于逆压电效应产生机械谐振,这种机械谐振又借助于正压电效应而输出电信号。

压电振子谐振时,输出电流达最大值,此时的频率为最小阻抗频率 f_m。当信号频率继续增大到 f_n,输出电流达最小值,f_n 称为最大阻抗频率,如图 4.27 所示。

根据谐振理论,压电振子在最小阻抗频率 f_m 附近,存在一个使信号电压与电流同位

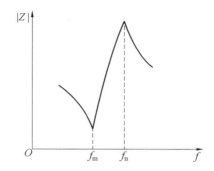

图 4.27　压电振子的阻抗特性曲线示意图

相的频率,这个频率就是压电振子的谐振频率 f_r,同样在 f_n 附近存在另一个使信号电压与电流同位相的频率,这个频率叫压电振子的反谐振频率 f_a。只有压电振子在机械损耗为零的条件下 $f_m = f_r$,$f_n = f_a$。

（2）频率常数。

压电元件的谐振频率与沿振动方向的长度的乘积为一常数,称为频率常数 $\widetilde{N}(\mathrm{kHz \cdot m})$。例如陶瓷薄长片沿长度方向伸缩振动的频率常数 $\widetilde{N}_l$ 为 $\widetilde{N}_l = f_r l$,因为

$$f_r = \frac{1}{2l}\sqrt{\frac{E_m}{\rho}} \tag{4.23}$$

式中,E_m 为弹性模量;ρ 为材料的密度,所以

$$\widetilde{N}_l = f_r \frac{1}{2}\sqrt{\frac{E_m}{\rho}} \tag{4.24}$$

由此可见,压电元件的频率常数只与材料的性质有关,与元件的外形尺寸大小无关。若知道材料的频率常数,即可根据所要求的频率来设计元件的外形尺寸。

（3）居里温度。

由于压电陶瓷一般是铁电陶瓷,所以正如前文所述压电陶瓷在某一温度范围内也存在一个临界温度,即居里温度 T_c。当温度高于居里温度 T_c 时,压电陶瓷将发生铁电相与顺电相之间的结构相变。T_c 越高,陶瓷的铁电性越强,反之,铁电性越弱。

当温度高于 T_c 时,压电陶瓷为顺电相,无压电效应;当温度低于 T_c 时,则转变为铁电相,存在压电效应。物理学上把这种转变称为相变。因为相变前后都是处于固体状态,所以又称为"固－固相变",T_c 也称为相变温度。不同材料制成的压电陶瓷,甚至同一种材料含不同杂质时它们的居里温度不相同。

（4）密度。

① 体积密度。陶瓷样品的体积密度 ρ_v 的测定是利用阿基米德原理,通过对所测样品质量和体积进行计算得到:

$$\rho_v = \frac{W_0}{W_1 - W_2}\rho_w \tag{4.25}$$

式中,W_0 为干燥样品在空气中的质量;W_2 为样品充分吸水后在空气中的质量;W_1 为样品充分吸水后在水中的质量;ρ_w 为蒸馏水的密度。

② 理论密度。理论密度是指该物质可能的最大密度,亦即单晶状态下单位体积所含的质量,以 ρ_{th} 表示,可通过元胞内所含质量和晶格常数来计算:

$$\rho_{th} = \frac{\sum_i g_i}{V} \tag{4.26}$$

式中,g_i 为晶胞中第 i 个原子的质量,求和对整个晶胞进行;V 为晶胞体积。

③ 相对密度。相对密度 ρ_r 是指材料的体积密度与理论密度的比值,即

$$\rho_r = \frac{\rho_v}{\rho_{th}} \times 100\% \tag{4.27}$$

在陶瓷体中总是存在闭气孔等因素,即 $\rho_r < 1$。相对密度定量地反映了陶瓷体中的气孔率,也直观地反映了烧结质量的好坏。

8. 径向收缩率

陶瓷样品在烧结过程中会发生不同程度的收缩,随着烧结温度的升高,径向收缩率增加。实验中使用薄圆片试样,因此采用径向收缩率 ψ 来表示陶瓷胚体在烧结过程中的收缩程度,计算公式如下:

$$\psi = \frac{\varphi_0 - \varphi}{\varphi_0} \times 100\% \tag{4.28}$$

式中,φ 为烧成后陶瓷样品的直径;φ_0 为烧成前陶瓷样品的直径。

4.3　压电材料的本构关系及应用

4.3.1　压电晶体的介电性质

大家知道,金属可以导电。这是因为,金属中存在着自由电子,在电场的作用下,这些自由电子被迫做定向运动而形成电流。然而,电介质是不能导电的。这是因为,电介质中电子(称束缚电子)被原子核束缚得很紧,在一般电场作用下,束缚电子的位置只能做很小的移动。这种移动造成介质中正、负电荷中心不重合而产生极化,所以电介质只能以极化方式传递电的作用。本节主要介绍电介质的极化性质及其所遵循的电学规律。

1. 电介质的极化和极化强度 P

如图 4.28(a) 所示的电介质中,介质的两面已被敷金属电极。当电场等于零时,介质中的正、负电荷中心重合,介质处于电中性;当电场不等于零时,在电场的作用下,介质中的正、负电荷中心不再重合,并形成许多电偶极矩,于是介质产生极化,如图 4.28(b) 所示。因这些电偶极矩头尾相衔接,故可画成如图 4.28(c) 所示的情况,在介质与电极的分界面上分别出现正、负极化电荷(即正、负束缚电荷)。电偶极矩的方向规定为从负极化电荷指向正极化电荷,电偶极矩的大小则等于 ql。其中,l 为正、负极化电荷之间的距离;q 为极化电荷。如果 p 表示电偶极矩,即可写成:

$$\boldsymbol{p} = q\boldsymbol{l} \tag{4.29}$$

为了描述电介质的极化程度,现引入极化强度的概念。极化强度 P 等于单位体积 $(\Delta V = 1)$ 内的电偶极矩的矢量和,即

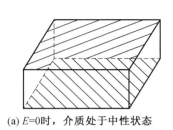

(a) $E=0$ 时，介质处于中性状态

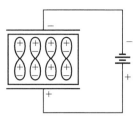

(b) $E \neq 0$ 时，介质产生极化

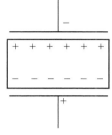

(c) 介质极化示意图

图 4.28 电介质极化示意图

$$P = \frac{\sum\limits_{i} \boldsymbol{p}_i}{\Delta V} \tag{4.30}$$

由式(4.30)可以得到，电介质的极化电荷面密度 ρ_e 与该处极化强度的法向分量 P_n 之间的关系为

$$\rho_e = P_n \tag{4.31}$$

2. 在各向同性介质中极化强度 $\boldsymbol{P}$、电位移 $\boldsymbol{D}$ 和电场强度 $\boldsymbol{E}$ 之间的关系

实验中发现，对于各向同性的电介质，极化强度 $\boldsymbol{P}$ 与电场强度 $\boldsymbol{E}$ 成正比，$\boldsymbol{P}$ 的方向与 $\boldsymbol{E}$ 的方向相同，即

$$\boldsymbol{P} = \chi \boldsymbol{E} \tag{4.32}$$

式中，比例系数 χ 称为介质的极化率(或极化系数)。

为了方便，还引入电位移的概念，它只与自由电荷有关。而介质中的电场强度则与自由电荷和极化电荷两者有关。极化强度 $\boldsymbol{P}$、电场强度 $\boldsymbol{E}$ 和电位移 $\boldsymbol{D}$ 之间的关系，用 MKS 单位制表示为

$$\boldsymbol{D} = \zeta_0 \boldsymbol{E} + \boldsymbol{P} \tag{4.33}$$

式中，ζ_0 为真空介电常数，$\zeta_0 = 8.85 \times 10^{-12}$ F/m。

将式(4.32)代入式(4.33)，即得

$$\boldsymbol{D} = (\zeta_0 + \chi)\boldsymbol{E} = \zeta\boldsymbol{E} \tag{4.34}$$

式中，ζ 为介电常数，F/m；ζ/ζ_0 为相对介电常数。

通过上述讨论，对各向同性的电介质，可得如下结果。

(1) 电场 $\boldsymbol{E}$、电位移 $\boldsymbol{D}$ 和极化强度 $\boldsymbol{P}$ 的方向相同。

(2) 介电常数 ζ、极化率 χ 与 $\boldsymbol{E}$、$\boldsymbol{D}$、$\boldsymbol{P}$ 的方向无关，是标量。

(3) $\boldsymbol{E}$、$\boldsymbol{P}$、$\boldsymbol{D}$ 各分量之间的关系为

$$\begin{cases} P_x = \chi E_x \\ P_y = \chi E_y \\ P_z = \chi E_z \end{cases} \tag{4.35}$$

$$\begin{cases} D_x = \varepsilon E_x \\ D_y = \varepsilon E_y \\ D_z = \varepsilon E_z \end{cases} \tag{4.36}$$

4.3.2　石英晶体的弹性性质

在外力作用下,物体的大小和形状都要发生变化,通常称之为形变。如果外力撤销后,物体能恢复原状,则这种性质称为物体的弹性,如果外力撤销后,物体不能恢复原状,则这种性质就称为物体的塑性。自然界既不存在完全弹性的物体,也不存在完全塑性的物体,对于任何物体,当外力小时,形变也小,外力撤销后,物体可完全复原;当外力大时,形变也大。若外力过大,形变超过一定限度,物体就不能复原了。这就表明,物体有一定的弹性限度,超过这个限度就变成塑性。与压电有关的问题,都属于弹性限度范围内的问题。因此,本书仅讨论物体的弹性性质。应力小时,应变也小。人们根据长期的生产实践,总结了这个规律,称为弹性定律或广义胡克定律,即"在弹性限度范围内,物体内任意一点的应变分量与该点应力分量之间存在线性关系"。对于完全各向异性体(如三斜晶系),弹性定律的数学表示式为

$$
\begin{cases}
\varepsilon_1 = s_{11}\sigma_1 + s_{12}\sigma_2 + s_{13}\sigma_3 + s_{14}\sigma_4 + s_{15}\sigma_5 + s_{18}\sigma_6 \\
\varepsilon_2 = s_{21}\sigma_1 + s_{22}\sigma_2 + s_{23}\sigma_3 + s_{\varepsilon4}\sigma_4 + s_{,5}\sigma_5 + s_{26}\sigma_6 \\
\varepsilon_3 = s_{31}\sigma_1 + s_{32}\sigma_2 + s_{33}\sigma_3 + s_{34}\sigma_4 + s_{s5}\sigma_5 + s_{38}\sigma_6 \\
\varepsilon_4 = s_{41}\sigma_1 + s_{42}\sigma_2 + s_{43}\sigma_3 + s_{44}\sigma_4 + s_{45}\sigma_5 + s_{48}\sigma_6 \\
\varepsilon_5 = s_{51}\sigma_1 + s_{52}\sigma_2 + s_{53}\sigma_3 + s_{54}\sigma_4 + s_{55}\sigma_5 + s_{56}\sigma_6 \\
\varepsilon_6 = s_{61}\sigma_1 + s_{62}\sigma_2 + s_{63}\sigma_3 + s_{64}\sigma_4 + s_{65}\sigma_5 + s_{66}\sigma_6
\end{cases}
\tag{4.37}
$$

或简写成

$$
\varepsilon_i = \sum_{j=1}^{6} s_{ij}\sigma_j, \quad i = 1, 2, \cdots, 6
\tag{4.38}
$$

式中,s_{ij} 为弹性柔顺常数,并有 $s_{ij} = s_{ji}(i \neq j)$。由式(4.37)可以看出,不仅正应力能产生正应变,而且切应力也能产生正应变;同样,不仅切应力能产生切应变,而且正应力也能产生切应变。这就是说,在一般情况下,应变与应力之间的关系是比较复杂的。

式(4.37)还可写成矩阵形式,即

$$
\begin{bmatrix} \varepsilon_1 \\ \varepsilon_2 \\ \varepsilon_3 \\ \varepsilon_4 \\ \varepsilon_5 \\ \varepsilon_6 \end{bmatrix}
=
\begin{bmatrix}
s_{11} & s_{12} & s_{13} & s_{14} & s_{15} & s_{16} \\
s_{12} & s_{22} & s_{23} & s_{24} & s_{25} & s_{26} \\
s_{13} & s_{23} & s_{33} & s_{34} & s_{35} & s_{38} \\
s_{11} & s_{24} & s_{34} & s_{44} & s_{45} & s_{46} \\
s_{15} & s_{25} & s_{35} & s_{45} & s_{55} & s_{56} \\
s_{16} & s_{26} & s_{36} & s_{46} & s_{56} & s_{66}
\end{bmatrix}
\begin{bmatrix} \sigma_1 \\ \sigma_2 \\ \sigma_3 \\ \sigma_4 \\ \sigma_5 \\ \sigma_6 \end{bmatrix}
\tag{4.39}
$$

或简写成

$$
\boldsymbol{\varepsilon} = s\boldsymbol{\sigma}
\tag{4.40}
$$

式中,$\boldsymbol{\varepsilon}$、s、$\boldsymbol{\sigma}$ 分别为应变矩阵、弹性柔顺常数矩阵和应力矩阵。

4.3.3　石英晶体的压电性质

当石英晶体受到应力作用时,在它的某些表面上出现电荷,而且应力与面电荷密度之间存在线性关系,这个现象称为正压电效应。而当石英晶体受到电场作用时,在它的某些

方向出现应变,而且电场强度与应变之间存在线性关系,这个现象称为逆压电效应。本节主要介绍石英晶体的结构与压电性质,正压电效应表示式和逆压电效应表示式。

石英晶体所以能够产生压电效应,是与它的内部结构分不开的。组成石英晶体的硅离子(Si^{4+})和氧离子(O^{2-})在 z 平面上的投影,如图 4.28 所示。为了讨论方便,将这些硅、氧离子等效为正六边形排列,图中"$\oplus$"代表 Si^{4+},"$\odot$"代表 $2O^{2-}$。

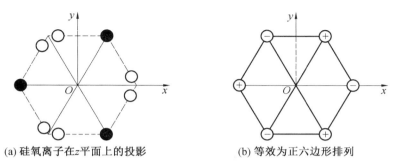

(a) 硅氧离子在 z 平面上的投影　　　　(b) 等效为正六边形排列

图 4.28　硅氧离子等效为正六边形排列

① 当正应力 $\sigma_1 = 0$ 时,正负离子(即 Si^{4+} 和 $2O^{2-}$)正好分布在正六边形的顶角上,形成三个互成 $120°$ 夹角的电偶极矩 $\boldsymbol{p}_1$、$\boldsymbol{p}_2$ 和 $\boldsymbol{p}_3$。如图 4.29(a)所示。此时正负电荷中心重合,电偶极矩的矢量和等于零,即

$$\boldsymbol{p}_1 + \boldsymbol{p}_2 + \boldsymbol{p}_3 = \boldsymbol{0} \tag{4.41}$$

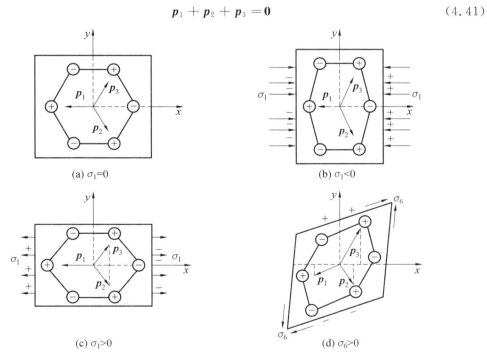

(a) $\sigma_1 = 0$

(b) $\sigma_1 < 0$

(c) $\sigma_1 > 0$

(d) $\sigma_6 > 0$

图 4.29　石英晶体的压电机构示意图

② 当晶体受到沿 x 方向的压力(即 $\sigma_1 < 0$)作用时,晶体沿 x 方向将产生收缩,正、负离子的相对位置也随之发生变化,如图 4.29(b)所示。此时正、负电荷中心不再重合,电

偶极矩在 x 方向的分量为

$$(\boldsymbol{p}_1 + \boldsymbol{p}_2 + \boldsymbol{p}_3)_x > 0 \tag{4.42}$$

在 y、z 方向的分量为

$$(\boldsymbol{p}_1 + \boldsymbol{p}_2 + \boldsymbol{p}_3)_y = 0$$
$$(\boldsymbol{p}_1 + \boldsymbol{p}_2 + \boldsymbol{p}_3)_z = 0 \tag{4.43}$$

由式(4.42)和式(4.43)看出,在 x 轴的正向出现正电荷;在 y、z 轴方向则不出现电荷。

当晶体受到沿 x 方向的拉力(即 $\sigma_1 > 0$)作用时,其变化情况如图 4.29(c)所示。此时,电偶极矩的三个分量为

$$(\boldsymbol{p}_1 + \boldsymbol{p}_2 + \boldsymbol{p}_3)_x < 0$$
$$(\boldsymbol{p}_1 + \boldsymbol{p}_2 + \boldsymbol{p}_3)_y = 0$$
$$(\boldsymbol{p}_1 + \boldsymbol{p}_2 + \boldsymbol{p}_3)_z = 0 \tag{4.44}$$

由式(4.44)看出,在 x 轴的正向出现负电荷;在 y、z 方向则不出现电荷。由此可见,当晶体受到沿 x(即电轴)方向的应力 σ_1 作用时,它在 x 方向产生正压电效应,而 y、z 方向则不产生压电效应。实验还发现,在 x 方向所产生的面电荷密度 ρ_e 与应力 σ_1 成正比,即

$$\rho_e = d_{11}\sigma_1 \tag{4.45}$$

式中,比例系数 d_{11} 称为压电常数。它的第一个下标表示电效应的方向,第二个下标表示机械效应的方向,不能颠倒。在 MKS 单位制中,电位移分量 D_1 正好与面电荷密度 σ_1 相等,故式(4.45)可写成

$$D_1 = d_{11}\sigma_1 \tag{4.46}$$

综上所述,在应力张量 $\boldsymbol{\sigma}$ 的作用下,石英晶体的正压电效应表示式为

$$\begin{cases} D_1 = d_{11}\sigma_1 + d_{12}\sigma_2 + d_{14}\sigma = d_{11}\sigma_1 - d_{11}\sigma_2 + d_{14}\sigma_4 \\ D_2 = d_{25}\sigma_5 + d_{26}\sigma_6 = -d_{14}\sigma_5 - 2d_{11}\sigma_6 \\ D_3 = 0 \end{cases} \tag{4.47}$$

式中,$d_{mj}(m = 1,2,3; j = 1,2,3,4,5,6)$ 为压电常数,它由材料的压电性质来确定。将式(4.47)写成矩阵表示式为

$$\begin{bmatrix} D_1 \\ D_2 \\ D_3 \end{bmatrix} = \begin{bmatrix} d_{11} & -d_{11} & 0 & d_{14} & 0 & 0 \\ 0 & 0 & 0 & 0 & d_{14} & -2d_{11} \\ 0 & 0 & 0 & 0 & 0 & 0 \end{bmatrix} \begin{bmatrix} \sigma_1 \\ \sigma_2 \\ \sigma_3 \\ \sigma_4 \\ \sigma_5 \\ \sigma_6 \end{bmatrix} \tag{4.48}$$

或简写为

$$\boldsymbol{D} = \boldsymbol{d}\boldsymbol{\sigma} \tag{4.49}$$

4.3.4 压电晶体的压电方程

石英晶体是弹性介质,也是电介质,在应力张量 $\boldsymbol{\sigma}$ 和电场 $\boldsymbol{E}$ 分别作用下,将产生弹性

应变和介电电位移,即

$$\boldsymbol{\varepsilon}_{弹} = \boldsymbol{\varepsilon}^E \boldsymbol{\sigma}$$
$$\boldsymbol{D}_{介} = \boldsymbol{\zeta}^{\sigma} \boldsymbol{E}$$

(4.50)

式中,$\boldsymbol{\varepsilon}^E$ 为 $\boldsymbol{E} = 0$(或常数)时的弹性柔顺常数矩阵;$\boldsymbol{\zeta}^{\sigma}$ 为 $\boldsymbol{\sigma} = 0$(或常数)时的介电常数矩阵。

　　石英晶体也是压电体,在 $\boldsymbol{\sigma}$ 和 $\boldsymbol{E}$ 的作用下,将通过正、逆压电效应产生压电应变和压电电位移,即

$$\boldsymbol{\varepsilon}_{压} = \boldsymbol{d}_t \boldsymbol{E}$$
$$\boldsymbol{D}_{压} = \boldsymbol{d}\boldsymbol{\sigma}$$

(4.51)

所以,石英晶体的总应变 $\boldsymbol{\varepsilon}$ 和总电位移 $\boldsymbol{D}$ 为

$$\boldsymbol{\varepsilon} = \boldsymbol{\varepsilon}_{弹} + \boldsymbol{\varepsilon}_{压}$$
$$\boldsymbol{D} = \boldsymbol{D}_{压} + \boldsymbol{D}_{介}$$

(4.52)

　　如果选 $\boldsymbol{\sigma}$、$\boldsymbol{E}$ 为自变量,$\boldsymbol{\varepsilon}$、$\boldsymbol{D}$ 为因变量,则相应的压电方程为第一类压电方程

$$\boldsymbol{\varepsilon} = \boldsymbol{\varepsilon}^E \boldsymbol{\sigma} + \boldsymbol{d}_t \boldsymbol{E}$$
$$\boldsymbol{D} = \boldsymbol{d}\boldsymbol{\sigma} + \boldsymbol{\zeta}^{\sigma} \boldsymbol{E}$$

(4.53)

　　如果选 $\boldsymbol{\varepsilon}$、$\boldsymbol{E}$ 为自变量,$\boldsymbol{\sigma}$、$\boldsymbol{D}$ 为因变量,则相应的压电方程为第二类压电方程

$$\boldsymbol{\sigma} = \boldsymbol{c}^E \boldsymbol{\varepsilon} - \boldsymbol{e}_t \boldsymbol{E}$$
$$\boldsymbol{D} = \boldsymbol{d}_t \boldsymbol{\varepsilon} + \boldsymbol{\varepsilon}^s \boldsymbol{E}$$

(4.54)

式中,$\boldsymbol{c}^E$ 为短路弹性刚度常数;$\boldsymbol{\varepsilon}^s$ 为 $\boldsymbol{\varepsilon} = 0$(或常数)时的介电常数,称为受夹介电常数。

　　如果选 $\boldsymbol{T}$、$\boldsymbol{D}$ 为自变量,$\boldsymbol{\varepsilon}$、$\boldsymbol{E}$ 为因变量,则相应的压电方程为第三类压电方程

$$\boldsymbol{\varepsilon} = \boldsymbol{\varepsilon}^D \boldsymbol{\sigma} + \boldsymbol{d}_t \boldsymbol{D}$$
$$\boldsymbol{E} = -\boldsymbol{d}_t \boldsymbol{\sigma} + \boldsymbol{\beta}^T \boldsymbol{D}$$

(4.55)

式中,$\boldsymbol{\varepsilon}^D$ 为 $\boldsymbol{D} = 0$(或常数)时的弹性柔顺常数矩阵;$\boldsymbol{\beta}^T$ 为自由介电隔离率矩阵。

　　如果选 $\boldsymbol{\varepsilon}$、$\boldsymbol{D}$ 为自变量,$\boldsymbol{T}$、$\boldsymbol{E}$ 为因变量,则相应的压电方程为第四类压电方程

$$\boldsymbol{\sigma} = \boldsymbol{c}^D \boldsymbol{\varepsilon} - \boldsymbol{d}_t \boldsymbol{D}$$
$$\boldsymbol{E} = -\boldsymbol{d}_t \boldsymbol{\varepsilon} + \boldsymbol{\beta}^s \boldsymbol{D}$$

(4.56)

式中,$\boldsymbol{c}^D$ 为 $\boldsymbol{D} = 0$(或常数)时的弹性刚度常数矩阵;$\boldsymbol{\beta}^s$ 为受夹介电隔离率矩阵。

　　各类压电方程的选用与边界条件有关。在测量中、低频晶片的谐振频率时,晶片的中心被夹住,而边界却处于机械自由状态,称为边界自由条件。若测量电路的电阻远小于晶片的内阻,则可近似认为外电路处于短路状态,这时电极面上没有电荷累积,这样的电学边界条件称为短路条件。除了上述两种边界条件外,还有其他边界条件。例如在测量时,晶片的边界被刚性夹住,这时的边界条件称为边界受夹条件。

　　总之,压电元件的机械边界条件一般说来有两种形式,即自由状态和受夹状态;同样电学边界条件也有两种:电学开路和电学短路。机械边界条件和电学边界条件进行组合,可以得到四种不同类型的边界条件,见表 4.10。

表 4.10 压电材料的四种边界条件

编号	边界条件类别	边界条件名称	参数解释
1	第一边界条件	机械自由和电学短路	$\sigma=0; E=0; \varepsilon \neq 0; D \neq 0$
2	第二边界条件	机械夹持和电学短路	$\varepsilon=0; E=0; \sigma \neq 0; D \neq 0$
3	第三边界条件	机械自由和电学开路	$T=0; D=0; \varepsilon \neq 0; E \neq 0$
4	第四边界条件	机械夹持和电学开路	$\varepsilon=0; D=0; T \neq 0; E \neq 0$

（1）对应第一类边界条件，取应力 $\sigma_i(i=1,2,\cdots,6)$ 和电场强度 $E_j(j=1,2,3)$ 为自变量时，应变 ε_k 和电位移 D_l 为因变量，压电方程表示为

$$\varepsilon_k = s_{ki}^E \sigma_i + d_{kj} E_j, \quad k=1,2,\cdots,6$$
$$D_l = d_{li}\sigma_i + \varepsilon_{lj}E_j \tag{4.57}$$

（2）对应第二类边界条件，取应变 $\varepsilon_k(k=1,2,\cdots,6)$ 和电场强度 $E_j(j=1,2,3)$ 为自变量时，应力 σ_i 和电位移 D_l 为因变量，压电方程表示为

$$\sigma_i = C_{ik}^E \varepsilon_k - e_{ij}^E E_j, \quad i=1,2,\cdots,6$$
$$D_l = e_{lk}\varepsilon_k + \varepsilon_{lj}E_j, \quad j=1,2,3 \tag{4.58}$$

（3）对应第三类边界条件，取应力 $\sigma_i(i=1,2,\cdots,6)$ 和电场强度 $D_l(l=1,2,3)$ 为自变量时，应变 ε_k 和电位移 E_j 为因变量，压电方程表示为

$$\varepsilon_k = s_{ki}^E \sigma_i + g_{kl} D_l, \quad k=1,2,\cdots,6$$
$$E_j = g_{ji}\sigma_i + \beta_{jl}D_l, \quad j=1,2,3 \tag{4.59}$$

（4）对应第四类边界条件，取应力 $\varepsilon_k(k=1,2,\cdots,6)$ 和电场强度 $D_l(l=1,2,3)$ 为自变量时，应力 σ_i 和电位移 E_j 为因变量，压电方程表示为

$$\sigma_i = C_{ik}^E \varepsilon_k - h_{il} D_l, \quad i=1,2,\cdots,6$$
$$E_j = h_{jk}\varepsilon_k + \beta_{jl}D_l, \quad j=1,2,3 \tag{4.60}$$

4.3.5 压电陶瓷的本构方程

1. 压电陶瓷的压电性

压电陶瓷的压电效应机理与石英晶体大不相同，未经极化处理的压电陶瓷材料是不会产生压电效应的。

自然界中虽然具有压电效应的压电晶体很多，但是成为陶瓷材料以后，往往不呈现出压电性能，这是因为陶瓷是一种多晶体，由于其中各细小晶体的杂乱取向，因而各晶粒间压电效应会互相抵消，宏观不呈现压电效应。

压电陶瓷经极化处理后，剩余极化强度会使与极化方向垂直的两端出现束缚电荷（一端为正，另一端为负），由于这些束缚电荷的作用在陶瓷的两个表面吸附一层来自外界的自由电荷，并使整个压电陶瓷片呈电中性，如图 4.30 所示。当对其施加一个与极化方向平行或垂直的外压力，压电陶瓷片将会产生形变，片内束缚电荷层的间距变小，一端的束缚电荷对另一端异号的束缚电荷影像增强，而使表面的自由电荷过剩出现放电现象。当所受到的外力是拉力时，将会出现充电现象。

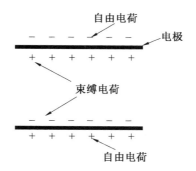

图 4.30　束缚电荷和自由电荷排列示意图

2. 压电效应方程

完整地表示压电晶体的压电效应中的力学量(σ,ε)和电学量(D,E)关系的方程式称为压电方程。根据定义可写出方程式：

$$D_1 = d_{11}\sigma_1 + d_{12}\sigma_2 + d_{13}\sigma_3 + d_{14}\sigma_4 + d_{15}\sigma_5 + d_{16}\sigma_6$$
$$D_1 = d_{21}\sigma_1 + d_{22}\sigma_2 + d_{33}\sigma_3 + d_{24}\sigma_4 + d_{25}\sigma_5 + d_{26}\sigma_6 \qquad (4.61)$$
$$D_1 = d_{31}\sigma_1 + d_{32}\sigma_2 + d_{33}\sigma_3 + d_{34}\sigma_4 + d_{35}\sigma_5 + d_{36}\sigma_6$$

式中，d 的第一个下标代表电的方向，第二个下标代表机械的（力或形变）的方向。实际上，由于压电陶瓷的对称性，脚标可以简化，压电常数矩阵是

$$\begin{bmatrix} 0 & 0 & 0 & 0 & d_{15} & 0 \\ 0 & 0 & 0 & d_{24} & 0 & 0 \\ d_{31} & d_{32} & d_{33} & 0 & 0 & 0 \end{bmatrix} \qquad (4.62)$$

如果同时考虑力学量(σ,ε)和电学量(D,E)的复合作用，可用简式表示如下：

$$D = d\sigma + \varepsilon^T E$$
$$\varepsilon = \varepsilon^E \sigma + dE \qquad (4.63)$$

式中，ε^T 为在恒定应力（或零应力）下测量出的机械自由介电常数；ε^E 为电短路情况下测得的弹性常数。由于压电材料沿极化方向的性质与其他方向性质不一样，所以其弹性、介电常数各个方向也不一样，并且与边界条件有关。

4.3.6　压电聚合物的本构方程

由均匀应变 ε 导致的压电效应的基本方程式如下：

$$\begin{cases} D = 4\pi\varepsilon + \zeta^s E \\ \sigma = G^E \varepsilon - eE \end{cases} \qquad (4.64)$$

式中，D 为电位移；E 为电场；T 为应力；e 为压电应力常数；ζ^s 为钳制介电常数；G^E 为短路弹性模量。这个效应也可用压电应变常数 d 来表示为

$$\begin{cases} D = 4\pi d\sigma + \zeta^T E \\ \varepsilon = \dfrac{1}{G^E}\sigma + dE \end{cases} \qquad (4.65)$$

式中，ζ^T 是自由介电常数。常数 d 和常数 e 的关系如下：

$$d = \frac{e}{G^E} \tag{4.66}$$

压电效应可通过各种不同的方式表现出来。当薄膜在表面电极短路($E=0$)的情况下,以角频率 ω 振动时,D(即电极单位面积上的电荷)按相同的频率 ω 来变化。这时 $(\partial E / \partial \varepsilon)_E$ 的值为 $4\pi e$。另一方面,如果实验条件为 $D=$ 常数,则 E(即两面电极的开路电压)按 ω 变化。这时 $(\partial E / \partial \varepsilon)_D$ 的值为 $-4\pi e / \zeta^s$。逆压电效应是通过施加按正弦规律变化的电压和观察所发生的相同频率的应力或应变而注意到的。

方程式(4.65)的张量形式(tensor form)为

$$D_i = 4\pi e_{iK} \varepsilon_K + \zeta_{ij}^s E_j \tag{4.67}$$

式中,$i,j=1,2,3$ 分别对 x,y 和 z 而言;$K=1,2,\cdots,6$ 分别对双下标 xx,yy,zz,yz,zx,xy 而言。

压电常数 e_{iK} 是一个三度张量,当材料有对称中心时,它就成为零。但是,当应变为不均匀的情况时,一个高阶的压电性就与应变梯度成正比而出现:

$$D_i = 4\pi \left(e_{iK} \varepsilon_K + e'_{4SK} \frac{\partial \varepsilon_K}{\partial r_j} \right) + \zeta_{ij}^s E_j \tag{4.68}$$

介电常数通常是应变的函数,即

$$\zeta^s = \zeta_0^s + \frac{\partial \zeta^s}{\partial \varepsilon} \varepsilon \tag{4.69}$$

称 $\partial \zeta^s / \partial \varepsilon$ 为电致伸缩常数(四度张量),并在下面用 K 表示:

$$\zeta^s = \zeta_0^s + K\varepsilon \tag{4.70}$$

在 $E=0$ 的情况下,ε 随频率 ω 变化时,D 的变化仅由压电效应引起。当材料用直流电场 E_0 偏置时,表观压电常数表示如下:

$$\tilde{e} = e + \frac{K}{4\pi} E_0 \tag{4.71}$$

习　　题

4.1　什么是压电效应? 正压电效应? 逆压电效应?

4.2　压电材料可分为哪三类?

4.3　什么是自发极化、极化强度、极化系数?

4.4　机电耦合系数 K、机械品质因数 Q_m 和频率常数 N 的定义、物理意义。

4.5　压电方程是如何推导的?

4.6　压电方程有几类边界条件和几种表达形式?

第5章 磁致伸缩材料多场耦合力学理论及应用

5.1 磁致伸缩效应及原理

5.1.1 线性磁致伸缩效应(焦耳效应)

物质在磁场中被磁化时,其线性长度(尺寸)或形状发生变化的现象称为磁致伸缩现象。磁致伸缩材料有多种物理效应。

1842 年,焦耳(Joule)将铁丝放在磁场中磁化,观察到铁丝的长度发生变化。其变化的分数$(\Delta l/l)_m$是由磁场引起的,l 为原始长度,Δl 为变形的长度。为了和应力引起的应变$(\Delta l/l)_\sigma$区别开来,用 $\varepsilon = (\Delta l/l)_m$ 表示磁致伸缩应变。ε 值随磁场的增大而增加,如图 5.1 所示。H_s 称为饱和磁场,ε_s 称为线性饱和磁致伸缩应变,也称饱和磁致伸缩系数,或简称饱和磁致伸缩(本书中用符号"ε_s"表示)。大部分物质的 ε_s 很小,其数量级为 $10^{-6} \sim 10^{-8}$。部分强磁性物质的 ε_s 可达$(50 \sim 2\,000) \times 10^{-6}$,甚至更高,这类材料称为磁致伸缩材料。

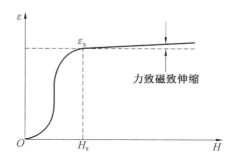

图 5.1 物质的磁致伸缩系数与磁场变化的关系

焦耳效应的物理本质是:强磁性物质在磁场作用下,内部产生畴壁位移与转动。畴壁位移与畴转均会引起原子轨道磁矩和自旋磁矩的交换耦合作用的变化,从而导致磁弹性能的变化。在磁弹性能最低的方向,相邻原子间距发生最大的位移,在宏观上表现为磁致伸缩应变。也就是说,在磁场的驱动下,物质磁畴结构的变化引起内部磁化强度(或磁通)的变化,并产生相应的线性应变。

磁致伸缩材料在磁场作用下,其畴结构发生变化,引起位移和应变,这说明磁致伸缩材料具有将磁能转化为机械能的功能特性。

后来的实验发现,物质磁化到饱和磁场 H_s 后,进一步增加磁化磁场,使磁化磁场远大于饱和磁场 H_s,即 $H \gg H_s$ 时(图 5.1),物质发生力致磁致伸缩效应。它是由体积磁致

伸缩 $\varepsilon_v = \Delta V/V$ 引起的, ε_v 的数值很小,约为 10^{-10}。体积磁致伸缩效应 ε_v 是由磁性原子间电子的直接交换能变化引起的。

5.1.2 维拉里效应

1865 年,维拉里(Villari)首先发现强磁性物质在应力的作用下,其磁化强度或磁通会发生变化。热力学分析证明,由应力引起的磁感应强度 B 对应力的变化率 $(\mathrm{d}B/\mathrm{d}\sigma)_H$ 与磁场引起的磁致伸缩应变对磁场 H 的变化 $(\mathrm{d}\varepsilon/\mathrm{d}H)_\sigma$ 是相等的。维拉里效应的本质是:应力和磁场一样可使强磁性物质的磁畴结构发生变化。此时若在棒状强磁体的外面缠有线圈,由于线圈内的磁通发生变化,在线圈内感应产生电动势或电流。这就说明维拉里效应具有将机械能转变为电磁能的功能特性。

5.1.3 魏德曼效应

1862 年,魏德曼(Weidemann)发现沿管状或棒状强磁体的轴向通电流(此电流沿管状强磁体产生一个环形磁场),再在其轴向施加一个磁场,则环形磁场与轴向磁场会发生向量叠加,并产生一个与管状强磁体的轴向呈一定角度(如 45°)的扭转磁场,从而会使管状或棒状磁体产生一个扭转应变,此效应称为魏德曼效应。魏德曼效应的本质是:管状强磁体在扭转磁场的作用下,其磁畴结构沿扭转磁场发生变化,产生扭转式应变。这说明魏德曼效应具有将扭转磁场(磁能)转化为扭转应变(机械能)的功能特性。

5.1.4 魏德曼效应逆效应

当给管状强磁性磁体施加一个与轴向呈一定角度的扭转力矩时,在扭转力矩的作用下,其内部的畴结构将沿扭转力矩的方向重新排列,从而沿扭转力矩的方向发生磁化强度或磁通的变化,这种现象称为魏德曼效应逆效应。此时若强磁性管状磁体外缠有线圈,则线圈会产生感应电动势或感应电流。这说明魏德曼效应逆效应具有将扭转力矩(机械能)转化为磁能的功能特性。

5.1.5 阻尼效应

磁致伸缩材料在磁场中磁化时,要同时发生畴壁运动以及应力与应变。无论是磁畴运动还是应力与应变的发生,它们都不会是同步的,也不会是完全可逆的。同时,应力还会改变材料的微观结构及缺陷形态,增加它们的不可逆性。因此,无论是在动态磁场还是动态应力作用下,磁致伸缩材料都会吸收能量,将这部分能量转化为热能,造成能量的损耗,这种现象称为阻尼效应。

5.1.6 ΔE 效应

强磁性磁体在不同状态下,其应力－应变曲线是不同的,如图 5.2 所示。其中曲线 1 是已经磁化到饱和的强磁体(或非强磁体)的应力－应变曲线。由于磁体已经磁化到饱和状态,应力不会引起磁畴结构的变化,也就是应力不会引起磁矩和磁通的变化,也不会产生由应力引起的磁致伸缩应变。这时应力－应变曲线是在弹性变形范围内的一条直

线。此时,其弹性模量 E_n 为

$$E_n = \frac{\sigma}{(\Delta l/l)_\sigma} \tag{5.1}$$

式中,$(\Delta l/l)_\sigma$ 为完全由应力引起的应变。

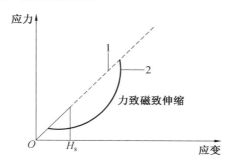

图 5.2　强磁性磁体的应力－应变曲线示意图
1— 已磁化到饱和状态的强磁体应力－应变曲
线;2— 未磁化的强磁体的应力－应变曲线

对于未磁化的强磁体,在应力作用下,其应变由两部分组成,一部分是由应力引起的应变$(\Delta l/l)_\sigma$;另一部分是由应力引起磁畴结构变化,即磁化强度变化引起的应变,称为应力感生的磁致伸缩应变$(\Delta l/l)_m$,如图 5.2 中曲线 2,此时强磁体的弹性模量为

$$E_m = \frac{\sigma}{(\Delta l/l)_\sigma + (\Delta l/l)_m} \tag{5.2}$$

显而易见,未经磁化的强磁体的弹性模量要比已磁化到饱和强磁体(或非强磁体)的弹性模量 E_n 小,即 $E_m < E_n$,则 $\Delta E = E_n - E_m$,称为 ΔE 效应。显然,ΔE 效应是由线磁致伸缩应变引起的一种弹性反常效应。因为强磁体的矫顽力不同(即容易磁化的程度不同),所以不同强磁体的应力－应变曲线是不同的,也就是它们的 ΔE 效应也不同。利用 ΔE 效应可以制造埃林瓦合金,也可用具有埃林瓦效应的材料来制造磁弹性延迟线(magneto－elastic delays line)。

5.1.7　拉胀效应

随着新材料的不断出现,还将不断出现一些新物理效应。例如,21 世纪初发展起来的新型 Fe－Ga 磁致伸缩材料有很大的拉胀效应(auxetic effect)。

5.1.8　磁致伸缩效应的唯象理论

设坐标轴 x、y、z 与立方晶系的[100]、[010]、[001] 轴一致,则根据自由能极小原理和晶体的对称性,立方晶系单晶体的磁致伸缩的表达式为

$$\varepsilon = \varepsilon^a + (3/2)\varepsilon_{100}(\alpha_x^2\beta_x^2 + \alpha_y^2\beta_y^2 + \alpha_z^2\beta_z^2 - 1/3) +$$
$$3\varepsilon_{111}(\alpha_x\alpha_y\beta_x\beta_y + \alpha_y\alpha_z\beta_y\beta_z + \alpha_z\alpha_x\beta_z\beta_x) \tag{5.3}$$

式中,α_x,α_y,α_z 表示磁化强度的方向余弦;β_x,β_y,β_z 表示测量方向的方向余弦;ε^a 为不随磁化强度方向变化的形变;ε_{100} 和 ε_{111} 分别为〈100〉和〈111〉方向的磁致伸缩。

对于磁致伸缩是各向同性的铁磁材料,$\varepsilon_{100}=\varepsilon_{111}=\varepsilon$,忽略不随磁化强度方向变化的形变 ε^a 时,式(5.3)可以简化为

$$\varepsilon = (3/2)\varepsilon_s(\cos^2\theta - 1/3) \tag{5.4}$$

式中,θ 为磁化方向与磁致伸缩测量方向之间的夹角,如图5.3所示;$\cos\theta=(\alpha_x\beta_x+\alpha_y\beta_y+\alpha_z\beta_z)$;$\varepsilon_s$ 为饱和磁致伸缩。当 $\theta=0°$ 时,$\varepsilon=\varepsilon_s$,即是沿磁场方向的饱和磁致伸缩。式(5.4)适用于磁致伸缩为各向同性的材料。对于磁致伸缩为各向异性,但晶粒取向混乱的多晶材料,也可近似应用式(5.3)计算材料的磁致伸缩。但 ε 代表多晶体某一方向上的各个晶粒的磁致伸缩的平均值。图5.4为应用式(5.3)计算得到的镍多晶的饱和磁致伸缩与 θ 角之间的关系曲线,可见计算结果与实验值符合较好。

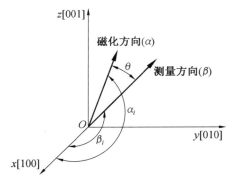

图 5.3   磁化方向与磁致伸缩测量方向之间的夹角

忽略不随磁化强度方向变化的形变 ε^a 时,可以证明,多晶体的饱和磁致伸缩 ε_s 与其单晶体的磁致伸缩 ε_{100} 和 ε_{111} 具有如下关系:

$$\varepsilon_s \approx (2/5)\varepsilon_{100} + (3/5)\varepsilon_{111} \tag{5.5}$$

现证明如下。考虑多晶体的每一晶粒为一单晶体,每一晶粒的磁致伸缩测量方向与其磁化方向是一致的,即 $\alpha_i=\beta_i(i=x,y,z)$。忽略不随磁化强度方向变化的形变 ε^a 时,由式(5.3)可知,每一晶粒的磁致伸缩可以表示为

$$\varepsilon = (3/2)\varepsilon_{100}(\alpha_x^4+\alpha_y^4+\alpha_z^4-1/3) + 3\varepsilon_{111}(\alpha_x^2\alpha_y^2+\alpha_y^2\alpha_z^2+\alpha_z^2\alpha_x^2) \tag{5.6}$$

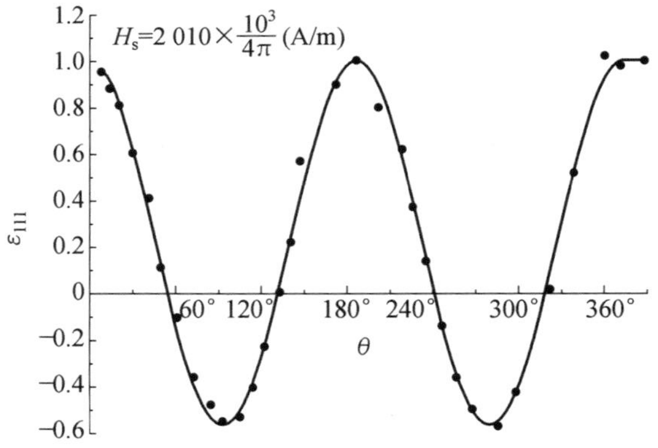

图 5.4   镍多晶的饱和磁致伸缩与 θ 角之间的关系曲线

因为
$$\alpha_x^2 + \alpha_y^2 + \alpha_z^2 = 1 \tag{5.7}$$
$$(\alpha_x^2 + \alpha_y^2 + \alpha_z^2)^2 = (\alpha_x^4 + \alpha_y^4 + \alpha_z^4) + 2(\alpha_x^2\alpha_y^2 + \alpha_y^2\alpha_z^2 + \alpha_z^2\alpha_x^2) \tag{5.8}$$
所以
$$(\alpha_x^4 + \alpha_y^4 + \alpha_z^4) = 1 - 2(\alpha_x^2\alpha_y^2 + \alpha_y^2\alpha_z^2 + \alpha_z^2\alpha_x^2) \tag{5.9}$$
将式(5.9)代入式(5.6)，得
$$\varepsilon = \varepsilon_{100} + 3(\varepsilon_{111} - \varepsilon_{100})(\alpha_x^2\alpha_y^2 + \alpha_y^2\alpha_z^2 + \alpha_z^2\alpha_x^2) \tag{5.10}$$
将式(5.10)中的 α_x、α_y、α_z 用极坐标表示，$\alpha_x = \cos\phi\sin\theta$，$\alpha_y = \sin\phi\sin\theta$，$\alpha_z = \cos\theta$，其中 $0 \leqslant \phi \leqslant 2\pi$，$0 \leqslant \theta \leqslant \pi$，并代入式(5.10)，得
$$\varepsilon = \varepsilon_{100} + 3(\varepsilon_{111} - \varepsilon_{100})(\sin^4\theta\sin^2\phi\cos^2\phi + \sin^2\theta\cos^2\theta) \tag{5.11}$$
多晶体的饱和磁致伸缩 ε_s 是多晶体中整个区域 Ω 的各个晶粒在测量方向上的磁致伸缩的平均值，因而：
$$\varepsilon_s = [1/(4\pi)]\int\varepsilon d\Omega = [1/(4\pi)]\int_0^{2\pi}\int_0^\pi \varepsilon\sin\theta d\theta d\phi$$
$$= [1/(4\pi)]\int_0^{2\pi}\int_0^\pi \sin\theta[\varepsilon_{100} + 3(\varepsilon_{111} - \varepsilon_{100})\times$$
$$(\sin^4\theta\sin^2\phi\cos^2\phi + \sin^2\theta\cos^2\theta)]d\theta d\phi$$
$$= (2/5)\varepsilon_{100} + (3/5)\varepsilon_{111} \tag{5.12}$$
对于六角晶系的磁致伸缩，如设坐标轴 x、y、z 与六角晶系的 a、b、c 轴一致，则六角晶系单晶体的磁致伸缩为
$$\varepsilon_s = \varepsilon^{\alpha 1,0}(\beta_x^2 + \beta_y^2) + \varepsilon^{\alpha 2,0}\beta_z^2 + \varepsilon^{\alpha 1,2}(\alpha_z^2 - 1/3)(\beta_x^2 + \beta_y^2) + \varepsilon^{\alpha 2,2}(\alpha_z^2 - 1/3)\beta_z^2 +$$
$$\varepsilon^{\gamma,2}[(1/2)(\alpha_x^2 - \alpha_y^2)(\beta_x^2 - \beta_y^2) + 2\alpha_x\alpha_y\beta_x\beta_y] +$$
$$2\varepsilon^{\varepsilon,2}(\beta_x\alpha_x + \beta_y\alpha_y)\beta_z\alpha_z \tag{5.13}$$
式中，α_x、α_y、α_z 为磁化强度的方向余弦；β_x、β_y、β_z 为测量方向的方向余弦。$\varepsilon^{mi,n}$ 为单离子不可约磁弹性耦合常数，它们的物理意义是：$\varepsilon^{\alpha 1,2}$ 表示基面的膨胀；$\varepsilon^{\alpha 2,2}$ 表示沿 c 轴的膨胀，这两者不改变圆柱的对称性。$\varepsilon^{\gamma,2}$ 代表六角对称向菱形对称转变时的形变；$\varepsilon^{\varepsilon,2}$ 代表 c 轴方向的剪应变；$\varepsilon^{\alpha 1,0}$ 和 $\varepsilon^{\alpha 2,0}$ 都是与磁化强度的方向无关，只与反常热膨胀和交换磁致伸缩有关的形变。

许多研究者还根据能量极小原理对 $(\mathrm{Tb,Dy})\mathrm{Fe}_2$ 晶体的磁化过程和磁致伸缩进行了分析和计算。Jiles 和 Thoelke 根据畴转模型给出的单晶磁致伸缩计算公式如下：
$$\Delta\varepsilon = \sum_{i,f=1}^8 \Delta\varepsilon_{i,f} \times Z_i \tag{5.14}$$
其中
$$\Delta\varepsilon_{i,f} = \frac{3}{2}\varepsilon_{111}\sum_{i,f=1}^8 (\cos^2\theta_{f,j} - \cos^2\theta_{i,j})\cos^2\varphi_j +$$
$$3\varepsilon_{111}\sum_{j=1}^8 (\cos^2\theta_{f,j}\cos^2\theta_{f,j+1} - \cos^2\theta_{i,j}\cos^2\theta_{i,j+1})$$
$$\cos^2\phi_j\cos^2\phi_{j+1} \tag{5.15}$$
式中，$\Delta\varepsilon$ 为单晶体的磁致伸缩；$\Delta\varepsilon_{i,f}$ 为磁畴从初始角度 $\theta_{i,j}$ 转到最终角度 $\theta_{f,j}$ 所引起的磁

致伸缩;Z_i 为第 i 个磁畴的初始占有分数。应用式（5.14）和式（5.15）可计算 $Tb_{0.27}Dy_{0.73}Fe_2$ 化合物单晶体的磁致伸缩,磁畴从不同的初始$\langle 111 \rangle$方向转到$[112]$方向诱发的磁致伸缩如图 5.6 所示。可见磁畴从初始的$[11\bar{1}]$和$[\bar{1}11]$方向转到$[112]$方向所诱发的磁致伸缩最大,达到 $2\ 190 \times 10^{-6}$。

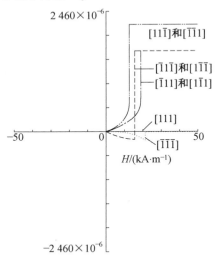

图 5.6　$Tb_{0.27}Dy_{0.73}Fe_2$ 单晶体的磁畴从不同的
初始$\langle 111 \rangle$方向转到$[112]$方向诱发的磁致伸缩
（施加的磁场沿$[112]$方向）

5.1.9　磁致伸缩效应的微观理论

1. 铁磁体的磁致伸缩微观理论

从自由能极小的观点来看,磁性材料的磁化状态发生变化时,其自身的形状和体积都要改变,因为只有这样才能使系统的总能量最小。磁性材料产生磁致伸缩的机制可以用下述原因来说明。

（1）自发磁致伸缩。

假想有一单畴的晶体,它在居里温度以上温度是球形的,当它自居里温度以上温度冷却下来以后,交换作用力使晶体自发磁化,与此同时,晶体也就改变了形状（图 5.7）,这就是"自发"的变形或磁致伸缩。从交换作用与原子距离的关系很容易说明自发磁致伸缩,交换积分 J 与 d/r_n 的关系是一曲线（Slater—Bethe 曲线,如图 5.8 所示）,其中 d 为近邻原子间的距离,r_n 为原子中未满壳层的半径。设球形晶体在居里温度以上原子间的距离为 d。当晶体冷至居里温度以下时,若距离仍为 d_1（相应于图 5.8 曲线上的"1"点）则交换积分为 J_1。若距离增至 d_2（相应于图 5.8 曲线上的"2"点）则交换积分为 $J_2(J_2 > J_1)$。交换积分越大则交换能越小。由于系统在变化过程中总是力图使交换能变小,所以球形晶体在从顺磁状态变到铁磁状态时,原子间的距离不会保持在 d_1 而必须变为 d_2,因此晶体的尺寸便增大了。同理,若某铁磁体的交换积分与 d/r_n 的关系是处在曲线下降一段上（如图 5.8 曲线上的"3"）,则该铁磁体从顺磁状态转变到铁磁状态时就会发生尺寸的收缩。

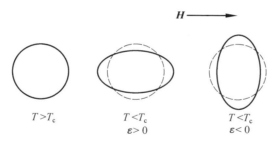

图 5.7　　自发形变的示意图

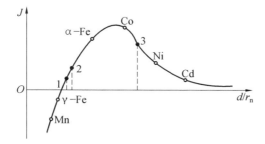

图 5.8　　交换积分与晶格原子结构的关系（Slate — Bethe 曲线）

（2）磁场诱发的磁致伸缩。

铁磁体在磁场的作用下会发生形状和体积的变化，并随着所加磁场的大小不同，形变也可以不同。当磁场比饱和磁化场 H_s 小时，样品的形变主要是长度的改变（线磁致伸缩），而体积几乎不变；当磁化场大于饱和磁场 H_s 时，样品的形变主要是体积的改变，即体积磁致伸缩。图 5.9 示出了铁的磁化曲线、磁致伸缩与磁场强度的关系。从图 5.9 可以看出，体积磁致伸缩在磁场大于饱和磁场 H_s 时才发生，这时样品内的磁化强度已大于自发磁化强度了。自发磁化强度的产生及变化是与交换作用有关的，所以体积磁致伸缩是与交换力有关的。从图 5.10 可见，线性磁致伸缩与磁化过程密切相关，目前，认为引起线性磁致伸缩的原因是轨道耦合和自旋轨道耦合相叠加的结果。

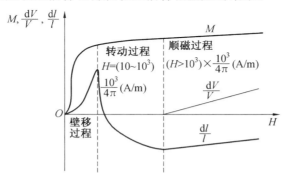

图 5.9　　铁的磁化曲线、磁致伸缩与磁场强度的关系
（M 为单位体积磁化强度，A/m）

在外磁场的作用下多畴磁体的磁畴要发生畴壁移动和磁畴转动，结果导致磁体尺寸发生变化。磁体磁畴在外磁场作用下发生转动引起磁体尺寸发生变化的示意图如图

5.10 所示。

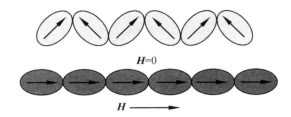

图 5.10 多畴磁体在外磁场的作用下由磁畴转动引起的尺寸变化示意图

（3）形状效应。

设一个球形的单畴样品，想象它的内部没有交换作用和自旋－轨道的耦合作用，而只有退磁能 $(1/2)N_m M_s^2 V$。为了降低退磁能，样品的体积 V 要缩小，并且在磁化方向上伸长以减小退磁因子 N_m，这便是形状效应，其数量比其他磁致伸缩要小。

（4）稀土离子超磁致伸缩的起源。

在稀土金属和合金或金属间化合物中，超磁致伸缩主要起源于稀土离子中局域的 4f 电子。由于 4f 电子受外界电子的屏蔽，所以轨道与自旋耦合作用比稀土离子和晶格场的作用要大 1～2 个数量级。与 3d 过渡族金属不同，稀土离子的轨道角动量并不冻结。

稀土离子的 4f 电子轨道是强烈的各向异性的，在空间某些方向伸展得很远，在另外一些方向上又收缩得很近。当自发磁化时，由于轨道与自旋耦合及晶格场的作用，4f 电子云在某些特定方向上的能量达到最低，这就是晶体的易磁化方向。大量稀土离子的"刚性"4f 轨道就是这样被"锁定"在某几个特定的方向上，引起晶格沿着这几个方向有较大的畸变，当施加外磁场时就产生了较大的磁致伸缩。

2. 磁致伸缩的原子模型

稀土铁化合物 RFe_2 属于 Laves 相化合物，具有立方 $MgCu_2$（C_{15}）型晶体结构。这种结构可看作由稀土原子和铁原子点阵穿插而成，铁原子位于四面体顶点，稀土原子为金刚石立方结构排列，如图 5.11(a) 所示。每个单胞由 24 个原子组成，其中 8 个稀土原子处于 8a 晶位，坐标为 $\left(000, \frac{1}{4}\frac{1}{4}\frac{1}{4}\right)$，16 个铁原子处于 16d 晶位，坐标为 $\left(\frac{3}{8}\frac{3}{8}\frac{5}{8}, \frac{3}{8}\frac{5}{8}\frac{3}{8}, \frac{5}{8}\frac{3}{8}\frac{3}{8}, \frac{5}{8}\frac{5}{8}\frac{5}{8}\right)$。原子所在的 $MgCu_2$ 型 RFe_2 化合物中每个 R 原子最近邻有 4R＋12Fe 原子，而每个 Fe 原子的最近邻为 6R＋6Fe 原子。在理想情况下，$MgCu_2$ 型 RFe_2 化合物中的 R 原子与 Fe 原子的尺寸如图 5.11(b) 所示。图中尺寸大的圆代表 R 原子，尺寸小的圆代表 Fe 原子。将 R 原子与 Fe 原子都看成为刚球，R 原子与 Fe 原子相互接触。当原子做最密排列时，最近邻 R－R 原子的距离为 $\frac{\sqrt{3}}{4}a$，最近邻 Fe－Fe 原子的距离为 $\frac{\sqrt{2}}{4}a$，最近邻 R－Fe 原子的距离为 $\frac{\sqrt{11}}{8}a$，其中 a 为 $MgCu_2$ 型 RFe_2 晶体的点阵常数，则 R 原子与 Fe 原子的半径比 $r_R/r_{Fe} = \frac{\sqrt{3}}{\sqrt{2}} = 1.225$，这也是 $MgCu_2$ 型 Laves 相存在

的几何条件。

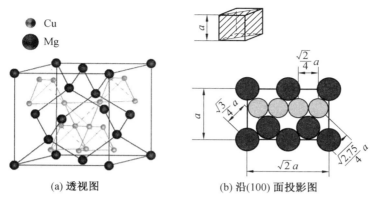

(a) 透视图　　　　　(b) 沿(100) 面投影图

图 5.11　立方 $MgCu_2$ 型 Laves 相化合物的晶体结构

因为在 $MgCu_2$ 型结构中有两个不等效四面体位置,它们使得沿 $\langle 111 \rangle$ 方向可以出现内部畸变,所以可以有大的 ε_{111} 值。图 5.12(a) 为 $TbFe_2$ 和其他含扁椭球形电荷分布的化合物的畸变情况。图 5.12 中只画出稀土原子在 $(0,0,0)$ 和 $(1/4,1/4,1/4)$ 上的两种不等效位置,它们分别用 A(或 A′) 和 B(或 B′) 表示。在图 5.12(a) 中,磁化沿 [111] 方向,则扁椭球形电子云 $(-e)$ 垂直于磁化轴。当只考虑静电库仑相互作用时,在 A 上的 4f 电子云离 B′ 原子的距离比离 B 原子的距离更近,从而 A—B 键拉长,结果是距离 a 的增大要大于距离 b 的减小,在 [111] 方向上产生一个正的磁致伸缩。相反,对于 4f 电荷密度分布为长椭球形的稀土化合物,如 $SmFe_2$、$ErFe_2$ 和 $TmFe_2$ 等,距离 a 的减小要大于距离 b 的增加,从而产生负的磁致伸缩。图 5.12(b) 给出易磁化轴在 [100] 方向的 $DyFe_2$ 和 $HoFe_2$ 的情况。磁化方向为 [100],4f 电子云与最邻近的稀土原子距离相等,所有的 A—B 键都是等价的并且呈高度对称性,因而无法因点电荷静电相互作用而产生磁致伸缩性内部畸变。

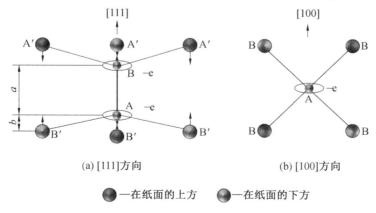

(a) [111] 方向　　　　　(b) [100] 方向

●—在纸面的上方　　　●—在纸面的下方

图 5.12　立方 Laves 相化合物的磁致伸缩模型

3. 磁致伸缩的单离子模型

磁致伸缩的唯象理论可以从宏观形变的角度解释铁磁体形态的变化,但无法解释产生磁致伸缩的微观机制。这就需要从晶体结构、磁性离子的占位和电子结构参数出发,来计算磁致伸缩的大小,以有目的地指导磁致伸缩材料的探索。目前对过渡金属、铁氧体和

稀土类材料的磁致伸缩,已有一些理论解释,其中较为成功的为单离子模型。按这一模型推导出的磁致伸缩与温度及磁场的关系为

$$\varepsilon(T,H)/\lambda(0,H) = I'_{L+1/2}(x) \tag{5.16}$$

式中,$I'_{L+1/2}(x) = I_{L+1/2}(x)/I_{1/2}(x)$,$I_{L+1/2}(x)$ 为 $L+1/2$ 阶双曲贝塞尔函数,$x = L^{-1}[m(T,H)]$ 是关于磁化强度的郎之万函数的反函数,$m = M(T)/M_s(0)$,$M(T)$ 和 $M_s(0)$ 分别为温度 T 和 0 K 时的饱和磁化强度。图 5.13 示出了应用式(5.12)计算得到的 $TbFe_2$ 单晶体的磁致伸缩随温度变化的曲线,可见计算值与实验值符合较好。

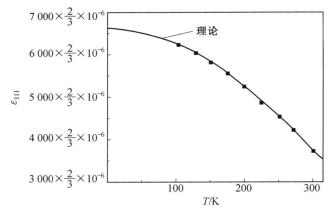

图 5.13 $TbFe_2$ 单晶体的磁致伸缩随温度变化的曲线

在单离子模型中,磁致伸缩和磁晶各向异性服从同样的温度关系,但它们可来源于不同轨道层次的作用。对于立方晶系,在最低级近似的对称多项式中,磁致伸缩和磁晶各向异性分别对应于 $l=2$ 和 $l=4$ 级的贡献。根据这一规律,可通过调整材料成分得到磁致伸缩系数较大,但磁晶各向异性较小的材料,如成分为 $Tb_{0.27} Dy_{0.73} Fe_2$(Terfenol-D)的材料。在六角晶系中,由于磁致伸缩和磁晶各向异性均来自 $l=2$ 级的对称多项式,当磁致伸缩系数较大时,相应的磁晶各向异性亦较大。Stevens 发现稀土金属的内禀磁致伸缩:

$$\varepsilon \propto \kappa J(J-1/2)r_f^2 \tag{5.17}$$

式中,κ 为最低级的 Stevens 常数;J 是基态角量子数;r_f 是 4f 电子壳层的平均半径。当忽略电子的屏蔽效应,以 $TbFe_2$ 的磁致伸缩为参考标准时,可得到的 RFe_2 型化合物在 0 K 下磁致伸缩的计算值及在室温下磁致伸缩的实验值,结果见表 5.1。

表 5.1 RFe_2 型化合物在 0 K 下磁致伸缩的计算值及在室温下磁致伸缩的实验值

R	κ	J	r_f^2	ε 0 K,计算值	室温,实验值
Ce	-5.72×10^{-2}	5/2	1.20	$6\,000 \times 10^{-6}$	—
Pr	-2.10×10^{-2}	4	1.086	$5\,600 \times 10^{-6}$	—
Nd	0.643×10^{-2}	9/2	1.001	$2\,000 \times 10^{-6}$	—
Pm	0.772×10^{-2}	4	0.942	$-1\,800 \times 10^{-6}$	—
Sm	4.13×10^{-2}	5/2	0.883	$-3\,200 \times 10^{-6}$	$-2\,100 \times 10^{-6}$

R	κ	J	r_f^2	ε	
				0 K,计算值	室温,实验值
Eu	0	0	0.834	0	—
Gd	0	7/2	0.758	0	—
Tb	-1.01×10^{-2}	6	0.756	$4\,400 \times 10^{-6}$	$2\,460 \times 10^{-6}$
Dy	-0.635×10^{-2}	15/2	0.726	$4\,200 \times 10^{-6}$	$1\,260 \times 10^{-6}$
Ho	-0.222×10^{-2}	8	0.696	$-1\,600 \times 10^{-6}$	$(185\ 或\ 200) \times 10^{-6}$
Er	-0.254×10^{-2}	15/2	0.666	$-1\,500 \times 10^{-6}$	-300×10^{-6}
Tm	1.01×10^{-2}	6	0.639	$-3\,700 \times 10^{-6}$	-210×10^{-6}
Yb	3.18×10^{-2}	7/2	0.613	$-3\,600 \times 10^{-6}$	—

5.2　磁致伸缩效应的影响因素

从微观角度来看,材料的磁致伸缩主要来源于交换作用、晶场和自旋－轨道耦合作用、磁偶极相互作用等。从宏观角度来看,磁致伸缩是材料内部的磁畴在外磁场作用下发生转动的结果。压力、温度和合金的成分可以改变材料内部磁畴的分布和运动状态,因而对合金的磁致伸缩具有较大的影响。

5.2.1　外应力对磁致伸缩的影响

铁磁体在受到外应力作用时,磁体将产生相应的应变。这时晶体的能量除了由于自发形变而引起的磁弹性能外,还存在着由外应力作用而产生的非自发形变的磁弹性能,即磁弹性应力能。经推导表明,铁磁体受到应力作用可归结为在自发形变的磁晶各向异性能上再叠加了一项与应力作用有关的磁弹性能 F_σ。可见外应力对铁磁体的磁晶各向异性的影响是在原来的磁晶各向异性能 F_K 上再叠加一项与应力有关的各向异性能 F_σ。应力各向异性能 F_σ 可表示为

$$F_\sigma = -(3/2)\sigma[\varepsilon_{100}(\alpha_1^2\gamma_1^2 + \alpha_2^2\gamma_2^2 + \alpha_3^2\gamma_3^2) +$$
$$3\varepsilon_{111}(\alpha_1\alpha_2\gamma_1\gamma_2 + \alpha_2\alpha_3\gamma_2\gamma_3 + \alpha_3\alpha_1\gamma_3\gamma_1)] \tag{5.18}$$

式中,α_1、α_2、α_3 表示磁化强度的方向余弦;γ_1、γ_2、γ_3 表示应力的方向余弦。

如果 $\varepsilon_{100} = \varepsilon_{111} = \varepsilon_s$ 时,则有

$$F_\sigma = -(3/2)\varepsilon_s\sigma\cos^2\theta \tag{5.19}$$

式中,θ 为应力 σ 方向(γ_1,γ_2,γ_3)与饱和磁化强度 M_s 方向(α_1,α_2,α_3)间的夹角,所以 $\cos^2\theta = \alpha_1\gamma_1 + \alpha_2\gamma_2 + \alpha_3\gamma_3$。

根据式(5.19)所表示的磁弹性能,可以进一步定性地了解磁弹性能的物理意义。由 θ 角所代表的角度,可知对于 $\varepsilon_s > 0$ 的材料,受到的应力为张应力($\sigma > 0$)时,张应力使磁畴中的自发磁化强度矢量 $\boldsymbol{M}_s$ 的方向取平行或反平行于应力 σ 的方向,如图 5.14 所示。

因为当 $\theta = 0°$ 或 $180°$ 时，磁弹性能 F_σ 取得最小值，如图 5.14(b) 所示。同理，对于 $\varepsilon_s < 0$ 的材料，受到的应力为压应力($\sigma < 0$) 时，将使自发磁化强度矢量 $\mathbf{M}_s$ 的方向取平行或反平行于应力 σ 的方向，如图 5.14(c) 所示。如材料的 $\varepsilon_s > 0$，受到的应力为压应力($\sigma < 0$) 时，则 $\varepsilon_s \sigma < 0$，应力使自发磁化强度矢量 $\mathbf{M}_s$ 的方向取垂直于应力 σ 的方向(即 $\theta = 90°$ 或 $270°$)，如图 5.14(d) 所示。对材料的 $\varepsilon_s < 0$，受到的应力为张应力($\sigma > 0$) 时，同样 $\varepsilon_s \sigma < 0$，应力使自发磁化强度矢量 $\mathbf{M}_s$ 的方向取垂直于应力 σ 的方向，如图 5.14(e) 所示。

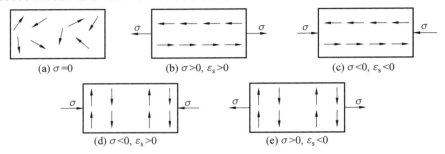

图 5.14　应力方向与自发磁化强度矢量 $\mathbf{M}_s$ 的取向

由此可见，应力对磁化强度的方向将产生影响，使得磁化强度的方向不能任意取向。如果只有应力的作用，则视磁致伸缩常数的不同，磁化强度必须在与应力平行或垂直的方向上。这种由于应力而造成的各向异性称为应力各向异性，在改善材料的磁性时，这种效应也是必须要仔细考虑的。

图 5.15 示出了在张应力作用下坡莫合金(68%Ni) 和镍的磁化曲线。根据应力各向异性的概念，很容易理解图 5.15 中张应力使坡莫合金(68%Ni) 容易磁化，但是却难以使镍磁化的实验事实了。因为坡莫合金的 $\varepsilon_s > 0$，故张应力将使其磁化强度沿着张应力的方向，即张应力的方向是易磁化方向，所以在此方向上容易磁化。同理，镍的 $\varepsilon_s < 0$，张应力将使其磁化强度垂直于张应力的方向，那么在张应力的方向磁化就困难了，即与其他方向相比，在同样的磁场下得到的磁化强度较小。

5.2.2　温度对磁致伸缩的影响

由单离子模型建立的磁致伸缩与温度的关系可以发现 RFe_2 化合物的磁致伸缩随温度的增加而逐渐降低。由于 RFe_2 化合物中的稀土亚点阵的磁矩随温度的升高而降低，因此 RFe_2 化合物的磁致伸缩下降。

Levitin 和 Markosyan 认为，$R'_x R''_{1-x} M_2$(R' 和 R'' 为不同的稀土元素，M 为过渡族元素) 化合物的磁致伸缩可表示为

$$\varepsilon_{111}(x, T) = x\varepsilon_{111}^{R'}(0) \cdot I'_{5/2}[L^{-1}(m_{R'}(T))] + (1-x)\varepsilon_{111}^{R''}(0) \cdot I'_{5/2}[L^{-1}(m_{R''}(T))]$$

$$(5.20)$$

式中，$\varepsilon_{111}^{R'}(0)$ 和 $\varepsilon_{111}^{R''}(0)$ 分别为 0 K 下 $R'M_2$ 和 $R''M_2 \langle 111 \rangle$ 方向的磁致伸缩；$m_{R'}$ 和 $m_{R''}$ 为 R' 和 R'' 的磁化强度；$I'_{5/2}$ 为约化的双曲贝塞尔函数；L^{-1} 为郎之万函数的反函数。他们应用式(5.15) 计算了 $Tm_x Tb_{1-x} Co_2$ 化合物的磁致伸缩，计算结果与实验值符合较好，如图 5.16 所示。同时应用式(5.15) 还可对磁致伸缩与温度反常的关系进行解释。$TmCo_2$ 和

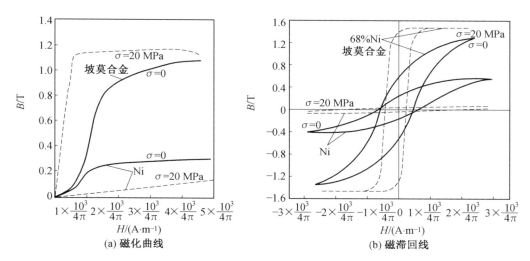

(a) 磁化曲线　　　　　　　　　　　(b) 磁滞回线

图 5.15　在张应力作用下坡莫合金(68％ Ni) 和镍的磁化曲线以及磁滞回线

(测量时最大磁场强度为$\dfrac{2 \times 10^4}{4\pi}$A/m))

$\mathrm{TbCo_2}$ 磁致伸缩的符号相反,数值又是同一数量级的。在较高温度下,由于 $\mathrm{TbCo_2}$ 的居里温度较高,磁致伸缩较大,其对 $\mathrm{Tm}_x\mathrm{Tb}_{1-x}\mathrm{Co_2}$ 化合物的磁致伸缩贡献较大;随着温度的降低,$\mathrm{TmCo_2}$ 化合物的磁致伸缩迅速增加,对 $\mathrm{Tm}_x\mathrm{Tb}_{1-x}\mathrm{Co_2}$ 化合物的磁致伸缩贡献亦迅速增大。具有不同的磁致伸缩符号和不同的温度关系之间的竞争结果导致化合物的磁致伸缩在某一温度下出现一个峰值,而不是单调减少的关系。

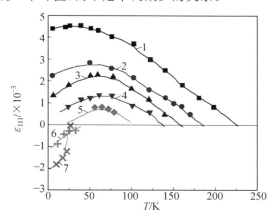

图 5.16　$\mathrm{Tm}_x\mathrm{Tb}_{1-x}\mathrm{Co_2}$ 化合物的磁致伸缩 ε_{111} 与温度的关系

1—$x = 0$;2—$x = 0.3$;3—$x = 0.4$;4—$x = 0.5$;

5—$x = 0.6$;6—$x = 0.7$;7—$x = 0.8$

温度的变化还对 $\mathrm{RFe_2}$ 化合物的易磁化方向具有较大影响。 图 5.17 所示为 $\mathrm{Tb}_{1-x}\mathrm{Ho}_x\mathrm{Fe_2}$ 化合物的自旋再取向图。从图 5.17 可见,$\mathrm{Tb}_{1-x}\mathrm{Ho}_x\mathrm{Fe_2}$ 化合物当 $x=0.8$ 时在温度低于 200 K 时的易磁化方向为〈110〉方向,当温度高于 200 K 时,其易磁化方向变为〈111〉方向,成分 x 增加易磁化方向变为〈100〉方向。当易磁化方向为〈111〉方向时,$\mathrm{Tb}_{1-x}\mathrm{Ho}_x\mathrm{Fe_2}$ 化合物〈111〉方向的磁致伸缩远大于〈100〉方向的磁致伸缩,因而

$Tb_{1-x}Ho_xFe_2$ 化合物材料应在 200 K 以上温度工作。

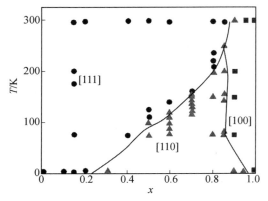

图 5.17　$Tb_{1-x}Ho_xFe_2$ 化合物的自旋再取向图

5.2.3　合金成分对磁致伸缩的影响

　　合金的成分直接影响到化合物的磁矩、居里温度和磁晶各向异性,因而对磁致伸缩也具有重要的影响。当温度一定时,$R'_xR''_{1-x}M_2$ 化合物的磁致伸缩 $\varepsilon_{111}(x,T)$ 可由式(5.15)计算。分析发现,$R'_xR''_{1-x}M_2$ 化合物的磁致伸缩 $\varepsilon_{111}(x,T)$ 只由 $\varepsilon_{111}^{R'}(0)$、$\varepsilon_{111}^{R''}(0)$、$m_{R'}$、$m_{R''}$ 和 x 所决定。当 R' 和 R'' 一定时,$\varepsilon_{111}^{R'}(0)$、$\varepsilon_{111}^{R''}(0)$、$m_{R'}$ 和 $m_{R''}$ 都为常数,$R'_xR''_{1-x}M_2$ 化合物的磁致伸缩 $\varepsilon_{111}(x,T)$ 只是成分 x 的函数,由式(5.15)可知与成分呈线性关系。图 5.18 示出了 $R'_xR''_{1-x}M_2$ 化合物磁致伸缩 ε_{111} 的部分实验结果,表明 $R'_xR''_{1-x}M_2$ 化合物磁致伸缩 ε_{111} 与成分 x 呈线性关系。

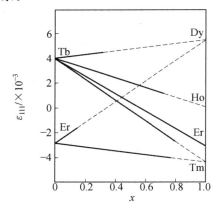

图 5.18　$R'_xR''_{1-x}M_2$ 化合物的磁致伸缩 ε_{111} 与成分 x 的关系
（实线为实验值,虚线为外推值）

　　采用 X 射线衍射技术测试得到的 $Tb_{1-x}Dy_xFe_2$ 化合物单晶的磁致伸缩 ε_{111} 与成分 x 的关系如图 5.19 所示。当 $x<0.7$ 时,$Tb_{1-x}Dy_xFe_2$ 化合物的磁致伸缩 ε_{111} 与成分 x 呈线性关系;当 $x\geqslant0.8$ 时,$Tb_{1-x}Dy_xFe_2$ 化合物的磁致伸缩 ε_{111} 等于零。这是因为成分在 $0.7\sim0.8$ 范围内,$Tb_{1-x}Dy_xFe_2$ 化合物的易磁化方向发生了变化,导致 $Tb_{1-x}Dy_xFe_2$ 化合物的磁致伸缩 ε_{111} 与成分 x 偏离了线性关系。图 5.20 示出了 $Tb_{1-x}Dy_xFe_2$ 化合物多晶样

品的磁致伸缩($\varepsilon_{//} - \varepsilon_{\perp}$)与成分 x 的关系曲线,发现磁致伸缩($\varepsilon_{//} - \varepsilon_{\perp}$)在 $x = 0.7$ 时呈现出一个峰值,尤其是在 7.96×10^5 A/m(10 kOe)的磁场下,峰值更加明显,反映出在此成分时化合物的磁晶各向异性较小。

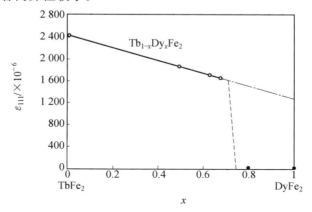

图 5.19　室温下 $Tb_{1-x}Dy_x Fe_2$ 化合物单晶的磁致伸缩 ε_{111} 与成分 x 的关系

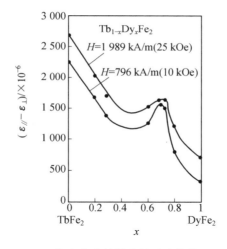

图 5.20　室温下 $Tb_{1-x}Dy_x Fe_2$ 化合物多晶样品的磁致伸缩($\varepsilon_{//} - \varepsilon_{\perp}$)与成分 x 的关系

近年来,研究者发现 Fe—Ga 体心立方单晶体合金在低磁场下的磁致伸缩达 350×10^{-6} 并且单晶体的磁致伸缩与合金成分有很大关系。相关文献认为 Fe—Ga 体心立方单晶体合金的磁致伸缩 ε_{100} 与合金中镓含量的关系可以由下式表示:

$$\varepsilon_{100}(X_{Ga}) = \varepsilon_{100}(0) \frac{(c_{11} - c_{12})(0)}{[c_{11} - c_{12}](X_{Ga})} \left[(1 - X_{Ga})^2 + X_{Ga}^2 \frac{\delta B_1}{B_1(0)} \right] \quad (5.21)$$

式中,$\varepsilon_{100}(0)$ 为合金不含镓时的磁致伸缩;c_{11} 和 c_{12} 为弹性常数,其中 $1/2(c_{11} - c_{12})$ 表示切变弹性常数;X_{Ga} 为合金的镓含量;B_1 为合金的磁弹性耦合常数。式(5.21)第一项表示由于镓固溶于体心立方的铁中导致合金的切变弹性常数($c_{11} - c_{12}$)发生变化引起的磁致伸缩增加。第二项中的 δB_1 表示由于镓固溶于体心立方的铁中形成的镓原子对引起的磁弹性耦合常数变化,它与镓含量的平方成正比,即 $\delta B_1(X_{Ga}) \propto X_{Ga}^2$。

图 5.21 示出了由式(5.21)计算得到的 Fe—Ga 体心立方单晶体合金的磁致伸缩 ε_{100}

与合金镓含量的关系曲线,这里取 $\delta B_1(X_{Ga})/\delta B_1(0) \approx 50$;图 5.21 中还示出了相应的实验数据。这表明应用式(5.21)计算得到的 Fe—Ga 体心立方单晶体合金的磁致伸缩 ε_{100} 基本与实验数据符合。

此外,合金的成分对组织和制备工艺也有影响,因而也影响到合金的磁致伸缩。

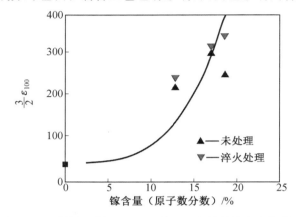

图 5.21　计算得到的 Fe—Ga 体心立方单晶体合金的磁致伸缩 ε_{100} 与合金镓含量的关系曲线及其实验值

5.3　磁致伸缩材料的本构关系及应用

5.3.1　磁致伸缩与磁状态变化的关系

物质的磁致伸缩效应是由其磁状态变化引起的。下面用一个球状单晶铁磁体磁状态变化引起的磁致伸缩效应来说明。

1.直接交换作用能引起的磁致伸缩应变

图 5.22 所示为球状单晶铁磁体,其晶体取向如箭头所示。假定〈100〉为易磁化方向, $\varepsilon_{100} > \varepsilon_{111}$,当温度在居里温度以上($T > T_c$)时,原子热运动能 $E_{热}$ 较大,相邻原子磁矩 μ_J 间彼此不存在直接交换耦合相互作用,因此相邻原子磁矩是无序排列的。当温度降低到居里点 T_c 或 T_c 以下时,对 3d 过渡族金属来说,相邻原子 3d 电子云重叠,相邻 3d 电子以 $10^8 \ \mathrm{s}^{-1}$ 的频率交换位置。它与交换积分常数 A 成正比,并与交换积分常数 A 和原子间距 d 与 3d 电子云半径 r_{3d} 比有关。在 $T > T_c$ 时,$E_{ex} \approx 0$;在 $T < T_c$ 时,$E_{ex} \approx 0$,即增加一项能量(交换能)E_{ex}。A 越大,E_{ex} 越小。交换能是各向同性的,根据能量最小的原理,为了降低交换能,铁磁体的原子间距 a 自发增加,也就是说,铁磁体 $T < T_c$ 时,会产生体积膨胀现象,如图 5.22(b)所示,即产生体积磁致伸缩 $\varepsilon_v = \dfrac{\Delta V}{V}$。对多数金属与合金交换作用引起的体积伸缩效应 ω 很小,其数量级为 $10^{-11} \sim 10^{-13}$。但某些合金,例如因瓦(lnvar)合金,如 36%Ni—Fe 合金的 ε_v 可达到 30×10^{-6}。当合金具有负磁致伸缩效应时,并且当 $T < T_c$ 时,产生负体积磁致伸缩,即 ε_v 为负,其原理与正体积磁致伸缩应变相同。

在交换能的作用下,球状单晶体会自发磁化到饱和,称为自发磁化。根据磁畴理论,

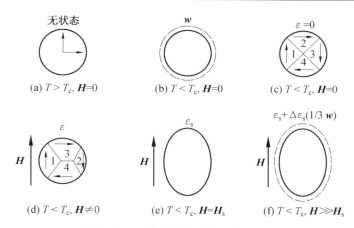

图 5.22　球状单晶铁磁状态与磁致伸缩

如果球状单晶体自发磁化到饱和,它会产生磁极。有磁极就会有退磁场,而产生退磁场能 E_d,为了降低退磁场能,球状单晶体会自发分成磁畴,如图 5.22(c) 所示。图 5.22(b) 和图 5.22(c) 所示磁致伸缩是同时产生的。当外磁场为零时,图 5.22(c) 中磁畴 1、2、3 和 4 的体积相等,形成闭合回路,不产生磁极,处于热退磁状态,$\varepsilon = 0$。

2. 外磁场中磁化产生的线性磁致伸缩应变

如图 5.22(d) 所示,沿箭头方向施加磁场团时,第 1 个磁畴的静磁能($-\mu_0 M_s H$)最小,第 2 个磁畴的静磁能($\mu_0 M_s H$)最大,第 3、4 个磁畴的静磁能($-\mu_0 M_s H \cos \theta$)介于中间。说明在外磁场作用下,第 1 个磁畴要长大,第 2、3、4 个磁畴要缩小,其中第 2 个磁畴缩小速度最大。这种磁畴的缩小与长大,是通过 90° 畴壁的位移来实现的。这时球状单晶体的线性磁致伸缩应变 ε 随外磁场的增加而增加,说明线性磁致伸缩应变 ε 是非 180° 畴壁位移的结果。

3. 力致磁致伸缩应变

如图 5.22(e) 所示,当外磁场增加到 H_s 时,通过畴壁位移,第 1 个磁畴吞并其他 3 个磁畴,即磁化到饱和,也就是说,当外磁场增加到 H_s 时,球状单晶体 ε 也达到 ε_s。尽管 ε 已达到 ε_s,但由于温度仍然远高于 0 K,此时原子还有热运动,原子的热运动能使其原子磁矩,不可能完全平行于外磁场方向,也就是在磁场增加到 $H = H_s$ 时,球状单晶铁磁体的原子磁矩 μ_J,还是分布在朝向磁场方向的一个立体角的范围内。在此情况下,当把外磁场进一步大大地增加到 $H \gg H_s$ 时,超大的静磁场能进一步克服热运动能,迫使原子磁矩之间的交换作用能 E_{ex} 进一步降低,从而使原子磁矩朝磁场方向的分布角降低,使材料的饱和磁化强度 M_s 升高 ΔM_s,称为 ΔM_s 效应。这一效应是由交换能引起的,因此实现体积磁致伸缩效应 ε_v,此效应对线性磁致伸缩应变的贡献是 $1/3\varepsilon_v$。此线性磁致伸缩应变又称为力致磁致伸缩应变,如图 5.22(f) 所示。

5.3.2　多晶材料线致磁致伸缩应变 ε_s 的表述

设有一个球状非取向多晶铁磁体,从宏观上来说,ε_s 是各向同性的。设 ε_s 是正的,未磁化前此球体的半径为 r_0,此球体在磁场中,沿 x 轴方向磁化到饱和(图 5.23)。由于线磁致伸

缩效应,它会变成一个旋转椭球体。椭球体的长轴为 a,短轴为 b,沿磁场方向的伸长为

$$\Delta l_s = a - r_0$$

沿平行磁场方向和与磁场成 θ 角方向的平均线磁致伸缩应变分别为

$$
\begin{cases}
\bar{\varepsilon}_s = \dfrac{a - r_0}{r_0} = \dfrac{\Delta l_s}{r_0} \\[2mm]
\bar{\varepsilon}_\theta = \dfrac{r_\theta - r_0}{r_0} = \dfrac{\Delta l_\theta}{r_0}
\end{cases}
\tag{5.22}
$$

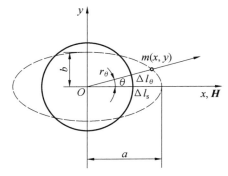

图 5.23　多晶非取向球体磁致伸缩变形示意图和相变参数

图 5.23 表明,该球体的线性磁致伸缩应变是随方向即随 θ 角而变化的,下面求 $\bar{\varepsilon}_s$ 和 $\bar{\varepsilon}_\theta$ 与 θ 角的关系。

设坐标原点在球体中心,也就是在椭球体的中心。磁致伸缩变形后,在椭圆上的 m 点的坐标为 (x, y),随 θ 角变化时,$m(x, y)$ 的轨迹应遵循椭圆的公式,即

$$\frac{x^2}{a^2} + \frac{y^2}{b^2} = 1$$

式中,$x = r_\theta \cos\theta$,$y = r_\theta \sin\theta$,代入上式,并简化后得

$$r_\theta = b\left[1 - \left(1 - \frac{b^2}{a^2}\right)\cos^2\theta\right]^{\frac{1}{2}} \tag{5.23}$$

一般铁磁体的线性磁致伸缩应变很小,因而磁致伸缩应变前后体积变化很小,可忽略不计。当 $\bar{\varepsilon}_s > 0$ 时,铁磁体沿平行磁场方向伸长,沿垂直磁场方向缩短。设磁致伸缩前后球体与椭球体的体积相等,即

$$\frac{4}{3}\pi r_0^3 = \frac{4}{3}\pi a b^2$$

$$r_0^3 = a b^2$$

$$b = \sqrt{r_0^3/a}$$

由于 $a = \Delta l + r_0$,所以得

$$b = \sqrt{r_0^3/a}$$

$$a = \Delta l_s + r_0$$

将式(5.22)代入式(5.23)化简后得

$$r_\theta = b\left[1 - \left(1 - \frac{b^2}{a^2}\right)\cos^2\theta\right]^{\frac{1}{2}} \tag{5.24}$$

进一步简化后得

$$r_\theta = r_0 + \frac{1}{2}\Delta l_0 (3\cos^2\theta - 1) \tag{5.25}$$

将式(5.22)代入式(5.25)化简后得

$$\bar{\varepsilon}_\theta = \frac{3}{2}\bar{\varepsilon}_s \left(\cos^2\theta - \frac{1}{3}\right) \tag{5.26}$$

式(5.26)就是多晶非取向球体线性磁致伸缩应变 $\bar{\varepsilon}_\theta$ 的表达式,它是球体内非取向的各个晶粒线性磁致伸缩应变的平均值。

用式(5.26)可以计算出非取向多晶球状铁磁体在任意 θ 角方向的平均线性磁致伸缩应变。当 $\theta=0$ 时,即沿磁场方向的线性磁致伸缩应变为 $\bar{\varepsilon}_{//}=\bar{\varepsilon}_s$;当 $\theta=90°$ 时,即垂直于磁场方向的线性磁致伸缩应变为 $\bar{\varepsilon}_\perp = -\frac{1}{2}\bar{\varepsilon}_s = \frac{1}{2}\bar{\varepsilon}_s$。

5.3.3   立方晶系单晶体的线性磁致伸缩应变表达

假定 x、y、z 三个坐标轴分别沿立方晶系单晶体的三个晶轴[100]、[010]、[001] 方向(图 5.24),磁化方向与观察(测量线性磁致伸缩应变)方向的夹角为 θ。磁场方向与三个晶轴夹角的方向余弦分别为 $\alpha_1 = \cos a_1$,$\alpha_2 = \cos a_2$,$\alpha_3 = \cos a_3$。观察线性磁致伸缩应变与三个晶轴夹角的方向余弦分别为 $\beta_1 = \cos b_1$,$\beta_2 = \cos b_2$,$\beta_3 = \cos b_3$。

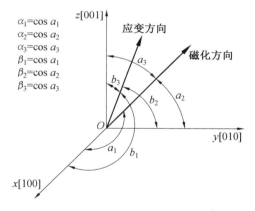

图 5.24   立方晶系单晶体磁场方向与观察方向与三个坐标轴夹角的方向余弦

对立方晶体来说,[100]、[010]、[001] 三个晶体方向的原子排列和原子间距是相同的,这三个晶体方向的线性磁致伸缩应变是相同的,可用 ε_{100} 表示。同理,[111] 晶体方向也一样,可用 ε_{111} 表示。一般情况下,ε_{100} 和 ε_{111} 是不同的,即它的线性磁致伸缩应变是各向异性的。当在理想热退磁状态时,即晶体在[100]、[$\bar{1}$00]、[010]、[0$\bar{1}$0]、[001]、[00$\bar{1}$] 六个方向磁畴体积相等,也就是说,在任何一个方向上均没有剩磁。根据经验和理论分析了推出单晶体在 θ 角方向的线性磁致伸缩应变 ε_θ 为

$$\varepsilon_\theta = \frac{\Delta l}{l} = \frac{3}{2}\varepsilon_{100}\left(\alpha_1^2\beta_1^2 + \alpha_2^2\beta_2^2 + \alpha_3^2\beta_3^2 - \frac{1}{3}\right) +$$

$$3\varepsilon_{111}(\alpha_1\alpha_2\beta_1\beta_2 + \alpha_2\alpha_3\beta_2\beta_3 + \alpha_3\alpha_1\beta_3\beta_1) \tag{5.27}$$

式中,ε_{100} 和 ε_{111} 分别为沿[100]和[111]晶体方向的饱和线性磁致伸缩应变。式(5.27)对易磁化方向为[100]或[111]的立方晶体均有效。在某些文献中,通常把常数写成 $h_1 = \frac{3}{2}\varepsilon_{100}$,$h_2 = \frac{3}{2}\varepsilon_{111}$ 的形式,并称为磁致伸缩系数。

当 $\theta = 0$ 时,即施加磁场方向与测量磁致伸缩方向相同时,即 $\alpha_1 = \beta_1$,$\alpha_2 = \beta_2$,$\alpha_3 = \beta_3$ 时,式(5.27)可以写成

$$\varepsilon_{\theta=0} = \frac{3}{2}\varepsilon_{100}\left(\alpha_1^4 + \alpha_2^4 + \alpha_3^4 - \frac{1}{3}\right) + 3\varepsilon_{111}(\alpha_1^2\alpha_2^2 + \alpha_2^2\alpha_3^2 + \alpha_3^2\alpha_1^2) \qquad (5.28)$$

通过 $(\alpha_1^2 + \alpha_2^2 + \alpha_3^2)^2 = (\alpha_1^4 + \alpha_2^4 + \alpha_3^4) + 2(\alpha_1^2\alpha_2^2 + \alpha_2^2\alpha_3^2 + \alpha_3^2\alpha_1^2) = 1$,可以将式(5.28)写成

$$\varepsilon_{\theta=0} = \varepsilon_{100} + 3(\varepsilon_{111} - \varepsilon_{100})(\alpha_1^2\alpha_2^2 + \alpha_2^2\alpha_3^2 + \alpha_3^2\alpha_1^2) \qquad (5.29)$$

另外,对于各向同性的材料,即 $\varepsilon_{100} = \varepsilon_{100} = \varepsilon_s$ 的材料,式(5.29)可简化为

$$\varepsilon_{\theta=0} = \frac{\Delta l}{l} = \frac{3}{2}\varepsilon_s\left[(\alpha_1\beta_1 + \alpha_2\beta_2 + \alpha_3\beta_3)^2 - \frac{1}{3}\right] \qquad (5.30)$$

式(5.30)中 $\alpha_1\beta_1 + \alpha_2\beta_2 + \alpha_3\beta_3 = \cos\theta$,最后简化为

$$\varepsilon_{\theta=0} = \frac{3}{2}\varepsilon_{100} = \frac{3}{2}\varepsilon_s\left(\cos^2\theta - \frac{1}{3}\right) \qquad (5.31)$$

可见,式(5.31)与式(5.26)的形式是相同的。说明式(5.31)可用来描述各向同性多晶体的线性磁致伸缩应变。

5.3.4 磁致伸缩应变系数 $3/2\varepsilon_{100}$ 和 $3/2\varepsilon_{111}$ 的测量

对于磁致伸缩材料的研究,测量磁致伸缩系数十分重要,磁致伸缩应变系数 $\frac{3}{2}\varepsilon_{100}$ 和 $\frac{3}{2}\varepsilon_{111}$ 是材料的重要性质,是磁弹性能耦合能表达式的重要参数,需要准确地测量这些系数。另外,$\frac{3}{2}\varepsilon_{100}$ 和 $\frac{3}{2}\varepsilon_{111}$ 也是材料 ε_s 的理论值。

1. 磁致伸缩应变系数测量步骤

磁致伸缩系数的测定归结为微长度(位移)变化的测量。关于磁致伸缩材料的微位移长度变化的测量方法较多,本节主要介绍应变电阻片测量法、迈克耳逊干涉测量法、差动变电容式测量法。

(1)应变电阻片测量法(图5.25)是一种利用应变电阻将磁致伸缩形变转化为电阻率的变化,通过测量这个电阻的变化从而测定磁致伸缩系数 ε_s 的方法。将电阻应变片粘贴在被测样品上放在测量磁场内,当样品发生形变时,应变片的电阻值跟着发生改变,样品的磁致伸缩系数 ε_s 可表达为

$$\varepsilon_s = \frac{\Delta l}{l} = C\Gamma\frac{\Delta\Omega}{\Omega}$$

式中,C 为应变电阻片的结构参数;Ω 为应变电阻片原值;Γ 为测量系统的放大倍数。

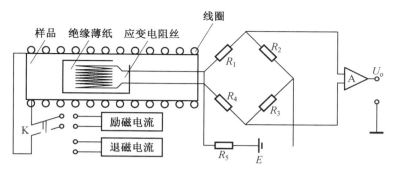

图 5.25　应变电阻片法测量磁致伸缩原理

（2）迈克耳孙干涉测量法的原理如图 5.26 所示。图 5.26 中 A 为样品，S 为螺线管，B 为夹件，C_1、C_2 为支架，M 为干涉仪反射镜，W 为干涉仪条纹视场。当 A 被磁化而伸长或缩短时，干涉条纹便在视场中移动，从移去的条纹数目 n 便可算出磁致伸缩，即

$$\varepsilon_s = \frac{\Delta l}{l} = C\varGamma \frac{n}{l} \frac{\lambda}{2}$$

式中，l 为样品的原始长度；λ 为单色光的波长。

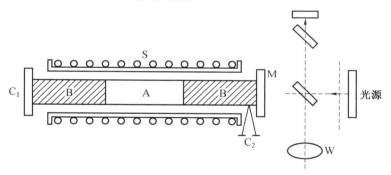

图 5.26　迈克耳孙干涉仪测量磁致伸缩原理

（3）差动变电容式测量法是利用磁致伸缩引起测量电容量的变化，经过测量变换振荡器产生不同频率信号输出来表示磁致伸缩。测量原理如图 5.27 所示，样品 A 的磁致伸缩导致电容 C_1、C_2 容量一个变大，另一个变小，形成差动变化。测量变换电路组成框图如图 5.27 所示。

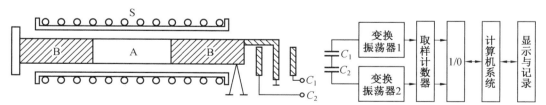

图 5.27　差动变电容式测量磁致伸缩原理

对差动式平板电容器有

$$\frac{C_1 - C_2}{C_0} = \frac{\Delta C}{C_0} \approx \frac{2\Delta d}{d_0} = \frac{2\Delta l}{l_0} = 2\lambda$$

C_1、C_2 作为各变换振荡器的回路电容，现为待测量。

未发生磁致伸缩时,使 $C_1 = C_2 = C_0$,只要测出磁致伸缩发生前后电路的振荡频率变化,通过上式,可获得 ε 的值。

2. 磁致伸缩应变系数测量步骤

首先制备单晶体,根据需要切割成某种取向的单晶样品,并进行适当的热处理。例如,可切割成[001]或[110]或[211]取向圆片状样品,样品尺寸可以是直径 $10 \sim 12$ mm、厚 $3 \sim 4$ mm 的圆片。例如,为测量系数 $\frac{3}{2}\varepsilon_{100}$ 的数值,首先切[001]取向的圆片样品,如图 5.28 所示。然后进行适当的热处理,以使样品处于理想的退磁状态。在[001]取向平面上沿[010]方向贴应变片,如图 5.28 所示。沿[010]方向施加直流磁场,并测量此方向的磁致伸缩应变 ε_1。然后将圆片样品转动 $90°$,测量与[010]垂直方向,即[100]方向的磁致伸缩应变为 $\varepsilon_{测} = -\varepsilon_2$,它是垂直磁场方向的应变,因此 ε_2 是负的。

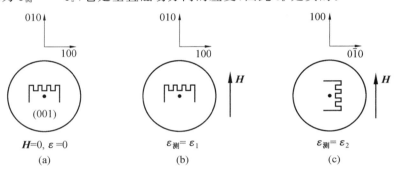

图 5.28 测量 $\frac{3}{2}\varepsilon_{100}$ 的样品示意图和测量步骤

3. $3/2\varepsilon_{100}$ 的测量方法

根据图 5.28(b),测量 ε 方向与磁场方向均沿样品的[010]方向。对照图 5.24 可知,$\alpha_1 = \beta_1 = 0$,$\alpha_2 = \beta_2 = 1$,$\alpha_3 = \beta_3 = 0$,代入式(5.27),得 $\varepsilon_1 = \varepsilon_{100}$。根据图 5.28(c),磁场方向沿[100]方向,而测量方向沿[010]方向,两者夹角 $\theta = 90°$,所以 $\alpha_1 = \beta_1 = 1$,$\alpha_2 = \beta_2 = 0$,$\alpha_3 = \beta_3 = 0$,代入式(5.27),得 $\varepsilon_2 = -0.5\varepsilon_{100}$,很显然,$\varepsilon_1$ 与 ε_2 的差值就是 $\frac{3}{2}\varepsilon_{100}$ 的理论值。

$$\varepsilon_1 - (-\varepsilon_2) = \varepsilon_{100} - (-0.5\varepsilon_{100}) = \frac{3}{2}\varepsilon_{100} \qquad (5.32)$$

例如,对于 $Fe_{85}Ga_{15}$ 和 $Fe_{80}Ga_{20}$ 合金单晶体经 $1\,250$ ℃ 退火 70 天,淬水冷却,保留 bcc 无序结构(A2 相)。按图 5.28 所示的样品和方法,分别测量它的 ε_1 和 ε_2,就可以得到合金的 $\frac{3}{2}\varepsilon_{100}$ 数值,见表 5.2。

表 5.2 $Fe_{85}Ga_{15}$ 和 $Fe_{80}Ga_{20}$ 合金单晶体 $\frac{3}{2}\varepsilon_{100}$ 的测量值

合金成分	ε_1	ε_2	$\frac{3}{2}\varepsilon_{100} = \varepsilon_1 - (-\varepsilon_2)$
$Fe_{85}Ga_{15}$ 单晶	75×10^{-6}	-120×10^{-6}	195×10^{-6}
$Fe_{80}Ga_{20}$ 单晶	136×10^{-6}	-164×10^{-6}	300×10^{-6}

$\frac{3}{2}\varepsilon_{111}$ 数值的测量方法和原理与 $\frac{3}{2}\varepsilon_{100}$ 的相同,在此不再赘述。

$\frac{3}{2}\varepsilon_{100}$ 和 $\frac{3}{2}\varepsilon_{111}$ 的理论值与实际测量值是否一致,与样品是否处于理想退磁状态有关。不同作者对于相同成分的合金测量的 $\frac{3}{2}\varepsilon_{100}$ 和 $\frac{3}{2}\varepsilon_{111}$ 的数值是不一致的,有较大差别。这与测量样品的畴结构是否处于理想的退磁状态有关,而显微结构也会影响畴结构,显微结构又与热处理工艺(温度、时间、冷却速度、气氛等)有关。

5.3.5　磁弹性能以及磁致伸缩应变与弹性常数的关联

材料的磁致伸缩应变在弹性变形的范围内。材料的弹性变形量为 $10^{-3} \sim 10^{-6}$,与线磁致伸缩应变的数量级相当。材料的磁致伸缩应变与材料弹性存在紧密的联系。材料的弹性模量或弹性越高,磁致伸缩材料能量转换的效率越高,因此要求其弹性模量或弹性常数要高。另外,弹性软化有利于获得高的磁致伸缩应变。

5.3.6　立方结构材料的磁弹性能以及磁致伸缩应变与弹性常数的关联

铁磁体磁致伸缩应变主要起源于原子轨道磁矩间,轨道磁矩与自旋磁矩间,以及自旋交换耦合作用。如图 5.29 所示,当受到外界因素,如磁场、拉伸(压缩)力、温度等作用时,原子自旋的交换作用,原子轨道磁矩、自旋磁矩之间相互作用迫使原子磁矩间的距离 r 发生变化,从而引起相互作用能 E_{int} 发生变化,即磁弹性能 F_σ 发生变化。这种能量的变化是原子间距离 r、交换作用和磁致伸缩应变的函数。

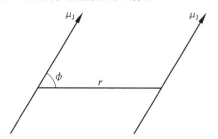

图 5.29　相邻原子磁矩间相互作用

(r 为原子间距;ϕ 为原子磁矩 μ_{J} 与 r 之间的夹角)

任何一个函数都可以用勒让德(Legendre)多项式来表示。奈尔(Neel)在处理各向异性能时,首先提出原子磁矩 μ_{J} 之间相互作用能的表达式,即

$$F_\sigma(r,\cos\phi) = g(r) + L(r)\left(\cos^2\phi - \frac{1}{3}\right) + q(r)\left(\cos^4\phi - \frac{6}{7}\cos^2\phi + \frac{3}{15}\right) + \cdots$$

$$(5.33)$$

式中,g、q 均为 r 的函数。

式(5.33)中第一项是仅与交换能相关的项,它仅对体积磁致伸缩有贡献,对线性磁致伸缩没有贡献,在此忽略不计;第二项是与原子轨道磁矩间,轨道磁矩与自旋磁矩间的相互作用有关的能量项,它是线性磁致伸缩应变的主要来源;第三项也是与线性磁致伸缩

相关的项,但它比第二项的贡献小 $3 \sim 4$ 个数量级,在此忽略不计。这样式(5.33)可简化为

$$F_\sigma(r, \cos\phi) = L(r)\left(\cos^2\phi - \frac{1}{3}\right) \tag{5.34}$$

假定在立方晶体中,α_1、α_2、α_3 分别代表磁化强度 M_s 与三个晶体轴(100,010,001)为坐标的夹角的方向余弦。β_1、β_2、β_3 分别代表晶格变形后原子键合间距夹角的方向余弦,则代表磁场作用下相邻原子磁矩间变形后的磁弹性能表达式为

$$F_\sigma(r, \phi) = L(r)\left[(\alpha_1\beta_1 + \alpha_2\beta_2 + \alpha_3\beta_3)^2 - \frac{1}{3}\right] \tag{5.35}$$

下面讨论简单立方(sc)、体心立方(bcc)和面心立方(fcc)原子磁矩 μ_J 与 r 变化的相互作用能(即磁弹性能)的表达式。

1. 简单立方晶体材料的磁弹性能

设在外磁场作用下,简单立方晶体的应变张量分别为 ε_{xx}、ε_{yy}、ε_{zz}、ε_{xy}、ε_{yz} 和 ε_{zz},当晶体在磁场作用下引起应变时,每一对原子间同时改变键合方向和长度。例如一个成键方向平行 x 轴的原子对,无应变状态的能量由于 $\beta_1=1$、$\beta_2=\beta_3=0$,则式(5.35)可写成

$$F_\sigma(r, \phi) = L(r_0)\left(\alpha_1^2 - \frac{1}{3}\right) \tag{5.36}$$

当晶体在磁场作用下发生应变时,其键长由 r_0 变为 $r_0(1+\varepsilon_{xx})$,键的方向余弦变为 $\beta_1=1$、$\beta_2=\varepsilon_{yy}/2$、$\beta_3=\varepsilon_{zz}$,则原子对的能量式(5.35)的改变量为

$$\Delta F_{\sigma x} = \left(\frac{\partial L}{\partial x}\right)r_0\varepsilon_{xx}\left(\alpha_1^2 - \frac{1}{3}\right) + L\alpha_1\alpha_2\varepsilon_{xy} + L\alpha_3\alpha_1\varepsilon_{zx} \tag{5.37}$$

同理,可以求得键长沿 y 轴方向和沿 z 轴方向的键长有相同变化时,其相邻原子对的能量变化分别为

$$\Delta F_{\sigma y} = \left(\frac{\partial L}{\partial y}\right)r_0\varepsilon_{yy}\left(\alpha_2^2 - \frac{1}{3}\right) + L\alpha_2\alpha_3\varepsilon_{yz} + L\alpha_1\alpha_2\varepsilon_{xy} \tag{5.38}$$

$$\Delta F_{\sigma z} = \left(\frac{\partial L}{\partial z}\right)r_0\varepsilon_{zz}\left(\alpha_3^2 - \frac{1}{3}\right) + L\alpha_3\alpha_1\varepsilon_{zx} + L\alpha_2\alpha_3\varepsilon_{yz} \tag{5.39}$$

将简单立方晶体中单位体积内的所有近邻原子对的能量相加,就可得到单位体积的磁弹性能(magnetoelastic energy),用 E_{me} 表示,即

$$E_{me} = b_1\left[\varepsilon_x\left(\alpha_1^2 - \frac{1}{3}\right) + \varepsilon_{yy}\left(\alpha_2^2 - \frac{1}{3}\right) + \varepsilon_{zz}\left(\alpha_3^2 - \frac{1}{3}\right)\right] +$$
$$b_2(\varepsilon_{xy}\alpha_1\alpha_2 + \varepsilon_{yz}\alpha_2\alpha_3 + \varepsilon_{zx}\alpha_3\alpha_1) \tag{5.40}$$

式中,b_1、b_2 为磁弹性耦合系数,它们分别为

$$b_1 = N\left(\frac{\partial L}{\partial r}\right)r_0 \quad b_2 = 2NL$$

式中,N 为单位体积内原子磁矩对的数目;r_0 为晶格变形前相邻原子对的键长;$\frac{\partial L}{\partial r}$ 为晶格变形时,键长的变化率。

这说明在磁场作用下,由于磁化强度的变化引起线性磁致伸缩应变张量的变化。应变张量的变化要引起晶体能量的变化,此能量称为磁弹性能,用 E_{me} 表示,单位为 J/m^3。

2. 体心立方晶体与面心立方晶体材料的磁弹性能 E_{me}

同理,可以求出 bcc 和 fcc 晶体材料的磁弹性能 E_{me}。它们的表达式与式(5.40)相同,所不同的是磁弹性能耦合系数 b_1、b_2 不同。

bcc 晶体材料的 b_1 和 b_2 分别为

$$\begin{cases} b_1 = \dfrac{8}{3}NL \\ b_2 = \dfrac{8}{9}N\left[L + \left(\dfrac{\partial L}{\partial r}\right)r_0\right] \end{cases} \tag{5.41}$$

fcc 晶体材料的 b_1 和 b_2 分别为

$$\begin{cases} b_1 = \dfrac{1}{2}N\left[6L + \left(\dfrac{\partial L}{\partial r}\right)r_0\right] \\ b_2 = N\left[2L + \left(\dfrac{\partial L}{\partial r}\right)r_0\right] \end{cases} \tag{5.42}$$

式(5.41)与式(5.42)中的 N、L、$\dfrac{\partial L}{\partial r}$、$r_0$ 的含义,与在简单立方晶体材料中的含义相同。

3. 立方晶体弹性能

式(5.40)表明,立方晶体的磁弹性能 E_{me} 与应变张量 ε_{xx}、ε_{yy}、ε_{zz}、ε_{xy}、ε_{yz} 和 ε_{zx} 呈线性关系。也就是说,磁弹性能随应变张量的增加而线性地增加。磁弹性能的出现使得铁磁体的总能量升高,而变得更加不稳定。为了降低铁磁性立方材料的总能量,立方晶体材料在没有外力作用下会自发地产生弹性变形,产生一项纯弹性能 E_{el}。该能量可表示为

$$E_{el} = \frac{1}{2}c_{11}\left(\varepsilon_{xx}^2 + \varepsilon_{yy}^2 + \varepsilon_{zz}^2\right) + \frac{1}{2}c_{44}\left(\varepsilon_{xy}^2 + \varepsilon_{yz}^2 + \varepsilon_{zx}^2\right) +$$
$$c_{12}\left(\varepsilon_{yy}\varepsilon_{zz} + \varepsilon_{zz}\varepsilon_{xx} + \varepsilon_{xx}\varepsilon_{yy}\right) \tag{5.43}$$

式中,c_{11}、c_{12} 和 c_{44} 为材料的弹性常数。

当磁弹性能 E_{me} 与纯弹性能 E_{el} 相互补偿,使其总能量($E_{me} + E_{el}$)达到最小值时,达到一个平衡态。

5.3.7　线性磁致伸缩应变与磁弹性常数的关联

铁磁性立方结构晶体材料在磁场作用下,相邻原子对沿键长方向发生应变。实际上是沿磁场方向发生磁致伸缩应变。当沿 β 方向观察(或者说测量)其磁致伸缩应变时,其应变可表达为

$$\frac{\partial l}{l} = \varepsilon_{xx}\beta_1^2 + \varepsilon_{yy}\beta_2^2 + \varepsilon_{zz}\beta_3^2 + \varepsilon_{xy}\beta_1\beta_2 + \varepsilon_{yz}\beta_2\beta_3 + \varepsilon_{zx}\beta_3\beta_1 \tag{5.44}$$

通过磁弹性能 E_{me} 与纯弹性能 E_{el} 的总和,即($E_{me} + E_{el}$)对应变量的偏微分等于零,即平衡态,即可得到立方晶体材料在平衡状态的应变张量与磁弹性常数之间的关系。用下面的关系式来表示:

$$\begin{cases} \varepsilon_{xx} = \dfrac{b_1}{c_{12}-c_{11}}\left(\alpha_1^2 - \dfrac{1}{3}\right) \\[2mm] \varepsilon_{yy} = \dfrac{b_1}{c_{12}-c_{11}}\left(\alpha_2^2 - \dfrac{1}{3}\right) \\[2mm] \varepsilon_{zz} = \dfrac{b_1}{c_{12}-c_{11}}\left(\alpha_3^2 - \dfrac{1}{3}\right) \\[2mm] \varepsilon_{xy} = \dfrac{b_2}{c_{44}}\alpha_1\alpha_2 \\[2mm] \varepsilon_{yz} = \dfrac{b_2}{c_{44}}\alpha_2\alpha_3 \\[2mm] \varepsilon_{zx} = \dfrac{b_2}{c_{44}}\alpha_3\alpha_1 \end{cases} \tag{5.45}$$

将式(5.45)代入式(5.44),并化简后可得

$$\frac{\Delta l}{l} = \frac{b_1}{c_{12}-c_{11}}\left(\alpha_1^2\beta_1^2 + \alpha_2^2\beta_2^2 + \alpha_3^2\beta_3^2 - \frac{1}{3}\right) -$$
$$\frac{b_2}{c_{44}}(\alpha_1^2\alpha_2^2\beta_1^2\beta_2^2 + \alpha_2^2\alpha_3^2\beta_2^2\beta_3^2 + \alpha_3^2\alpha_1^2\beta_3^2\beta_1^2) \tag{5.46}$$

如果磁化强度方向沿立方晶体[100]方向(即观察方向)时,则 $\alpha_1=\beta_1=1,\alpha_2=\alpha_3=\beta_2=\beta_3=0$,代入式(5.46),则可沿[100]方向的线性磁致伸缩应变 ε_{100} 为

$$\varepsilon_{100} = \frac{2}{3}\frac{b_1}{c_{12}-c_{11}} \ \text{或} \ \varepsilon_{100} = \frac{2}{3}\frac{-b_1}{c_{11}-c_{12}} \tag{5.47}$$

同理,当磁化强度 M_s 沿[111]方向时,则 $\alpha_i=\beta_i=\frac{1}{\sqrt{3}}(i=1,2,3)$,代入式(5.46),则得到沿[111]方向的线性磁致伸缩应变为

$$\varepsilon_{111} = -\frac{1}{3}\frac{b_2}{c_{44}} \tag{5.48}$$

同理,当磁化强度 M_s 沿[110]方向时,则 $\alpha_1=\beta_1=\frac{1}{\sqrt{2}}$,$\alpha_3=\beta_3=0$ 将此结果和式(5.47)、式(5.48)同时代入式(5.46),化简后得

$$\varepsilon_{110} = \frac{1}{6}\frac{b_1}{c_{12}-c_{11}} - \frac{3}{4}\frac{b_2}{c_{44}} \tag{5.49}$$

以上结果说明,立方晶体在[100]方向线性磁致伸缩应变 ε_{100} 与弹性常数$(c_{12}-c_{11})$有关;ε_{111} 与 c_{44} 有关;ε_{110} 同时与$(c_{12}-c_{11})$和c_{44}有关。当然,它们均与磁弹性耦合系数 b_1 或 b_2 有关。

表5.3和表5.4所示分别为纯 Fe、$Fe_{100-x}Ga_x$,磁致伸缩合金磁致伸缩应变,弹性常数与磁弹性耦合系数的对应关系。它说明磁弹性耦合系数 b_1(或 b_2)对 ε_{100}(或 ε_{111})有明显的依赖关系。

表 5.3　$Fe_{100-x}Ga_x$ 单晶体室温下的 $\frac{3}{2}\lambda_{100}$ 与 $\frac{3}{2}(c_{11}-c_{22})$ 和 b_1 的关系

材料	$\frac{1}{2}(c_{11}-c_{22})/GPa$	$b_1/(MJ \cdot m^{-3})$	$\frac{3}{2}\varepsilon_{100} \times 10^{-6}$
纯 Fe	48	-2.9	30
$x=5.8$	40	-6.3	79
$x=13.2$	28	-11.8	210
$x=17$	21	-13.1	311
$x=18.7$	19.7	-15.6	395
$x=24.1$	9.4	-5.1	270
$x=27.2$	6.8	-4.8	350

表 5.4　$Fe_{100-x}Ga_x$ 单晶体室温下的 $\frac{3}{2}\varepsilon_{111}$ 与 c_{44} 与 b_2 的关系

材料	c_{44}/GPa	$b_2/(MJ \cdot m^{-3})$	$\frac{3}{2}\varepsilon_{111} \times 10^{-6}$
纯 Fe	116	7.4	-32
$x=8.6$	119	6.4	-27
$x=13.2$	-119	5.7	-24
$x=20.88$	-120	-10.1	42
$x=28.63$	-120	-14.6	61

5.3.8　立方结构铁磁材料的应力能与应力各向异性

1. 应力能的表述

当立方结构铁磁材料的单晶体同时受到磁场和应力作用时,磁场引起的磁致伸缩应变与应力之间存在相互作用,其相互作用能称为应力能。它也是磁弹性能的一种。当应力和磁场与三个晶轴的关系如图 5.30 所示时,设应力 σ 与三个晶轴夹角的方向余弦分别为 γ_1、γ_2、γ_3,磁场与三个晶轴夹角的方向余弦分别为 α_1、α_2、α_3。

磁场引起的磁致伸缩应变张量与应力张量的相互作用,类比于塑性变形应变张量与应力张量可写成

$$\begin{cases} \varepsilon_{11} = \sigma\left[s_{11}\gamma_1^2 + s_{12}(\gamma_1^2 + \gamma_3^2)\right] \\ \varepsilon_{12} = \sigma \cdot s_{44}\gamma_1\gamma_2 \end{cases} \tag{5.50}$$

式中,s_{11}、s_{12}、s_{44} 称为弹性柔性常数。利用与式(5.46)相同的原理,可将应力能表达为

$$E_\sigma = b_1\sigma(s_{11}-s_{12})\left(\alpha_1^2\gamma_1^2 + \alpha_2^2\gamma_2^2 + \alpha_3^2\gamma_3^2 - \frac{1}{3}\right) +$$

$$b_2\sigma s_{44}(\alpha_1\alpha_2\gamma_1\gamma_2 + \alpha_2\alpha_3\gamma_2\gamma_3 + \alpha_3\alpha_1\gamma_3\gamma_1) \tag{5.51}$$

利用式(5.47)和式(5.48)中的 b_1 和 b_2 分别与 ε_{111} 和 ε_{100} 之间的关系,再根据 c_{11}、c_{12}、

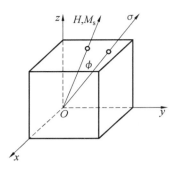

图 5.30 立方结构单晶体同时受应力 σ 和外磁场 H 作用的示意图

c_{44}、s_{11}、s_{12}、s_{44} 之间的关系,立方晶体的应力能为

$$E_\sigma = -\frac{3}{2}\varepsilon_{100}\sigma\left(\alpha_1^2\gamma_1^2 + \alpha_2^2\gamma_2^2 + \alpha_3^2\gamma_3^2 - \frac{1}{3}\right) -$$

$$3\varepsilon_{111}\sigma(\alpha_1\alpha_2\gamma_1\gamma_2 + \alpha_2\alpha_3\gamma_2\gamma_3 + \alpha_3\alpha_1\gamma_3\gamma_1) \tag{5.52}$$

例如 Fe,$K_1 > 0$,当 H 沿[100]晶向时,$\alpha_1 = 1$,$\alpha_2 = \alpha_3 = 0$,代入式(5.52),则得

$$E_\sigma = -\frac{3}{2}\varepsilon_{100}\sigma\gamma_1^2 \tag{5.53}$$

同理,可得 Fe 的[010]和[001]方向,当 H 沿该方向时,应力能分别为

$$E_\sigma = -\frac{3}{2}\varepsilon_{010}\sigma\gamma_2^2 \tag{5.54}$$

$$E_\sigma = -\frac{3}{2}\varepsilon_{001}\sigma\gamma_3^2 \tag{5.55}$$

当沿[111]方向时,由于 $\gamma_1\gamma_2 + \gamma_2\gamma_3 + \gamma_3\gamma_1 = 1/2[(\gamma_1 + \gamma_2 + \gamma_3)^2 - 1]$ 和 $\alpha_1 = \alpha_2 = \alpha_3 = \sqrt{3}/3 = \alpha$,$3\alpha^2 = 1$。利用这些关系,可将式(5.52)写成

$$E_\sigma = -\varepsilon_{111}\sigma 3\alpha^2(\gamma_1\gamma_2 + \gamma_2\gamma_3 + \gamma_3\gamma_1) \tag{5.56}$$

最后得

$$E_\sigma = -\varepsilon_{111}\sigma(\gamma_1\gamma_2 + \gamma_2\gamma_3 + \gamma_3\gamma_1) \tag{5.57}$$

设应力与[111]方向的夹角为 ϕ 时,由几何学可知:

$$\cos\phi = \frac{1}{\sqrt{3}}(\gamma_1 + \gamma_2 + \gamma_3)$$

这样,式(5.57)可写成

$$E_\sigma = -\frac{3}{2}\varepsilon_{111}\sigma\cos^2\phi \tag{5.58}$$

如果立方晶体是各向同性的,$\varepsilon_{111} = \varepsilon_{100} = \varepsilon_{110} = \varepsilon_s$,则式(5.58)适用于各向同性的多晶体材料,则应力能可写成

$$E_\sigma = -\frac{3}{2}\varepsilon_s\sigma\cos^2\phi$$

式中的 ε_s 是用来描述立方结构非取向多晶体的线磁致伸缩应变的。式中 ϕ 角是外磁场与应力的夹角。应用上式可以很好地理解应力对于立方晶体磁化曲线与磁滞回线影响和应力引起的各向异性。

2. 立方结构材料应力引起的各向异性

磁场可使铁磁材料磁化,改变其磁化状态,同样,外应力也可以改变铁磁材料的磁化状态。图 5.31 所示为外应力对纯 Ni 和质量分数为 68% 的 Ni－Fe 坡莫合金磁化曲线和磁滞回线的影响。可见,对于 $\varepsilon < 0$ 的纯 Ni,$2 \ \mathrm{kg/mm^2}$ 的拉伸力可使其磁化曲线和磁滞回线变为扁平,使其磁导率 μ 大大降低,矫顽力 H_c 大大提高。然而对于 $\varepsilon > 0$ 的 68%Ni－Fe 坡莫合金,$2 \ \mathrm{kg/mm^2}$ 的拉伸力可使其磁化曲线变陡,其磁导率 μ 可提高数十倍,使其更容易磁化到饱和,使其矫顽力 H_c 大大地降低。造成这种变化的原因是外应力(拉伸力或压缩力)大大地改变了磁畴的结构,如图 5.32(a) 所示。对于 $\varepsilon > 0$ 的材料,在拉伸力的作用下,尽管外磁场 $H = 0$,磁化强度 M 或磁矩与拉伸应力平行的磁畴 1 和 2 长大,磁矩与拉伸应力垂直的磁畴 3 和 4 缩小,当拉伸应力提高到 σ_2 时,就可能变成两个磁畴,即 1 磁畴和 2 磁畴。也就是说,对于 $\varepsilon > 0$ 的材料,沿拉伸力的方向变成了易磁化的方向,而与拉伸力垂直的方向变成难磁化的方向。这一点从图 5.31 中所示的质量分数为 68% 的 Ni－Fe 坡莫合金的磁化曲线和磁滞回线的变化可以得到证明。如图 5.32(b) 所示,$\varepsilon < 0$ 的材料在压缩应力($-\sigma$)作用下的畴结构与图 5.32(a) 中($\varepsilon > 0$)的材料的畴结构变化正好相反。大量的实验证明材料的磁致伸缩曲线 $\varepsilon - H$ 的变化与材料在应力作用下磁化曲线的变化是相似的,也就是应力也会导致材料的磁致伸缩变成各向异性。由式(5.58)可知,应力引起的材料磁致伸缩的各向异性常数为

$$K_\sigma = -\frac{3}{2}\varepsilon_s \sigma \tag{5.59}$$

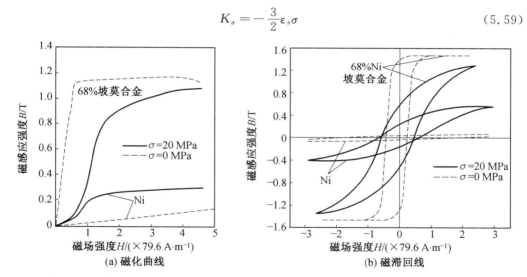

图 5.31　外应力对纯 Ni 和 68%Ni－Fe 坡莫合金的磁化曲线和磁滞回线的变化

对立方结构材料来说,应力引起的材料磁致伸缩各向异性常数 K_σ 也可近似地用材料的弹性常数来描述,即

$$K_\sigma = -\frac{9}{4}\left[(c_{12} - c_{11})\varepsilon_{100}^2 + 2c_{44}\varepsilon_{111}^2\right]$$

$$\text{或 } K_\sigma = \frac{9}{4}\left[(c_{11} - c_{12})\varepsilon_{100}^2 - 2c_{44}\varepsilon_{111}^2\right] \tag{5.60}$$

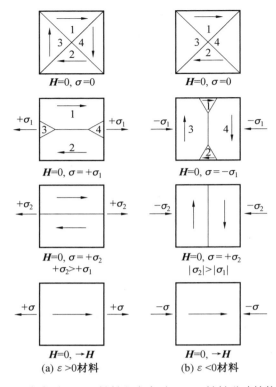

图 5.32　应力对 $\varepsilon > 0$ 材料和应力对 $\varepsilon < 0$ 材料磁畴结构的影响

5.3.9　材料磁致伸缩应变 ε 的理论值与影响实际值的因子

磁致伸缩材料的应用在于实现磁弹性与机械能的相互转换。其能量转换效率与材料的弹性模量 E_m 和磁致伸缩应变平方 ε^2 的乘积成正比。制造磁致伸缩材料的基本目标是要求材料具有大的 ε 和 E_m。

根据理论分析和经验，实际应用的多晶体磁致伸缩材料的 ε_s 可用下式来表达：

$$\varepsilon_s = \frac{3}{2}\varepsilon_{100}\left(或\frac{3}{2}\varepsilon_{111}\right) \cdot \alpha_{GO} \cdot \beta_{DO} \cdot \gamma_{(H/H_s)} \tag{5.61}$$

式中，$\frac{3}{2}\varepsilon_{100}$（或 $\frac{3}{2}\varepsilon_{111}$）为室温单晶体〈100〉或〈111〉晶体方向的线性饱和磁致伸缩应变的理论值或极限值；α_{GO} 为晶体〈100〉或〈111〉的取向因子；β_{DO} 为磁畴取向因子；$\gamma_{(H/H_s)}$ 为与工作磁场 H 和饱和磁场 H_s 比相关的因子。

1. $3/2\varepsilon_{100}$（或 $3/2\varepsilon_{111}$）的物理意义

单晶体的 $\frac{3}{2}\varepsilon_{100}$（或 $\frac{3}{2}\varepsilon_{111}$）是材料的内禀特性，是多晶磁致伸缩材料 ε_s 的理论值，或者是极限值。$\frac{3}{2}\varepsilon_{100}$（或 $\frac{3}{2}\varepsilon_{111}$）是式（5.27）的系数，称为磁致伸缩系数，它的数值可以由测量确定。测量方法见前文。

ε_{100}（或 ε_{111}）的物理本质是由材料的电子自旋磁矩与电子轨道磁矩之间的耦合作用

来决定的。3d电子的轨道磁矩与晶场有很强的耦合作用。晶场的数量级可达到 10^9 A/m 的数量级。它对 3d 电子轨道磁矩的耦合作用强大到足以使轨道磁矩牢牢地固定,或称轨道磁矩的"冻结",使它不能随外磁场而转动,所以它对材料磁化强度没有贡献。但是,相邻原子的 3d 电子自旋磁矩是可以随着外磁场而转动的。然而,3d 电子自旋磁矩与轨道磁矩之间也有耦合作用。在外磁场的作用下,电子自旋磁矩随外磁场转动时,电子自旋磁矩与相邻原子 3d 电子轨道磁矩的耦合作用,使相邻原子间的距离 r 发生变化,从而产生一种磁弹耦合能和产生磁致伸缩应变。3d 电子自旋磁矩与相邻原子轨道磁矩的耦合作用和电子结构,尤其是与外层电子组态有关。这就是添加元素可以提高(或改变)Fe 基合金磁致伸缩的重要原因。

2. 晶体取向因子 α_{GO}

单晶体的磁致伸缩有明显的各向异性,沿晶体的不同晶体方向的磁致伸缩应变显著不同,称为磁致伸缩各向异性。这种各向异性与磁晶各向异性是密切相关的。表 5.5 所示为几种材料单晶体 ε_{100} 和 ε_{111} 的数值。可见,$TbFe_2$ 和 $DyFe_2$ 的 ε_{100} 几乎是 ε_{111} 的 2 倍,$Fe_{81.9}Ga_{19.1}$ 的 ε_{100} 是 ε_{111} 的约 10 倍,Co 铁氧体的 ε_{100} 是 ε_{111} 的 5 倍。为使材料具有高的 ε_s 值,最好的办法是将材料做成单晶体,沿其 ε 值最大的方向使用。但是单晶体成本高,使用磁致伸缩材料大都是多晶材料,使每一个晶粒具有最大 ε 值的方向沿使用方向排列,称为晶体取向,即 GO(Grain Orientation)。晶体取向下面用织构来描述。α_{GO} 包括两项:第一项是 $\langle 100 \rangle$ 或 $\langle 111 \rangle$ 取向晶粒的百分数;第二项是 $\langle 100 \rangle$ 或 $\langle 111 \rangle$ 与使用方向的夹角 θ 的 $\cos\theta$ 的值。当 $\langle 100 \rangle$ 或 $\langle 111 \rangle$ 取向晶粒的百分数为 100% 和 θ 角为零(理想的晶体取向)时,$\alpha_{GO} = 1.0$,否则 $\alpha_{GO} < 1$。

表 5.5　几种材料单晶体的 ε_{100} 和 ε_{111} 及其晶体结构

材料	晶体结构	$\varepsilon_{111} / \times 10^{-6}$	$\varepsilon_{100} / \times 10^{-6}$	易磁化方向
$TbFe_2$	$MgCu_2$ 型	4 400	2 400	$\langle 111 \rangle$
$DyFe_2$	$MgCu_2$ 型	4 200	1 260	$\langle 111 \rangle$
Ni	fcc	-26	-48	$\langle 111 \rangle$
Fe $-$ 3%Si	bcc	-5	~ 27	$\langle 100 \rangle$
Fe $-$ 40%Ni	fcc	26	~ -8	—
$Fe_{79.4}Ga_{20.6}$/%	bcc	42	400[①]	$\langle 100 \rangle$
$Fe_{81.9}Ga_{19.1}$/%	bcc	~ -5	440[①]	$\langle 100 \rangle$
$Co_{0.8}Fa_{2.2}O_4$	bcc	$+110$	-590	$\langle 100 \rangle$

注:① 指由理论计算得到的 $\frac{3}{2}\varepsilon_{111}$ 或 $\frac{3}{2}\varepsilon_{100}$。

实践和理论已经证明,磁畴结构与测量方向(即使用方向)的相对取向对磁致伸缩有重要的影响。实际上在磁场作用(磁化)下,磁畴结构的变化引起的线磁致伸缩,其本质是由畴壁位移引起的。磁畴壁有三种:第一种是 90° 畴壁;第二种是大于 90°、小于 180° 的非 180° 畴壁;第三种是 180° 畴壁。实际上仅有第一种和第二种畴壁位移对线磁致伸缩有贡献,其中贡献最大的是 $90°$ 畴壁位移,第三种畴壁位移对线磁致伸缩没有贡献。例如,假定存在如图 5.33 所示的 a、b、c 三种畴结构,这三种畴结构在零磁场中的畴结分别如 a_1、b_1 和 c_1 所示。其中 a_1 存在四个磁畴,即 $90°$ 畴壁,b_1 和 c_1 仅有 1 和 2 两个磁畴。磁化磁场如箭头所示,a_2 中 1 和 3,1 和 4 间的磁畴壁是 $90°$ 畴,1 畴和 2 畴之间的畴壁是 $180°$ 畴,b_2 的 1 畴和 2 畴之间的畴壁均是 $180°$ 畴,c_2 中的 1 畴和 2 畴是 $90°$ 畴(相对外磁场)。a_3 的磁化过程,同时有 $90°$ 和 $180°$ 的畴壁位移,但以 $90°$ 畴壁位移为主,可产生中等高的 ε_s;在 b_3 中仅是 $180°$ 畴壁位移,其 ε_s 很低,或为零;在 c_3 中,1 畴和 2 畴的静磁能是相等的,磁化过程是 $90°$ 畴的磁矩转动,因此可以获得最高的 ε_s。

可见,为获得高的 ε_s,需要通过磁场热处理或应力热处理,或者测量施加压缩应力(对于 $\varepsilon > 0$ 材料)或拉伸应力(对于 $\varepsilon < 0$ 材料)以变成 $90°$ 畴结构,从而获得高的 ε_s 值,并使其 ε_s 尽可能接近理论值 $\frac{3}{2}\varepsilon_{111}$ 或 $\frac{3}{2}\varepsilon_{100}$。

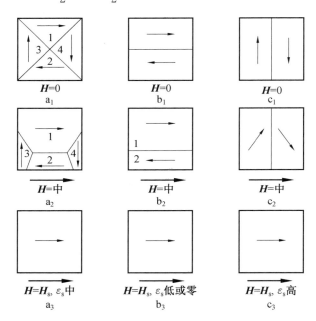

图 5.33　磁畴结构变化与磁致伸缩的关系

3. $\gamma_{(H/H_s)}$ 因子

$\gamma_{(H/H_s)}$ 因子是与磁化场及饱和磁场 H_s 比有关的因子。H_s 是与材料的各向异性场、材料的成分、显微结构和畴织构等有关的量。例如,$TbFe_2$ 和 $DyFe_2$ 化合物的 ε_{111} 很高,但是由于其 H_s 也很高,H_s 达到 20 000 kA/m,若 H 只达到 100 kA/m,$\gamma_{(H/H_s)}$ 也小于 0.01,则这两种稀土化合物没有实际应用的意义。实用的磁致伸缩材料,Tb－Dy－Fe 和 Fe－Ga 合金,由于织构、畴结构和显微组织控制不好,磁化场 H 远低于 H_s 时,所制备材料的 ε_s 也很低。

5.3.10　磁致伸缩本构模型

1. 线性压磁方程

线性压磁方程是一种描述磁致伸缩现象非常直接且有效的方法,虽然磁致伸缩全过程存在很强的非线性,而且还存在明显的磁滞现象,但是在一定的范围内采用线性化的方法来描述磁场与机械场之间的耦合关系是有效的。对于一维弹性材料而言,其线性压磁方程为

$$d\varepsilon = \left(\frac{\partial \varepsilon}{\partial \sigma}\right)_{H,T} d\sigma + \left(\frac{\partial \varepsilon}{\partial H}\right)_{\sigma,T} dH + \left(\frac{\partial \varepsilon}{\partial T}\right)_{\sigma,H} dT \tag{5.62}$$

$$dB = \left(\frac{\partial B}{\partial \sigma}\right)_{H,T} d\sigma + \left(\frac{\partial B}{\partial H}\right)_{\sigma,T} dH + \left(\frac{\partial B}{\partial T}\right)_{\sigma,H} dT \tag{5.63}$$

式中,H 为磁场强度;B 为磁感应强度;T 为温度;ε 为应变;σ 为应力。

当在恒温条件下,且考虑超磁致伸缩棒只在单一的轴向发生伸缩,式(5.62)和式(5.63)可以相应地转变成如下形式:

$$\varepsilon = \sigma / E_y^H + d_{33} H \tag{5.64}$$

$$B = d_{33}^* \sigma + \mu^\sigma H \tag{5.65}$$

式中,E_y^H 为恒磁场强度下的弹性模量;B 为恒应力下的磁导率;d_{33} 和 d_{33}^* 为压磁系数。

线性压磁方程的物理学基础是胡克定律和磁介质的磁感应强度与磁场强度关系方程,式(5.64)表明超磁致伸缩棒的总应变等于外加应力引起的弹性应变和外加磁场引起的磁应变之和,式(5.65)表明超磁致伸缩棒的磁感应强度等于外加应力引起的磁感应强度和外加磁场引起的磁感应强度之和,所以磁致伸缩作动器输出位移是磁场和弹性场耦合的结果。

2. 标准平方型本构

对于一维问题下的本构,由电磁体的能量平衡方程:

$$\frac{d}{dt}\int_v \left(\frac{1}{2}\rho \dot{u}_i \dot{u}_i + \rho U\right) dv = \int_v (f_i \dot{u}_i + \Phi) dv + \int_s t_i \dot{u}_i ds \tag{5.66}$$

式中,U 为单位质量的内能密度函数;Φ 为单位时间的电磁能量密度,对于准静态电磁弹性问题,电磁能量密度可以用 Poynting 能流矢量表示,$\boldsymbol{\Phi} = -\nabla \cdot (\boldsymbol{E} \times \boldsymbol{H})$,其中,$\boldsymbol{E}$ 为电场强度矢量,$\boldsymbol{H}$ 为磁场强度矢量,∇ 为梯度算子;f_i、t_i 分别为体力和面力分量;u 为位移分量;dv、ds 分别为体元和面元;u 上面的"·"表示 u 对时间的导数;ρ 为质量密度。由电磁介质的连续方程和运动方程可以简化能量平衡方程为

$$\int_v \rho \dot{U} dv = \int_v (\Phi + \dot{\varepsilon}_{ij} \sigma_{ij}) dv \tag{5.67}$$

式中,ε_{ij},σ_{ij} 分别为应变分量和应力分量,利用准静态假设和法拉第电磁感应定律:

$$\nabla \times H = 0, \quad \nabla \times E = -\dot{B} \tag{5.68}$$

能量平衡方程可以进一步化为如下的方程形式:

$$\int_v \rho \dot{U} dv = \int_v (\dot{B}_k H_k + \dot{\varepsilon}_{ij} \sigma_{ij}) dv \tag{5.69}$$

式中,$\boldsymbol{B}$ 是磁感应强度矢量。对于小变形采用单位体积的内能密度,则

$$\dot{U} = \dot{B}_k H_k + \dot{\varepsilon}_{ij} \sigma_{ij} \tag{5.70}$$

以应力和磁场为自变函数,做一个 Legendre 变换得到本构关系为

$$\varepsilon_{ij} = \left.\frac{\partial G_{bs}}{\partial \sigma_{ij}}\right|_H, \quad B_k = \left.\frac{\partial G_{bs}}{\partial H_k}\right|_\sigma \tag{5.71}$$

式中,G_{bs} 为 Gibbs 自由能函数,将 Gibbs 自由能函数进行泰勒展开

$$G_{bs} = G_{bs0} + \frac{\partial G_{bs}}{\partial \sigma_{ij}} \Delta \sigma_{ij} + \frac{\partial G_{bs}}{\partial H_k} \Delta H_k + \frac{1}{2} \frac{\partial^2 G_{bs}}{\partial \sigma_{ij} \partial \sigma_{kl}} \Delta \sigma_{ij} \Delta \sigma_{kl} + \frac{1}{2} \frac{\partial^2 G_{bs}}{\partial \sigma_{ij} \partial H_k} \Delta \sigma_{ij} \Delta H_k +$$

$$\frac{1}{2} \frac{\partial^2 G_{bs}}{\partial H_l \partial H_k} \Delta H_l \Delta H_k + \frac{1}{3!} \frac{\partial^3 G_{bs}}{\partial \sigma_{ij} \partial \sigma_{kl} \partial \sigma_{mn}} \Delta \sigma_{ij} \Delta \sigma_{kl} \Delta \sigma_{mn} +$$

$$\frac{1}{3!} \frac{\partial^3 G_{bs}}{\partial \sigma_{ij} \partial \sigma_{kl} \partial H_m} \Delta \sigma_{ij} \Delta \sigma_{kl} \Delta H_m + \frac{1}{3!} \frac{\partial^3 G_{bs}}{\partial \sigma_{ij} \partial H_k \partial H_l} \Delta \sigma_{ij} \Delta H_k \Delta H_l +$$

$$\frac{1}{3!} \frac{\partial^3 G_{bs}}{\partial H_m \partial H_k \partial H_l} \Delta H_m \Delta H_k \Delta H_l + \cdots \tag{5.72}$$

将展开式代入式(5.71),取相应的各项即可得到本构表达式。而重要的工作是如何合理地由实验数据确定本构表达式中的系数,这些需要了解磁致伸缩材料的实验。

Moffet 对稀土超磁致伸缩材料 Terfenol—D 进行了详细的实验研究,共进行了 8 种不同的外加压应力作用下材料的磁致伸缩性能的实验。实验发现,随着外加压应力的增加,达到同样的应变需要的外加驱动磁场增大,材料的相对磁导率减小。

根据磁致伸缩材料的实验,应变响应是外磁场的平方关系,即应变对于方向相反的磁场是对称的。本构关系中磁场变量只能以偶次方出现,取式(5.72)相应的前几项,得到本构表达式

$$\varepsilon_{ij} = s_{ijkl} \sigma_{kl} + m_{ijkl} H_k H_l + c_{ijklmn} \sigma_{kl} H_m H_n \tag{5.73}$$

$$B_k = \mu_{kl} H_l + m_{klmn} \sigma_{mn} H_l + c_{klmnpq} \sigma_{mn} \sigma_{pq} H_l \tag{5.74}$$

式中,s_{ijkl} 为材料的弹性柔度张量;m_{ijkl} 为材料的磁致伸缩系数张量,其物理意义表示单位外磁场的材料的响应应变,称为场磁致伸缩系数,其量纲为 m^2/A;c_{ijklmn} 为场磁弹性系数张量,物理意义表示在外加应力作用下,由外加磁场引起的材料磁弹耦合响应应变,量纲为 $m^4/(A^2 \cdot N)$;μ_{kl} 为材料的磁导率张量。对各向同性材料,可认为是各向同性张量。对于一维问题,本构表达式为

$$\varepsilon = s\sigma + mH^2 + r\sigma H^2 \tag{5.75}$$

$$B = \mu H + m\sigma H + r\sigma^2 H \tag{5.76}$$

磁致伸缩材料的应变磁场曲线一般有三个明显的阶段:磁场较低时,应变响应很小;在中等磁场时,应变响应对外磁场很敏感,微小的磁场增量将引起很大的应变输出;高磁场时应变接近饱和。工程实际应用时,为了得到较大的应变输出,材料一般被设计在中等磁场中应用。因此,为了能模拟实际工程应用中材料的响应,本节根据中等磁场阶段材料的响应性质,建立本构关系中的系数和相应实验数据的关系,确定本构表达式中的磁致伸缩系数 m 和磁弹性系数 c。

从磁致伸缩材料的磁致应变的细观机制来看,磁致伸缩材料内部的磁畴在受到外磁场作用下,将沿着磁场方向偏转,同时在磁场方向产生变形。当磁致伸缩材料受到压应力时,磁畴将沿着与应力作用方向垂直的方向偏转。同时磁性材料的磁晶各向异性作用将

阻碍磁畴的翻转,应力的作用需要克服磁晶各向异性,才能使磁畴偏转。对于不同的材料,存在不同的使磁畴偏转的临界应力。

　　分析实验数据可以看出,压磁系数随着预加应力是逐渐减小的;达到最大压磁系数的外磁场随着预加压应力的增加而逐渐增大;当压应力大于临界应力时,如果用一个线性函数模拟达到最大压磁系数的外磁场与预应力的关系,可以发现实验数据与线性函数模拟值非常接近,误差很小,设线性函数:

$$\widetilde{H} = \widetilde{H}_{cr} + \zeta \cdot \Delta\sigma \tag{5.77}$$

式中,$\widetilde{H}$ 表示作用临界压应力时达到最大压磁系数的磁场;ζ 的物理意义表示应力增量引起的达到最大压磁系数的磁场增量,其量纲为 m · A/N;$\Delta\sigma$ 是一个反映材料性质的材料常数。对于一定的磁致伸缩材料,ζ 具有确定的值,而

$$\Delta\sigma = \sigma - \sigma_{cr} \tag{5.78}$$

式中,σ 为预应力;σ_{cr} 为临界应力,同样是一个材料常数。将表达式(5.75)对磁场求导,得到压磁系数的表达式

$$d = \frac{\partial\varepsilon}{\partial H}\bigg|_{\sigma} = 2(m + r\sigma)H \tag{5.79}$$

这样最大压磁系数可得

$$\widetilde{d} = 2(m + r\sigma)\widetilde{H} \tag{5.80}$$

　　当无外加压应力时,$\widetilde{H} = \widetilde{H}_0$,$\widetilde{d} = \widetilde{d}_0$。其中 $\widetilde{d}_0$、$\widetilde{H}_0$ 分别表示无预应力作用时,最大压磁系数和达到该系数时的外磁场。当预压应力为零时,$\sigma = 0$,则

$$m = \frac{\widetilde{d}_0}{2\widetilde{H}_0} \tag{5.81}$$

　　由式(5.77)、式(5.78)和式(5.80),最大压磁系数可以表示为

$$\widetilde{d} = \widetilde{d}_{cr} + a \cdot \Delta\sigma + b \cdot (\Delta\sigma)^2 \tag{5.82}$$

式中,a、b 反映最大压磁系数随预应力变化的关系,由实验数据得到,其量纲分别为 $m^3/(A \cdot N)$、$m^5/(A \cdot N^2)$。对于有预压应力的一般情况下,将材料函数(5.77)代入本构理论的压磁系数表达式(5.80),并代入由实验得到的表达式(5.82),即得到磁弹性系数的表达式

$$c = \frac{1}{\sigma}\left[\frac{\widetilde{d}_{cr} + a \cdot \Delta\sigma + b \cdot (\Delta\sigma)^2}{2(\widetilde{H}_{cr} + \zeta \cdot \Delta\sigma)} - \frac{\widetilde{d}_0}{2\widetilde{H}_0}\right] \tag{5.83}$$

　　一般三维问题的本构关系亦有两个参数张量需要由实验确定,即磁致伸缩系数张量 m_{ijkl} 和磁弹性系数张量 c_{igklmn},对于各向同性材料,假定磁致伸缩系数张量是各向同性张量,其一般表达式为

$$m_{ijkl} = \frac{\beta}{2}(\delta_{ik}\delta_{jl} + \delta_{jk}\delta_{il}) + \frac{\alpha-\beta}{3}\delta_{ij}\delta_{kl} \tag{5.84}$$

式中,δ_{ij} 为 Kronecker 符号;$\alpha = m_{1111} + 2m_{1122}$;$\beta = m_{1111} - m_{1122}$;$m_{1111}$ 为磁场方向的应变;m_{1122} 为垂直于外磁场方向的应变,m_{1111} 和 m_{1122} 都可以由一维问题的实验确定。

定义磁泊松比 $\nu_{\mathrm{m}} = \dfrac{m_{1122}}{m_{1111}}$，实验测量磁泊松比需要测量两条单轴下的应变与磁场关系曲线，即平行于磁场方向应变与磁场关系曲线 $\varepsilon - H$ 和垂直磁场方向应变与磁场关系曲线 $\varepsilon^* - H$。

如果根据式(5.72)取本构方程的一般表达式如下：

$$\varepsilon_{ij} = s_{ijkl}\sigma_{kl} + m_{ijkl}H_k H_l + r_{ijklmn}\sigma_{mn}H_k H_l + \cdots \tag{5.85a}$$

$$B_k = \mu H_k + m_{klmn}\sigma_{mn}H_l + r_{klijmn}\sigma_{ij}\sigma_{mn}H_l + \cdots \tag{5.85b}$$

以应力和磁感应强度 σ、B 作为自变量，做一个 Legendre 变换，得到本构表达式如下：

$$\varepsilon_{ij} = \left.\frac{\partial G^*}{\partial \sigma_{ij}}\right|_B, \quad H_k = -\left.\frac{\partial G^*}{\partial B_k}\right|_\sigma \tag{5.86}$$

将弹性 Gibbs 自由能函数 G^* 泰勒展开，取相应的几项，对各向同性材料有

$$\varepsilon_{ij} = s_{ijkl}\sigma_{kl} + m^*_{ijkl}B_k B_l + r^*_{ijklmn}\sigma_{kl}B_m B_n + \cdots \tag{5.87a}$$

$$H_k = \frac{1}{\mu}B_k - m^*_{klmn}\sigma_{mn}B_l - r^*_{klijmn}\sigma_{ij}\sigma_{mn}H_l + \cdots \tag{5.87b}$$

式中，m^*_{igkl} 为材料内单位磁感应强度所产生的磁致伸缩应变，称其为感应磁致伸缩系数张量；μ 为材料的磁导率；r^*_{ijklmn} 表示在外应力作用下，由外磁场引起材料内单位磁感应强度时，所产生的耦合磁弹性应变，称为感应磁弹性系数。把式(5.85b)代入式(5.87a)，得

$$\varepsilon_{ij} = s_{ijkl}\sigma_{kl} + \mu^2 m^*_{ijkl}H_k H_l + \mu m^*_{ijpq}(m_{pkmn} + m_{qlmn})\sigma_{mn}H_k H_l +$$
$$\mu^2 r^*_{ijklmn}\sigma_{mn}H_k H_l + \cdots \tag{5.88}$$

将式(5.88)与式(5.85a)逐项比较得到：

$$m^*_{ijkl} = \frac{1}{\mu^2}m_{ijkl} \tag{5.89}$$

$$r_{ijklmn} = \frac{1}{\mu}(m_{ijpl}m_{pkmn} + m_{ijkp}m_{plmn}) + \overset{\frown}{\mu^2} r^*_{ijklmn} \tag{5.90}$$

对于各向同性材料，假设场磁弹性系数与感应磁弹性系数均为六阶各向同性张量，且互为比例张量，引进待定系数 C，得到场磁弹性系数的表达式为

$$r_{ijklmn} = \frac{C}{\mu}(m_{ijpl}m_{pkmn} + m_{ijkp}m_{plmn}) \tag{5.91a}$$

利用磁弹性系数的对称性，场磁弹性系数张量可以表示成

$$c_{ijklmn} = \frac{1}{3}\frac{C}{\mu}\big[(m_{ijlp}m_{pkmn} + m_{ijkp}m_{plmn}) + (m_{ijmp}m_{pnkt} + m_{ijnp}m_{pmkl}) +$$
$$(m_{klip}m_{pjmn} + m_{kljp}m_{pimn})\big] \tag{5.92b}$$

待定系数需要与一维情况下的磁弹性系数值 c 比较确定。从上述可以看出，如果由实验测定了一维情形下的磁致伸缩系数的两个参数和磁弹性系数，则一般三维情形的磁致伸缩系数张量与磁弹性系数张量就已确定。

3. 切型本构

上面所述是标准平方型本构关系，即磁致伸缩应变与外磁场是平方型的关系，这种本构在中低磁场情况下能较好地模拟实验曲线，但在高磁场则产生很大的误差。双曲正切型本构关系在高场时能较好地模拟实验曲线。如果取 Gibbs 自由能函数为

$$G_{bs} = \frac{1}{2}\mu_{mn}H_mH_n + \frac{1}{2}s_{ijkl}\sigma_{ij}\sigma_{kl} + \frac{1}{2k^2}\tanh^2(k\mid H\mid)r_{ijklmn}\sigma_{ij}\sigma_{kl}\frac{H_mH_n}{\mid H\mid^2} +$$

$$\frac{1}{k^2}\tanh^2(k\mid H\mid)m_{mnij}\sigma_{ij}\frac{H_mH_n}{\mid H\mid^2} \tag{5.93}$$

式中，$\tanh(x)$ 为双曲正切函数；$k = \dfrac{1}{\tilde{H}}$ 称为松弛参数，这个参数使双曲正切函数的自变量

无量纲化。其中，$\tilde{H}$ 是达到最大压磁系数时的磁场，在有压应力作用下，由材料函数
(5.77) 决定。将 Gibbs 自由能函数代入式(5.71)得到本构表达式，取一维情况讨论

$$\varepsilon = s\sigma + \frac{1}{k^2}m\tanh^2(kH) + \frac{1}{k^2}c\sigma\tanh^2(kH) \tag{5.94}$$

$$B = \mu H + \frac{2}{k}m\sigma\frac{\sinh(kH)}{\cosh^3(kH)} + \frac{1}{k}c\sigma^2\frac{\sinh(kH)}{\cosh^3(kH)} \tag{5.95}$$

式中，m 为磁致伸缩系数；c 为磁弹性系数。将式(5.95a)对磁场求导得到压磁系数

$$d = 2\frac{m + r\sigma}{k}\tanh(kH)(1 - \tanh^2(kH)) \tag{5.96}$$

最大压磁系数

$$\tilde{d} = 2\tanh(1)(1 - \tanh^2(1))(m + r\sigma)\tilde{H} \tag{5.97}$$

对于自由磁致伸缩情况，$\sigma = 0$，$\tilde{H} = \tilde{H}_0$，$\tilde{d} = \tilde{d}_0$ 则

$$m = \frac{1}{\tanh(1)(1 - \tanh^2(1))} \cdot \frac{\tilde{d}_0}{2\tilde{H}_0} \tag{5.98}$$

对于有预应力的一般情形，由式(5.97)求出磁弹性系数 r，并代入式(5.77)和式
(5.82) 得

$$r = \frac{1}{2\tanh(1)(1 - \tanh^2(1))} \cdot \frac{1}{\sigma} \cdot \left[\frac{\tilde{d}_{cr} + a \cdot \Delta\sigma + b \cdot (\Delta\sigma)^2}{\tilde{H}_{cr} + \zeta \cdot \Delta\sigma} - \frac{\tilde{d}_0}{2\tilde{H}_0}\right] \tag{5.99}$$

习　　题

1. 请简述几种经典的磁致伸缩效应。
2. 简述几种经典的磁致伸缩理论。
3. 请简述几种磁致伸缩的影响因素，并通过绘图或理论公式说明。
4. 请简述磁致伸缩应变系数的测量方法及其特点。
5. 请简述何为磁致伸缩应变与磁弹性常数，并描述它们之间的关系。
6. 请简述几种经典的磁致伸缩本构关系，并写出其基本表达方式。
7. 有一磁致伸缩材料，在某一磁场下其弹性模量 E_y^H 为 100 MPa，对应的压磁系数 d_{33}
为 0.5×10^{-3} m/A，磁场强度 H 为 120 A/m，在此条件下测得材料所受应力为 200 MPa，
请采用线性压磁方程计算在此条件下材料所产生的磁致伸缩应变。

第6章 形状记忆材料多场耦合力学理论及应用

6.1 形状记忆效应及原理

6.1.1 形状记忆材料及其分类

自 20 世纪 60 年代起,形状记忆材料以独特的性能引起世界的广泛关注,其有关研究也得以迅速发展。形状记忆是指具有初始形状的制品,经形变固定之后通过加热等外部条件刺激手段的处理,又可使其恢复初始形状的现象。

形状记忆材料是指能够感知环境变化(如温度、力、电磁、溶剂等)的刺激,并响应这种变化,对其力学参数(如形状、位置、应变等)进行调整,从而恢复到其预先设定状态的材料。由于形状记忆材料在智能结构(intelligent structure)或称机敏结构(smart structure)中具有非常重要的潜在应用价值,因此在最近的 20 多年获得了长足的进展,形状记忆材料也因此被称为智能材料(intelligent materials)或机敏材料(smart materials)。到目前为止,人们发现的形状记忆材料已很多,仅形状记忆合金的专利就有 4 500 多个。除金属外,还发现了具有形状记忆行为的陶瓷、聚合物、凝胶等。按材料的化学组成,形状记忆材料包括形状记忆合金(Shape Memory Alloys,SMA)、形状记忆陶瓷(Shape Memory Ceramics,SMC)和形状记忆聚合物(Shape Memory Polymer,SMP)等。形状记忆合金,如镍-钛合金、铜-镍-钛、铁-锰-硅等;形状记忆陶瓷(无机非金属形状记忆材料),如石榴石、云母玻璃等;形状记忆聚合物,如形状记忆聚氨酯、交联聚乙烯等;此处还有形状记忆复合材料,如包埋形状记忆镍-钛合金丝的铝等。

6.1.2 形状记忆合金(SMA)

1. 形状记忆合金及形状记忆效应的原理

在高温下处理成一定形状的金属急冷下来,在低温相状态下经塑性变形为另一种形状,然后加热到高温相成为稳定状态的温度时,通过马氏体逆相变恢复到低温塑性变形前的形状的现象称为形状记忆效应,如图 6.1 所示。具有这种效应的金属,通常是由两种以上的金属元素构成的合金,故称为形状记忆合金。形状记忆效应是由马氏体相变导致的。参与马氏体相的高温相和低温相分别称为母相和马氏体相。形状恢复的推动力是在加热温度下母相和马氏体相的自由能之差。为了使形状恢复完全,马氏体相变必须是晶体学上可逆的热弹性马氏体相变,所以通常把进行热弹性马氏体相变的合金看作形状记忆合金。

形状记忆合金可恢复的应变量达到 7% ～ 8%,比一般金属材料要高得多(但比形状

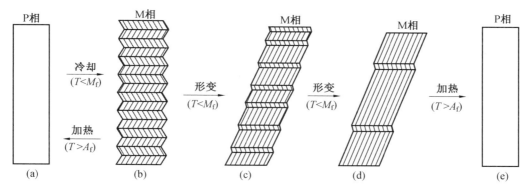

图 6.1 金属形状记忆效应的原理(热弹性型马氏体相变)

(a) 和(e) 为母相;(b) ～ (d) 均表示马氏体相

记忆聚合物的变形量要小得多),对一般金属材料来说,这样大的变形量早就发生永久变形了。但许多形状记忆合金系统中存在两种不同结构状态,高温时称之为奥氏体相(austenite),是一种体心立方晶体结构的 CsCl 相(又称母相);而低温时称之为马氏体相(marsenite),是对称性的单斜晶体结构。合金在马氏体状态时比较软,屈服强度也比母相奥氏体要低得多,且含有许多孪晶,一旦给它施加外力就容易变形,此时所产生的变形与一般金属材料的塑性变形(滑移变形) 不同,其原子结合并没有产生变化。正如同图6.1 那样,若加热时在较高温度下就会逆转变为稳定的母相,此时的原子活动被限定于特定方位内,因而也就恢复到原状。合金成分的改变可以使马氏体形成和消失的温度在173 ～ 373 K 之间变化。这类相变还具有热滞后现象,如图 6.2 所示。图 6.2 中四个相变特征温度分别为马氏体转变开始温度 M_s、终了温度 M_f,母相转变(也称逆转变) 开始温度 A_s 和终了温度 A_f,相应的晶体结构变化在图 6.2 中标出。热滞回线间的热滞后大小一般为20 ～ 40 K,热滞后的大小也可以通过合金组分的调整进行调节。

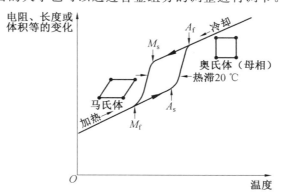

图 6.2 形状记忆合金在冷 — 热循环过程中呈现的热滞后现象

按形状恢复形式,形状记忆效应分为三类。在马氏体状态下受力变形,加热时恢复高温相形状,冷却时不恢复低温相形状的现象称为不可逆形状记忆效应或单程记忆效应。加热时恢复高温形状,冷却时恢复低温形状,即通过温度升降自发地可逆地反复恢复高低温形状的现象称为可逆形状记忆效应或双程记忆效应。加热时恢复高温相形状,冷却时变为形状相同而取向相反的高温相形状的现象称为全程记忆效应。这是一种特殊的双程记忆效应,只在富镍的 Ti－Ni 合金中出现。在相变温度(T_f)以上对合金施加外力也能引起马氏体相变,所形成的马氏体为应力诱发马氏体(Stress Induced Martensite,SIM)。其特点是当除去应力时,马氏体消失,产生一种力学型形状记忆。

热弹性马氏体和应力诱发马氏体统称为弹性马氏体。只有弹性马氏体相变才能产生形状记忆效应。马氏体转变的微观过程是孪生变形过程,所形成的马氏体与母相有很好的共格性,因此在母相与马氏体的转变循环中,母相可完全恢复原状。

形状记忆合金的机械性质优良,能恢复的形变可高达 10%,而一般金属材料只有 0.1% 以下。另外,SMA 在加热时产生的恢复应力非常大,可达 500 MPa。SMA 这种可响应温度、外力变化而产生的超弹性特性,从微观来看,是对环境刺激的自适应,即通过调整内部结构来适应外界条件。这种特性在许多智能材料和智能机械的设计中有重要的价值。

2. 马氏体相变

由于形状记忆效应和超弹性与马氏体相变(Martensitic Transformation,MT)密切相关,首先简略地给出马氏体相变的基本概念。在下一节中将做更确切的介绍。马氏体相变是种固体中的无扩散相变,原子往往以类切变的机制协同移动。通常母相(高温相)是立方晶马氏体(低温相)的对称性较低。相变示意地在图 6.3 上绘出。如图 6.3 所示,当温度降低到临界温度以下,马氏体相变以类切变的机制开始发生。在(a)和(b)两个区域中的马氏体结构相同,但取向不同,称为马氏体的对应变体。由于马氏体的对称性较低,在相同的母相中可以形成多个变体。在温度升高的情况下,马氏体不再稳定而发生相变(Reverse Transformation,RT)。倘若在晶体学上是可逆的,则马氏体逆变为初始取向的母相。这就是形状记忆效应的起因,后面将有更详细的介绍。以上例子清楚地表明,马氏体相变的特征是原子的协同运动,因而有时称之为位移相变或军团式相变。这样,即使原子的相对位移很小(相当于原子之间的距离),马氏体相变都会造成宏观上的形状变化,如图 6.3 所示。正是这个原因,马氏体相变与形状记忆效应和超弹性密切相关。

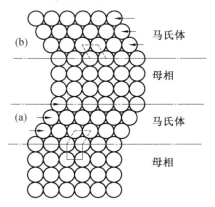

图 6.3　马氏体相变的简化模型

3. 形状记忆效应机制

如图 6.4 所示,形状记忆效应是这样一种现象,尽管试样在低于 A_f 的温度下变形,但是当加热到 A_p 温度以上,通过逆相变,试样会恢复原状。这种相变可以是任一类型,如拉伸、压缩或弯曲等,但应变要低于某一临界值,这将在下节中讨论。当然,发生逆相变是这种现象的起因。如上所述,当试样在低于 M_f 或 M_f 与 A_s 之间的温度下变形时,出现形状记忆效应。高于这个温度,马氏体是不稳定的。随温度变化方式的不同,形状记忆效应机制略有差异。下面首先用单晶体母相的简化模型,描述在 $T \leqslant M_f$ 时的相变情况,如图6.4所示。若将单晶体母相(a)冷却到低于 M_f 的温度,马氏体以自协调的方式形成(b)。为简化起见,这里出示出两个对应关系变体。因为以自协调的方式发生相变,所以这个过程不引起试样的形状发生变化。这些变体具有孪生关系,极易运动。这样,如果外加应力孪晶边界就要移动以与外加应力相协调,如图 6.4(c) 和(d) 所示。如果应力足够高,就变成应力作用下的单一马氏体变体。孪晶界的这种高度可动性,以 Cu－Al－Ni 合金中的 γ 马氏体为典型例子示于图 6.5 上。图中单一的马氏体变体通过切变改变成孪晶取向,从而产生大的孪生切应变。然后,图 6.4(d) 的试样被加热到 A_f 以上温度,出现逆相变;如果逆合相变在晶体学上是可逆的,原始形状就得以恢复(图 6.5(e))。这就是形状记忆效应的机制。

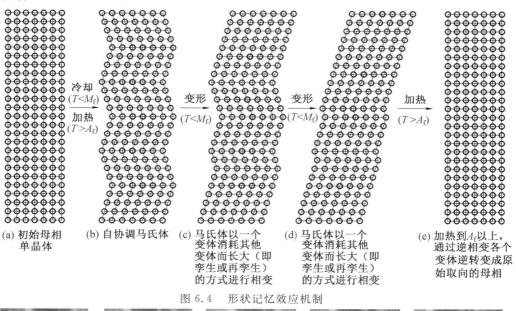

(a) 初始母相单晶体　(b) 自协调马氏体　(c) 马氏体以一个变体消耗其他变体而长大(即孪生或再孪生)的方式进行相变　(d) 马氏体以一个变体消耗其他变体而长大(即孪生或再孪生)的方式进行相变　(e) 加热到 A_f 以上,通过逆相变各个变体逆转变成原始取向的母相

图 6.4　形状记忆效应机制

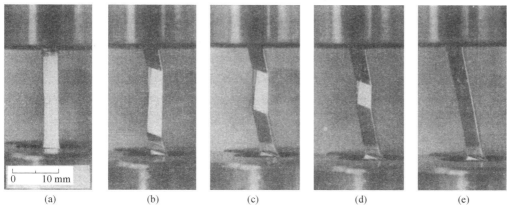

(a)　　(b)　　(c)　　(d)　　(e)

图 6.5　Cu－Al－Ni 单个马氏体变体通过孪晶界移动$[\langle 111 \rangle_m$ Ⅱ 型孪生] 而相变的演示

4. 超弹性及与形状记忆效应的关系

在低于 A_f 的温度下进行单向拉伸时,应变可被保持,但是当加热到高于 A_f 的温度时,应变恢复,如图 6.6 中虚线所示,这就是形状记忆效应。反之当高于 A_f 的温度下进行拉伸实验,只要卸载应变就得以恢复,这就是超弹性。

原则上,只要滑移的临界应力足够高,随着实验温度的变化,在同一试样中可以既观察到形状记忆效应,又观察到超弹性,下面将对此进行讨论。在低于 A_s 的温度下出现形状记忆效应,加热到 A_f 以上恢复原状;在 A_f 的温度以上出现超弹性,这时由于没有外加应力,故马氏体是完全不稳定的。在 A_s 和 A_f 的温度区间内,部分地兼有两者。图 6.6 中,正斜率的直线表示的是诱发马氏体的临界应力,服从 Clausius-Clapeyron 关系。负斜率的直线(A 或 B)表示的是滑移的临界应力。因为在加热和卸载时滑移不会恢复,所以应力必须低于这条线,才能获得形状记忆效应和超弹性。显然,如果临界应力像 B 线那样低,由于滑移发生在开始应力诱导马氏体相变以前,因而不会出现超弹性。

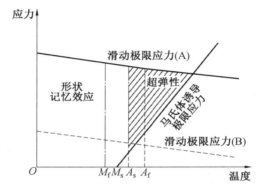

图 6.6　用温度－应力协调表示形状记忆效应和超弹性出现范围的示意图
(A)—高滑移临界应力的情况;(B)—低滑移临界应力的情况

通过上述讨论可以清楚地看到,马氏体相变的晶体学可逆性以及避免相变时产生滑移,是出现形状记忆效应和超弹性的重要条件。以前曾提出,形状记忆效应是热弹性马氏体相变和有序合金的特性。表 6.1 上列出了非铁的形状记忆合金,指出它们都是热弹性和有序的。例外的是,In-Ti 和 Mn-Cu 等合金,它们发生 FCC-FCT 相变时相应的相变应变极小。热弹性合金有利于形状记忆效应和超弹性的原因,部分是相变驱动力小(热滞小就是证明),可以避免引入位错;部分是存在许多易移动的孪晶,导致晶体学的可逆性。有序结构也与晶体学可逆性及避免滑移有关。前者可以用图 6.7 中示出的(有序HCP)-B2 相变来加以说明。如果合金无序,逆相变时有三种可能路径回到母相;但是如果合金有序,就只能有一个路径不似环可逆相变原始的母相有序结构。由于错误的路径会改变母相的结构,系统的能量增加,因而保证了晶体学上的可逆性。因为有序结构的滑移临界应力比无序的高(由于超位错等原因),所以有序结构对避免滑移也是有利的。基于上述理由,可以预期,强化热弹性合金可以提高其形状记忆和超弹性的特性。按物理冶金学的观点,有三种提高滑移临界应力的方法:① 固溶强化;② 沉淀硬化;③ 加工硬化。运用这些原理,已经成功地提高了 Ti-Ni 合金的形状记忆特性。已知 Ti-Ni 和 Mn-

Cu 合金具有晶体学的可逆性,然而它们是无序的,这可能是由于相变应变很小。

表 6.1　显示良好形状记忆效应和超弹性的非铁合金

合金	成分(质量分数)/%	结构变化	热滞后温度 /K	有序性
Ag－Cd	44 ~ 49Cd	B2.2H	~ 15	有序
Au－Cd	46.5 ~ 48.0Cd	B2.2H	~ 15	有序
	49 ~ 50Cd	B2.三角系	~ 2	有序
Cu－Zn	38.5 ~ 41.5Cd	B2.M(调制的)9R	~ 10	有序
Cu－Zn－X (X = Si,Sn,Al,Ga)	少许	B2.M9R	~ 10	有序
Cu－Al－Ni	28 ~ 29Al,	DO$_3$ － 2H	~ 35	有序
	3.0 ~ 4.5Ni	—	—	—
Cu－Sn	~ 15Sn	DO$_3$ － 2H,18R	—	有序
Cu－Au－Zn	23 ~ 28Au	Heusler － 18R	~ 6	有序
	45 ~ 47Au	—	—	—
Ni－Al	36 ~ 38Al	B2.3R,7R	~ 10	有序
Ti－Ni	49 ~ 51Ni	B2.单斜系	~ 30	有序
Ti－Ni－Cu	8 ~ 20Cu	B2.R 相 －(单斜系)	~ 2	有序
		B2.正交系 －(单斜系)	4 ~ 12	有序
Ti－Pd－Ni	0 ~ 40Ni	B2.正交系	30 ~ 50	有序
In－Ti	18 ~ 23Tl	FCC － FCT	~ 4	无序
In－Cd	4 ~ 5Cd	FCC － FCT	~ 3	无序
Mn－Cd	5 ~ 35Cu	FCC － FCT	—	无序

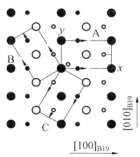

(a) B19 相 (有序的 HCP) 到 B2 母相逆相变的三种可能点阵对应关系

(b) 从图 (a) 中的 A 变体逆相变所得的原子排列图

(c) 从图 (b) 中的 B 变体逆相变所得的原子排列图

图 6.7　(有序的 HCP) － B2 相变图

有一些意见认为,一般来说马氏体相变在晶体学上是可逆的。确实,如果马氏体相变可逆,逆相变以后应变会变得显著松弛。然而,对于非热相变并不一定如此。业已证明,Fe—Ni 合金的逆相变是通过母相再形核而发生的;逆相变后,原始的单晶体变成多晶体。大多数铁系合金马氏体经常规热处理后,不显示形状记忆效应,但是,其中某些铁系合金马氏体经一会程度热机械处理后,显示相当好的形状记忆效应。然而,即使在这种情况下,只有被应力诱发出来的马氏体才显示形状记忆效应;在完全马氏体状态($T < M_f$)下变形时,则不显示形状记忆效应。而且,在 FCC—HCP 相变中,HCP 马氏体逆转变到母相的取向往往是应力作用下的孪晶取向,而不是其原始取向。但是,在有序的热弹性相变中,即使在应力作用下,马氏体也逆变成原始取向的母相。从这方面看来,热弹性合金的形状记忆效应与非热弹性合金是不同的。

6.1.3　形状记忆陶瓷(SMC)

1. 陶瓷的形状记忆效应

多年来无机物和陶瓷化合物的位移或马氏体相变得到公认,最近几年这种现象引起人们足够的重视。技术上获得有意义的塑性,使工程陶瓷强韧性化。例如块状 ZrO_2,可伴随其四方晶(t)向单斜晶(m)的转变,发生约 5.5% 体积变化。一般对 ZrO_2 来说从高温冷却下来,产生如此大的体积变化足以引起裂纹扩展。但是含有临界尺寸沉淀物弥散分布的亚稳四方晶(t—ZrO)或含有亚稳多晶(t—ZrO_2)(TZP),应力诱发其 t 相向 m 相转变,可使陶瓷增韧。

应力激发 t 向 m 的相变结果形成近似孪晶的 m 片或板条。其形状应变的剪切分量几乎完全能够自动调节,这意味着此类陶瓷具有形状记忆的能力。$BaTiO_3$、$K(TaNb)O_3$ 和 $PbTiO_2$ 钙钛矿石类氧化物陶瓷,其马氏体相变对它们的结构与性能方面起着决定性的作用。且已经证明这类材料所共有的立方晶系(c)向四方晶系(t)转变具有明显的马氏体相变特征。

陶瓷材料应变恢复导致可视形状记忆效应,可归结于两种机理:其一,黏弹性恢复;其二,可逆马氏体相变恢复。

(1)黏弹性形状记忆。

Schurch 等报道,在变形的云母玻璃陶瓷中发现近乎理想的形状恢复现象。其典型的化学成分包括体积分数为 0.4% ~ 0.6% 的晶体云母弥散分布在连续的玻璃基体中。Itoh 等发现,当温度升到 300 ℃,被刚性玻璃包围的、具有弹性晶体结构的云母通过基面滑移和塑性应变可产生塑性变形。众所周知,云母在低温时不会产生塑性变形。但是云母玻璃陶瓷试样在一定负荷作用下,可以随温度的升高和冷却而变形,当撤除负荷时仍能保持形状稳定。只是试样再次加热到云母变形的温度,玻璃中所储备的弹性应变能,就成为逆变到原始形状的驱动力。

一个由晶化棒加工成带有螺旋线的试样,经 500 ℃ 加热加压发生塑变,冷却到室温,保持永久变形。随后 800 ℃ 长时间退火,应变有 99% 恢复。烧结陶瓷也有相似的黏弹性形状记忆,这些材料包括云母($KMg_3AlSi_3O_{10}Fe$)、氮化硅(SiC)、碳化硅(SiC)、二氧化锆(ZrO_2)、氧化铝(AlO_3)、β 锂辉石玻璃陶瓷和 $ZnO—B_2O_3$ 陶瓷。

（2）马氏体形状记忆。

二氧化锆陶瓷中，无论是应力还是热力学，由于相变塑性和韧化的存在，都能激发四方晶（t）向单斜晶（m）转变，而且是可逆变化。这意味着马氏体形状记忆效应的出现。

2. 合金和陶瓷形状记忆效应的对比

不仅在特殊的合金中，而且在陶瓷或聚合物中也能观察到形状记忆功能。合金的形状记忆功能来源于热或应力引起的"马氏体"的相变。在马氏体状态的合金被加以很大的变形后，当热引起反向的马氏体相变时，这种明显的、持久的应变被恢复到它原来的形状。接着，直到冷却，形状恢复到它原来的状态（图 6.8(a)）。

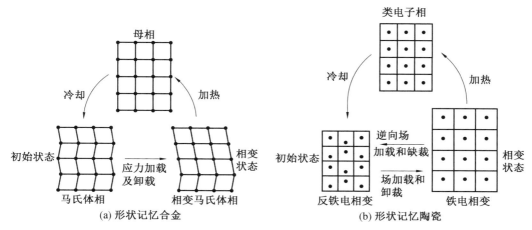

图 6.8　合金和反铁电相变陶瓷的形状记忆效应机制对比

可以预料有一定相变（即"铁弹性"相变）的陶瓷中也有相似的效果。Reyes－Morel 等人演示了氧化铈（CeO）稳定正方晶氧化锆（ZrO）多晶体的形状记忆及超弹性效果。图 6.9 引用了他们的数据，显示了室温下单轴压缩应力－应变曲线，与温度－应变曲线一起，在热的作用下应变的恢复。在单轴压缩的作用下，掺入铈的氧化锆样本由于应力产生的由正方晶到单斜晶的相变而引起塑性变形。由于重复载荷的下降，继续变形被中断，得出了一个几乎不变的 0.7 GPa 的较高的屈服应力值。即使负载去掉后，大的残留塑性轴向应变（－0.7%）还是能被观察到。后来的过程使残留应变逐渐恢复，这种恢复归因于 60 ℃ 开始并在 186 ℃ 时有一个突增的反向相变。突增是非常急剧的，大约在先前被恢复的轴向应变的 95% 以上。

陶瓷的某种跟铁电相变相关的也就是"类电－铁电"和"反铁电－铁电"相变的形状记忆现象也已被报道过。以前的热相变显示了一个跟氧化锆陶瓷相似的形状恢复现象。不同的是，后者跟电场产生的相变有关，并显示了一个带有"数字"特性或形状记忆功能的大的位移（0.4%），这个位移跟在数量上带有 0.1% 应变的传统压电／逆压电的性质相对照，本质上是类似的。

为了加深理解，在此回顾一下铁电和反铁电现象。图 6.10 显示了一种典型的铁电材料钛酸钡（BaTiO，BT）晶体结构的变化。温度在相变点 130 ℃（居里温度，以下用 T_c 表示）以上时，BT 显示立方形的"钙钛矿（$CaTiO_3$）"结构［类电（PE）相］，见图 6.10(a) 的例

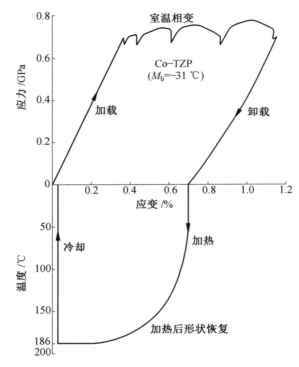

图 6.9　室温下单轴压缩应力－应变曲线,同时温度－应变曲线显示应变恢复

子,随着温度降至 T_c 以下,阳离子(Ba^{2+}、Ti^{4+})替换阴离子(O^{2-})(见图 6.1(b)的例子)显示出自发的极化或者显示出自发的应变。注意铁电体每个晶体的晶胞内电偶极子矩是平行排列的。另一方面,在纯极化能产生的偶极子互相反向平行排列处存在一个反铁电体。图 6.11 显示了与无极的和同向极的模型形成对照的两种反向极的偶极子排列模型。

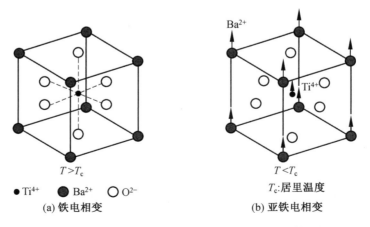

T_c:居里温度

● Ti⁴⁺　● Ba²⁺　○ O²⁻

(a) 铁电相变　　　　　　(b) 亚铁电相变

图 6.10　一种典型的铁电材料钛酸钡($BaTiO_3$,BT)晶体结构的变化

当反向极状态的自由能量接近于同向极的能量时,偶极子结构因外电场或应力的作用而被重新排列。图 6.12 是 PE、FE 和 AFE 材料的电场强度对因电场而发生的极化程度

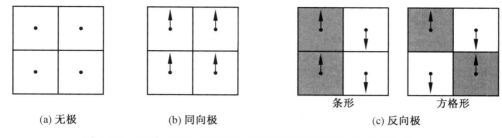

(a) 无极　　　　　　　(b) 同向极　　　　　　(c) 反向极

图 6.11　二种反向极的偶极子排列模型与无极和同向极的比较

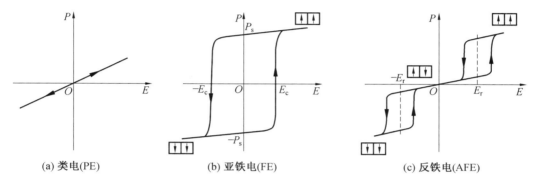

(a) 类电(PE)　　　　　(b) 亚铁电(FE)　　　　(c) 反铁电(AFE)

图 6.12　AFE 材料中电场强度和极化曲线之间关系

之间的关系曲线。分别在 PE 材料中观察到了电场强度跟极化程度之间的线性关系和在 FE 材料中观察到了因正、负方向之间的反向自发极化而引起的电滞现象。作为对比，AFE 材料显示了电场产生的、在临界电场强度 E_t 以上的向 FE 状态转化的相变并伴有 E_r 以上的电滞。电场强度降到零时则观察不到残余极化，这样，此图在整体上可以被称之为"双滞后"曲线。应变的一个大的跃增在理论上跟相变有关，这个应变的跃增也显示了双滞后。在某种情况下，FE 状态一旦产生，即使电场下降到零，FE 状态也能维持，这跟"形状记忆"现象是一致的。AFE 陶瓷形状记忆功能机制的说明如图 6.8(b) 所示。

6.1.4　形状记忆聚合物(SMP)

形状记忆聚合物是一种新型功能高分子材料，包括固态的形状记忆高分子材料和高分子凝胶体系两大类。依据其实现记忆功能的条件不同，可分为感温型、感光型和感酸碱型等多种，目前研究最多并投入使用的主要是热敏型的形状记忆高分子材料，也称为热收缩材料。这类形状记忆高聚物一般是将已赋形的高分子材料(交联或具有多相结构)加热到一定的温度，并施加外力使其变形，在变形状态下冷却，冻结应力，当再加热到一定温度时，材料的应力释放，并自动恢复到原来的赋形状态。如交联聚乙烯、聚氨酯、高反式异戊二烯等都属于感温型的形状记忆聚合物。

感光型的形状记忆聚合物是指在光的作用下，某些聚合物的结构会发生一些变化，从而引起聚合物尺寸的变化。如主链上含有偶氮苯基团的聚酰胺、聚酰亚胺等，其分子链中的偶氮苯基团在紫外光照射下，从反式结构转变成顺式结构，$4,4'$ 位上碳原子之间的距离从 0.9 nm 收缩到 0.55 nm，分子偶极矩由 0.5 D 增大至 3.1 D，其结果使材料收缩。

感酸碱型的形状记忆聚合物是指在溶液体系中,pH 的变化引起高分子材料尺寸或聚集状态体积的变化,如用 PVA 交联的聚丙烯酸纤维浸泡于盐酸溶液中,氢离子之间的相互排斥使分子链扩展,纤维伸长。当向该体系中加入等当量的 NaOH 时,则发生酸碱中和反应,分子链状态复原,纤维收缩也可以按形状记忆聚合物的结构特点,将形状记忆聚合物分为热塑性的和热固性的两类。如聚氨酯、聚降冰片烯等可反复塑性成型多次,属热塑性的形状记忆聚合物;而交联的聚乙烯是在成型过程中利用过氧化物或硅烷进行交联或成型后通过高能射线辐射而形成网状结构,由于网状结构的生成使聚合物失去可塑性,因而称为热固性的形状记忆聚合物。可根据聚合物的种类将形状记忆聚合物分为形状记忆聚烯烃、形状记忆聚氨酯、形状记忆聚酯等。

1. 聚合物的形状记忆效应

形状记忆聚合物是指具有形状记忆效应,在外部激励条件下,能够实现大变形恢复的一类高分子聚合物材料。形状记忆聚合物是一类刺激响应而改变形状的高分子聚合物,并且这个改变形状的过程是可以被控制的,形状的改变可以按照预定设计而改变,这也是有别于其他刺激响应的形状改变高分子聚合物的最重要的特征。具体地,一个典型的形状记忆聚合物可以按照预定的设计而维持一个暂时形状,并随后在刺激时(通常加热)恢复到其永久形状,如图 6.13 所示。临时形状通常是施加力时而得到的形状。图 6.13 的形状记忆周期上总共有两个形状,一个临时形状和一个永久形状,两个形状相关联的行为称为双向形状记忆效应,这是形状记忆聚合物最简单和最为熟知的行为。

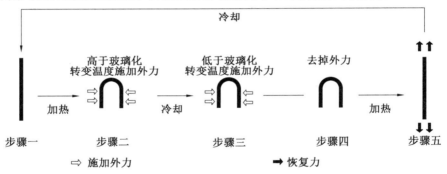

图 6.13 形状记忆聚合物的形状记忆过程示意图

对已赋形的高聚物在一定的条件下(如加热、光照或改变酸碱度等)实施变形,这种变形状态可以被保存下来;当对聚合物再进行加热、光照或改变酸碱度等刺激时,聚合物又可以恢复到其原来的赋形状态,聚合物的这种特性称为聚合物的形状记忆效应。

对于热致型的形状记忆聚合物其形状记忆过程为

$$L \xrightarrow[\text{形变}]{T > T_g \text{ 或 } T > T_m} L + \Delta L \xrightarrow[\text{固定形变}]{T < T_g \text{ 或 } T < T_m} L + \Delta L \xrightarrow[\text{形变恢复}]{T > T_g \text{ 或 } T > T_m} L$$

例如,对于已经赋形的辐射交联聚乙烯管,当加热到其结晶熔点 120 ℃ 以上时,用压缩空气或机械的方法进行扩张,可以得到内径比原来的管径大 $2 \sim 3$ 倍的热收缩管;当对热收缩管加热时,它又可恢复到原来的管径。

除热致型的形状记忆聚合物之外,还有一些聚合物会随着化学环境的变化而表现出形状记忆特性。最常见的是随着 pH 的变化而发生收缩和伸展的现象。如用聚乙烯醇（PVA）交联的聚丙烯酸纤维浸泡于盐酸溶液中，氢离子之间的相互排斥使分子链扩展，纤维伸长。当向该体系中加入等当量的 NaOH 时，发生酸碱中和反应，分子链状态复原，纤维收缩，直至恢复原长。此外，还有对电场、磁场、光等敏感的聚合物，它们会随电磁场的变化或光照的强弱变化而产生形状记忆效应。

聚乙烯的形状记忆效应为单向记忆，而 PVA 交联的聚丙烯酸纤维随 pH 的变化所表现出的记忆效应为双向的记忆效应，即 pH 由低到高、由高到低的变化时聚合物也会相应产生多次收缩和伸展形变。在这一章里主要讨论热致形状记忆聚合物的聚集态结构的变化而引起的形状记忆效应的原理。

2. 聚合物形状记忆效应的基本原理

对已发现的形状记忆聚合物的结构进行分析，不难发现，这些聚合物都具有两相结构，即由记忆起始形状的固定相和随温度变化能可逆地固化和软化的可逆相组成。固定相一般为具有交联结构的无定形区，如辐射交联聚乙烯。较高的一相在较低温度时形成的分子缠绕，如高分子量聚降冰片烯、聚己内酯。它们的形状记忆过程可用下面的简单结构模型来描述（图 6.14）。

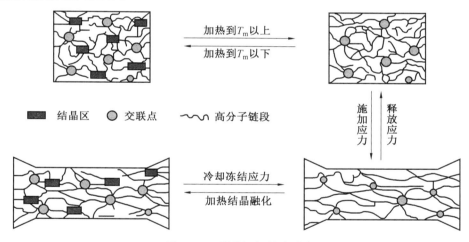

图 6.14　形状记忆效应示意

聚合物产生记忆效应的真正原因还需从结构上进行分析。高分子材料不同于低分子，它们的分子量都比较高，一般都有几万到几十万。由于柔性高分子材料的长链结构，分子链的长度与直径相差非常悬殊，链柔软而易于互相缠结，而且每个分子链的长短不一，要形成规整的完全晶体结构是很困难的，高聚物的这些结构特点，决定了大多数高聚物的宏观结构均是结晶与无定形两种状态的共存体系，如 PE、PVC 等。高聚物未经交联时，一旦加热温度超过其结晶熔点，表现为暂时的流动性质，观察不出记忆特性。高聚物经交联后，原来的线性结构变成二维网状维，加热到其熔点以上时，不再熔化，而是在很宽的温度范围内表现出弹性体的性质，如图 6.15 所示。

在玻璃化温度 T_g 以下的 A 段为玻璃态，在这个状态，分子链的运动是冻结的，表现不出记忆效应，当 T 升高到玻璃化温度以上时，运动单元得以解冻，开始运动，受力时，链段

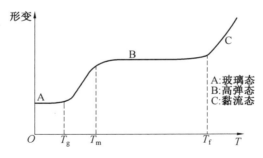

图 6.15　聚合物的状态和温度的关系

很快伸展开来,外力去除后,弹性形变。由链段运动所产生的高弹形变是高分子材料具有记忆效应的先决条件。

其次,高弹形变是靠大分子构象的改变来实现的,当构象的改变跟不上应力变化的速度时,则将出现滞后现象,如图 6.16 所示。当拉伸时,应力与应变沿 ACB,回缩时沿 BDA,而不是原路线。也就是说,形变常常落后于应力的变化,当应力达到最大值时,形变尚未达到最大值,当应力变小时,形变才达到最大值,这就使我们来得及将形变有效地冻结起来。如果将一个赋形的高分子材料加热到高弹态,并施加应力使高弹态产生形变,在该应力尚未达到平衡时,使用骤冷方法使高分子链结晶或变到玻璃态,这尚未完成的可逆形变必然以内应力的形式被冻结在大分子链中。如果将高分子材料再加热到高弹态,这时结晶部分熔化,高分子链段运动重新出现,那么未完成的可滋形变将要在内应力的驱使下完成,在宏观上就导致材料自动恢复到原来的状态,这就是形状记忆效应的本质。

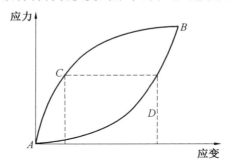

图 6.16　聚合物的应变滞后现象

由上面的讨论可以看出,形状记忆聚合物材料必须具有这样一些条件:① 聚合物材料本身应具有结晶和无定形的两相结构,且两相结构的比例应适当;② 在玻璃化温度或熔点以上的较宽温度范围内呈现高弹态,并具有一定的强度,以利于实施变形;③ 在较宽的环境温度条件下具有玻璃态,保证在储存状态下冻结应力不会释放。许多在室温下具有玻璃态的热塑性弹性体,如热塑性聚酯弹性体、热塑性聚苯乙烯－丁二烯弹性体、热塑性聚氨酯弹性体等,以及具有交联结构的热塑性塑料,如交联 PE,交联 EVA、PVC 等经适当的工艺过程都可制备成形状记忆材料。天然橡胶等弹性体,因其在使用温度环境下已呈高弹态,而无法冻结并保持其拉伸后的应力,因此不能作为形状记忆材料而只能作为弹性体使用。

借用橡胶的弹性理论,可以对聚合物材料的形状记忆特性进行及影响材料形状记忆特性的因素进行分析。因为聚合物材料的弹性模量可以理解为材料的弹性系数,所以形状记忆材料的热收缩性的大小可以用材料的弹性模量来特性化。

$$记忆特性 \propto 模量\ E_{\mathrm{m}} = 3Vk_{\mathrm{B}}\tilde{\alpha}^2 gT$$

式中,T 为绝对温度(T_m 以上);g 为纠缠因子;k_{B} 为玻尔兹曼常数;$\tilde{\alpha}$ 为线性扭曲因子 (dislocation factor) 定向时的平均链长 / 非定向时的平均链长;V 为单位体积的链数目,$V = \rho N_{\mathrm{A}}/M_{\mathrm{C}}(1 - 2M_{\mathrm{C}}/M_{\mathrm{N}})$,$\rho$ 为密度,N_{A} 为阿伏伽德罗常量,M_{N} 为链的数均分子量,M_{C} 为交联键之间的分子量。由此可以看出,交联度越大,缠结点越多,M_{C} 变小,V 越大,则 E_{m} 越大,形状记忆性越好。从上面的公式还可以看到分子量 M_{N} 以及密度 ρ 的影响,ρ、M_{N} 越大,E_{m} 越大,形状记忆性能越好。$\tilde{\alpha}$ 也可理解为定向度,形成交联后,定向度增加,$\tilde{\alpha}$ 可大于 1,E_{m} 也就越大,形变恢复力也越大。

3. 聚合物的聚集态结构和记忆效应的关系

金属合金的记忆效应是由金属材料的相态结构随着温度的变化而产生的。同样,高分子材料的形状记忆效应也是由于聚合物的聚集态结构随着温度的变化而产生的。高聚物的聚集态结构有无定形和结晶之分,对于无定形高聚物,其大分子排列是无规则线团状,它有明显的高弹态和较宽的高弹态温度区间。所以对这种无定形高聚物很容易施加应力进行拉伸并冻结应力。将无定形高聚物制备成具有记忆效应的制品时,可在成型得到原坯品后,直接冷却到材料的高弹态温度区间,并施加应力使其形变,在冷却到玻璃化温度以下冻结应力,即可得到具有记忆效应的聚合物制品。例如聚氯乙烯热收缩膜、热收缩管,聚丙烯双向拉伸包装薄膜等都是依据这个道理制成的。只是这种热收缩材料的记忆效应都比较小,因为未交联的聚合物在实施拉伸时易产生塑性形变,弹性形变却比较小,而产生记忆效应的仅是弹性形变部分。天然橡胶等其他胶种,在室温呈现高弹态,如果在室温条件下将其拉伸,并冷却到其玻璃化温度(−70 ℃)以下,也可以冻结应力,当温度再回升到室温时,橡胶呈高弹态,应力释放,恢复到原状,实现一个记忆效应循环。但是,这种低温储存的记忆效应的用途不大。

对于结晶形高聚物,大分子的某些区断与其他分子链的某些区断整齐排列在一起形成晶区,而另些区段是无规则的,形成无定形区,一个大分子链可能穿越几个晶区和无定形相交织在一起。材料中晶相所占的质量分数称为结晶度。

不同结晶度的聚合物的温度−形变曲线不同,如图 6.17 所示。图 6.17 中的 PBD 线为非晶态高分子的温度形变曲线,它有非常明显的高弹态,可以很容易地实施变形。如果其玻璃化温度比较高,也可以方便地冻结其应力,因此,可以制成形状记忆材料。如较高分子量的聚氯乙烯、聚六氟乙丙烯、聚降冰片烯等,都可以利用其具有较高的玻璃化温度及高弹态温度比较宽的特点制成热收缩材料。图 6.17 中的 ABD 线为半结晶态聚合物的温度−形变曲线,存在一个退化的高弹态,让这类高分子材料获得记忆效应是有希望的。通过物理或化学交联的方法,可以使其高弹态的温度区间大大加宽,以便于进行拉伸。结晶度太高时,也可以对挤出赋形的原坯品进行骤冷,使其结晶度降低。聚乙烯、聚己内酯等半结晶性的聚合物通过交联后可以制成形状记忆材料。图 6.17 中 ABC 线为完全或高结晶度聚合物的温度－形变曲线,没有高弹态。通常这类聚合物不具有形状记忆特性。

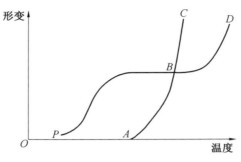

图 6.17　高聚物的温度－形变曲线

6.1.5　形状记忆效应的类型及方向性

1. 形状记忆效应的类型

(1) 单程记忆效应(one way shape memory)。

具有单程记忆效应的材料只能记忆高温时的形状,在高温时,把形状记忆材料制造成一定的形状,然后冷却到低温,改变它的形状,如果重新加热到高温,材料会恢复原来的形状。但是,如果再次冷却到低温,它的形状就不再变化了,如图 6.18 所示。

高温形状　　　　**冷却变形**　　　　**加热恢复原形**　　　　**再冷却,形状不再变化**

图 6.18　单程记忆效应

(2) 双程记忆效应(two way shape memory)。

具有双程记忆效应的材料既能记住高温时的形状,也能记住低温时的形状。理论上来说,只要把它加热到高温,它就变成高温时的形状,冷却到低温,就变成低温时的形状,能够反复变化,如图 6.19 所示。

高温形状　　　　**冷却变形**　　　　**加热恢复原形**　　　　**再冷却,继续变形**

图 6.19　双程记忆效应

双程记忆效应和其他形状记忆效应之间最本质的差别是双程记忆效应的宏观形状变化是自然产生的,即没有外力作用。一般认为这种自然的择优取向马氏体形成是由于母相结构中某种程度的各向异性引起的。自然形状变化的机制要求这种结构各向异性和马氏体形成之间有一种相互作用,并且这种结构各向异性不是母相的固有特性,只有在经过特殊热－机械处理,多半是要经过一定规程的训练之后才能获得。经循环训练后获得的双程记忆效应的起源和机制可以从热力学得到解释。结构的各向异性,即双程记忆效应的起源是循环训练时产生的位错组列的贡献,这种位错组列缺陷能在训练的变体中最小。存在这种缺陷的训练变体的长大从热力学看是优先的,在随后热循环时也应如此,伴随形状变化常发生非均匀宏观残余应力松弛。一个典型的例子是退火时金属零件的翘曲。类似的双程记忆效应被归因于择优取向的马氏体形成所引起的残余应力松弛。然而,在宏观和微观残余应力之间很难作出本质性的区分,无论是马氏体还是母相的塑性变形都将引起不均匀的残余宏观应力分布,它类似于一个外应力,引起马氏体择优取向形成,并伴随着形状变化。从物理学观点,这种可逆形状记忆效应实际上是由宏观的不对称性引起的,与单程记忆效应类似;但是与由结构各向异性即微观不对称性引起的双程记忆效应相比有明显的区别。

　　双程记忆效应最重要的特征是它的大小,同时要求双程记忆效应的大小具有很高的再现性,即在连续热循环时几乎保持恒定。长期以来人们一直认为在冷却时加一个反向应力很容易抑制双程记忆效应。相反,图 6.19 示出双程记忆应变随外加反向应力的增大而降低,并且为了在冷却时完全抑制双程形状记忆效应,需要一个较高的反向应力。双程记忆效应的稳定性,即它抵抗外应力的能力,可以被认为是双程记忆效应的又一重要特性。

　　(3) 全程记忆效应(all-round way shape memory)。

　　全程记忆效应很特殊:具有这种效应的材料在加热时会恢复成高温时的形状,再次冷却时会变成与高温时形状相同而方向相反的形状,如图 6.20 所示。

| 高温形状 | 冷却变形 | 加热恢复原形 | 再冷却,变为相反的形状 |

图 6.20　全程记忆效应

　　富镍 Ti－Ni 合金经特殊处理后呈现一种全程记忆效应,如图 6.21 所示。它也属于双程记忆效应的一种。图 6.21 中试样为一个 0.3 mm 厚的 Ti－51％Ni(原子数分数)合金的薄板(图 6.21(a)),将其置入直径为 20 mm 的铜管内约束处理,如图 6.21(b) 所示,试样变形为环形,然后在 773 K 热处理以固定这种形状。如图 6.21(c) 所示,当热处理后的试样从夹具管中取出放于沸水(373 K)中,这时的温度高于 R → B2 相变结束温度 A_f'(靠近室温),环形试样的直径比夹具管直径略大些。将试样从沸水中取出空冷,其形状自然变化到图 6.21(d) 所示的形状。(c) 和(d) 之间的自然形状变化 B2→R 相变有关,而且温度滞后非常小。与当试样进一步冷却时,试样先变直然后向上呈环形。在低于 M_f 温度(213 K)时的形状,如图 6.21(e) 所示,它与图 6.21(c) 的形状正好相反。由(d) 到(e) 的形状改变与 R → B19′ 相变有关,与 B2 → R 相比温度滞后大。从(c) 到(e) 的形状变化是可逆的。如图 6.21(f) 所示,当试样被加热到 A_f 温度以上时,图 6.21(e) 所示的 M_f 以下向上弯曲的环翻转到向下弯曲,并且当加热到 A_f' 以上时,完全回到原来向下弯曲的环形,如图 6.21(g) 所示。当再次冷却到 M_f 以下时,试样再次回到向上弯曲的环形,如图

6.21(h)所示。(B2 为母相,R 相、B19 和 B19′皆为马氏体自适应相)

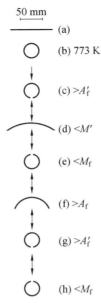

图 6.21　Ti−51%Ni 合金的全程记忆效应

2. 形状记忆效应的应用

由于形状记忆效应的机理不同,因此形状记忆材料的记忆功能有单程记忆、双程记忆、全程记忆之别,表 6.2 给出了形状记忆材料不同记忆功能的区别。

表 6.2　形状记忆效应的方向性

温度的变化	单程	双程	全程
起始态	∪	∪	∪
变形态	—	—	—
加热到一定温度	∪	∪	∪
冷却	—	—	—
继续冷却	∪	—	∩

注:—、∪ 表示形状。

单程记忆效应是指材料被加热恢复到起始状态后,再降低温度时材料的形状不再改变。如由应力引发马氏体生成的 Fe−Mn−Si 形状记忆合金和形状记忆聚乙烯、聚氨酯,形状记忆云母玻璃陶瓷等都属于单向性的形状记忆材料。单向记忆材料经常用于管道的接续和产品的外包装等,如 Ni−Ti 合金、Fe−Mn−Si 形状记忆合金用于飞机、汽车发动机的输油管的连接,在低温时将记忆合金管和需要连接的管子配合在一起,然后加热到 A_f 时,形状记忆管收缩,即可将管子紧密地结合在一起。这种连接牢固可靠,很适合空间狭小,常规情况下难以连接的地方,操作时也省时省工。由形状记忆聚乙烯制作的管接头大量应用于电线电缆、石油化工管道的接续和保护。

双程记忆效应材料仅能记忆较高温度下的形状,而且当温度在高低温之间反复变化时,能不断变换形状。如图 6.22 的弹簧,加热温度超过 A_f 时,压紧弹簧伸长;冷却到低于 A_f 时,它又自动收缩。再加热时,它又再次伸长,这个过程反复进行,好像弹簧能分别记住冷、热状态下原有形状的能力。要使形状记忆合金具有双程记忆特性,需要对其进行反复历练,也就是把形状记忆合金制作的元件在外加应力作用下,反复加热和冷却,才能得到。当合金恢复到它原来形状时,可输出力而做功,用这种合金可制作各种驱动器。一些铁电形状记忆陶瓷和磁致伸缩陶瓷也属于双程记忆材料,在电场和磁场的方向发生变化时,形状会发生不同的改变。光敏的形状记忆聚合物和大多数形状记忆聚合物凝胶也具有双程记忆效应。如聚合物链含有偶氮基团或螺苯并吡喃的高分子材料在光照时会伸长,避光的情况下,尺寸又会恢复,这个过程可反复进行。再如用聚乙烯醇(PVA)交联的聚丙烯酸水凝胶体系,会随着溶液 pH 的改变,其尺寸和体积发生反复变化。

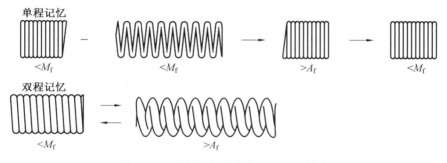

图 6.22　形状记忆弹簧的双向记忆效应

全程记忆效应是双程记忆效应的特殊情况,即较低温度下的形状与较高温度下的形状相反。富 Ni 的 Ni－Ti 合金经约束时效就会出现一种反常的记忆效应,如图 6.23 所示。

(a) 固溶处理并加约束　(b) 冷却时形状　(c) 冷却时形状　(d) 继续冷却时形状　(e) 继续冷却时形状

图 6.23　51Ni－Ti(原子数分数,%)合金的全程记忆效应示意图

51Ni－Ti(原子数分数,%)合金首先在 1 273 K 1 h 固溶处理,然后在奥氏体相将合金约束成图 6.23(a) 中的形状,当它冷却时,就会变成图 6.23(b)、图 6.23(c) 的形状,继续冷却,制件又会向相反方向变形,如图 6.23(d)、图 6.23(e) 所示。如果对(e)加热,又会经(e)→(d)→(c)→(b)→(a),恢复到图 6.23(a) 的原样。由于这种相反方向的变形均能恢复到原形,故称为全程记忆。具有全程记忆特性的形状记忆材料较少,目前只有含 Ni 量不小于 50.5%(原子数分数)且又经过时效处理的 Ni－Ti 合金,才具有这种效应。因为时效析出的是透镜状的 Ti_3Ni_4 相,它们在奥氏体基体中能产生不同方向的约束应

变。当发生两个阶段马氏体相变（B2↔R 相↔M 相）时，R 相开始在 Ti_3Ni_4 沉淀相表面生成，同时 M 相（包括 R 相）将沿沉淀相的方向择优形成，使得内外层分别发生不同取向的马氏体相变。所以冷热循环过程中，试样内外层分别发生不同取向的可逆相变，导致全程记忆效应的出现。

6.2　形状记忆效应的影响因素

6.2.1　双程记忆效应的影响因素

1. 过量变形的影响

Ti－Ni 合金在母相或马氏体状态一次过量变形后，再冷热循环，可呈现双程记忆效应。图 6.24 所示为 Ti－50.2Ni（原子数分数）合金在马氏体状态过量变形时，形变量与双程可逆应变量的关系。由图 6.24 可见，双程可逆应变量随一次过量变形量的增大而增加，至 13% 时达最大值。研究认为，热形成马氏体变形可分为弹性变形、再取向和再取向马氏体真实塑性变形三个阶段。热形成马氏体再取向时会引入一定数量位错，形成应力场，有利于形成双程记忆效应。而当发生真实塑性变形时，双程可逆应变量下降。

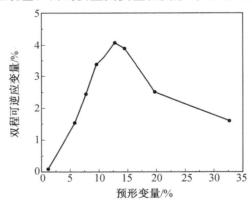

图 6.24　一次过量变形量对双程可逆应变量 ε_{tw} 的影响

2. 应力诱发马氏体循环和形状记忆效应循环的影响

这两种训练方式所获得的双程可逆应变量均随训练次数增加呈抛物线增大。如图 6.25 示出 Cu－Zn－Al 合金（M_f=268 K）经应力诱发马氏体和形状记忆效应复合循环训练时循环次数对双程形状恢复率的影响。一般情况下，应力诱发马氏体循环训练的效率要比形状记忆效应循环训练的效率高。这与形状记忆效应循环时冷却到 M_f 以下时会产生一部分自协作形态的马氏体有关；而在应力诱发马氏体循环时，均呈择优取向，故其效率较高。

3. 恒应力下循环训练的影响

恒应力大小对 Ti－50.2Ni（原子数分数）合金双程可逆应变量 ε_{tw} 的影响如图 6.26 所示，呈现峰值效应。恒定应力越小，达到双程可逆应变量最大值所需的循环次数越多。

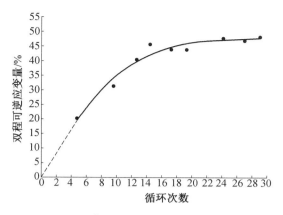

图 6.25　Cu－Zn－Al合金经应力诱发马氏体和形状记忆效应复
合循环训练时循环次数对双程可逆应变量 ε_{tw} 的影响

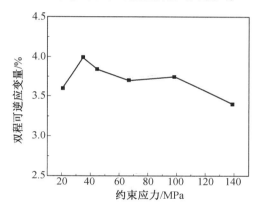

图 6.26　恒应力大小对 Ti－50.2Ni(原子数分数) 合金双程可逆应变量 ε_{tw} 的影响

4. 约束加热的影响

约束加热训练是一种重要的获得双程记忆效应的方法。其训练方法为:在马氏体或母相状态约束试样,然后加热到 A_f 以上保温再冷至 M_f 以下解除约束,如此反复即为约束加热训练。Ti－Ni 合金约束加热温度和保温时间对双程可逆应变量 ε_{tw} 的影响分别如图 6.27(a)、(b) 所示。由图 6.27(a) 可见,约束加热温度对双程可逆应变的影响存在极大值。当约束加热温度过低,则大量马氏体不能转变为母相,因而双程可逆应变量较小。随约束加热温度升高,由应力诱发马氏体逆转变产生的恢复力增大,应力场增强,故双程可逆应变量增加。当约束加热温度过高,则由于热激活过程介入,产生内应力松弛等原因,以至双程可逆应变量减小。因此,通过约束加热获得的双程形状记忆效应,存在最佳约束加热温度范围。

在一定的约束加热温度下,约束时间对双程可逆应变量的影响如图 6.27(b) 所示。低温约束时(140 ℃),随约束时间延长,双程可逆应变量增大;而约束温度较高时(180 ℃),约束时间延长,双程可逆应变量下降。这表明约束加热训练时,应力场松弛和增强可能是同时存在的,在较低温度下约束训练时,约束时间延长,应力场增大,双程可逆应变量增加;而当约束温度较高,或约束时间延长至内应力场松弛占主导地位时,则双程可逆应变量下降。

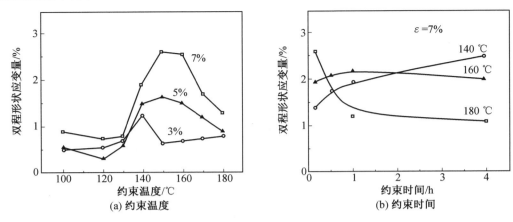

(a) 约束温度   (b) 约束时间

图 6.27　约束加热温度和保温时间对双程可逆应变量 ε_{tw} 的影响

5. 合金化的影响

研究发现,Cu 加入 Ti－Ni 合金中取代 Ni 对马氏体相变与力学行为有很大影响,如图 6.28 所示,Cu 减小相变滞后,减小合金超弹性回线的应力滞后,降低马氏体屈服强度。当 Cu 的原子数分数小于 7.5％ 时,其相变行为与 Ti－Ni 二元合金类似,冷却时由 B2 母相转变为 B19′ 马氏体;但是,当 Cu 的原子数分数超过 7.5％ 时,发生两阶段马氏体相变,冷却时,先由 B2 母相转变为正交 B19 马氏体,然后随温度继续降低转变成 B19′ 马氏体。图 6.29 示出形变对 Ti－Ni－Cu 合金双程可逆应变量的影响。由图 6.29 可见,Ti－45Ni－5Cu(原子数分数) 合金的最大双程可逆应变量为 Ti－Ni 二元合金的两倍,并且 Cu 含量越高,达到最大双程可逆应变量所需的塑性变形量越小。Cu 的原子数分数对 Ti－Ni$_{50-x}$－Cu 合金双程可逆应变量的影响如图 6.28 所示。当 Cu 的原子数分数小于 7.5％ 时,双程可逆应变量随 Cu 的原子数分数增加而增大,至 5％ 时达最大值,Cu 含量继续增加时,双程可逆应变量下降。当 Cu 的原子数分数大于 7.5％ 时,由于发生两阶段马氏体相变,故曲线在 7.5％ 处界连线,双程可逆应变量随 Cu 含量增加而下降。

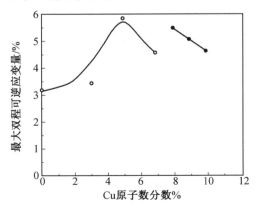

图 6.28　Cu 含量对 Ti－Ni$_{50-x}$－Cu 合金双程可逆应变量 ε_{tw} 的影响

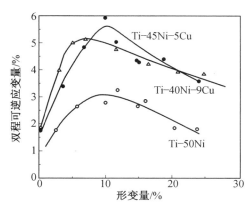

图 6.29　形变量对 Ti — Ni — Cu 合金双程可逆应变量 ε_{tw} 的影响

在 Ti — Ni 和 Ti — Ni — Cu 合金中加入钨(W),M 点略有下降(3 ~ 5 K、1%W(原子数分数)),但对马氏体相变本身无大的影响,对双程记忆效应却有明显的影响。加钨的 Ti — Ni 和 Ti — Ni — Cu 合金试样只要轻微变形,随后冷热循环时即出现明显的双程记忆效应。实验发现钨提高双程记忆效应的稳定性,可能与钨少量溶于基体,以细小弥散的硬质点分布在基体中,训练时产生额外的应力场有关,这种额外的应力场有助于改善双程记忆效应。

6. 热处理的影响

大量的实验证实,训练前热处理工艺对双程记忆效应有显著影响。Ti — 50.2%Ni(原子数分数)合金在冷轧后 500 ~ 650 ℃ 退火时其双程记忆效应最好,过高或过低的退火温度均会使双程记忆效应下降,如图 6.30 所示。这是因为合金经冷轧后母相中存在高密度位错,退火温度低时,马氏体变体不易再取向,诱发双程记忆的应力场较小,故可逆应变量不大。随退火温度升高,母相中位错密度下降,训练时马氏体易再取向,双程可逆应变量随之增大。退火温度进一步提高时,训练时母相易产生塑性变形,使应力场松弛,导致双程可逆应变量下降。此外,晶界析出物、应力模式(拉或压)等对双程记忆效应也都有一定影响。

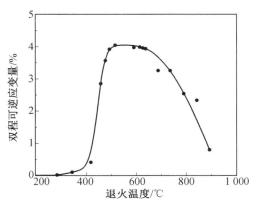

图 6.30　退火温度对冷轧 Ti — 50.2%Ni 合金双程可逆应变量 ε_{tw} 的影响

6.2.2 聚合物形状记忆效应的影响因素

1. 施加应力时速度的影响

对于处在高弹态的高分子材料施加外力使它发生迅速变形,则将产生一个内应力,而且这个内应力将随时间的延长而逐渐减少,这种现象称为应力松弛现象。图 6.31 所示为应力松弛时聚合物分子的构象变化。

图 6.31(a) 表示未施加应力前,聚合物分子卷曲,相互缠结;图 6.31(b) 为突然拉伸,分子链有的被拉直一些,有的仍相互缠结;图 6.31(c) 表示经过一定时间,应力松弛后,高分子链的构象恢复到比较自然稳定的状态。

应力松弛现象是高弹态热力学的一种特征,显然它对高分子材料的记忆效应是不利的。因为高分子材料记忆效应的获得是靠材料中较大的内应力的冻结,而应力松弛却使这种内应力在冻结前减少。但是应力松弛的出现毕竟需要一段时间间隔,因此,尽量缩短外应力作用的时间以减少应力松弛对记忆效应的影响。温度一定时,在拉伸不致破裂的前提下,施加应力的拉伸速度越大,则获得的记忆效应也就越大。

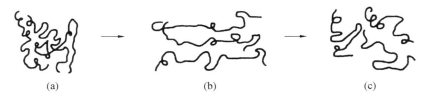

(a)　　　　　　　　(b)　　　　　　　　(c)

图 6.31　应力松弛示意图

2. 蠕变性能对记忆效应的影响

高分子材料的蠕变性能对记忆效应的影响也是重要的。高聚物蠕变性能对记忆效应的影响与应力松弛的影响有某些相同点,所不同的是蠕变现象对记忆效应的影响不仅在高弹态施加应力后的瞬间所有,而且存在于使用前的整个存放过程中。这种影响可以理解为在冻结的内应力的作用下,材料的形变随时间而的现象,是分子链运动的结果。总体来说,蠕变性能大的材料不能获得较大的记忆效应或者在存放过程中很容易将记忆效应消失。但从另一个角度来看,蠕变性能太小的材料则容易呈现脆性和应力开裂。纯聚碳酸酯便是一个例子,如用纯聚碳酸酯做形状记忆材料,它在存放过程中就很容易发生应力开裂,而使之不能使用。

材料的蠕变性能和高聚物本身的化学和物理结构有关。凡是能增大高分子链间作用力的因素或是使链段长度增大的因素,都能使材料的蠕变性能减少。如分子量增大,侧基加大或者分子链呈极性,交联度、结晶度的增加均能使蠕变性能减少。图 6.32 给出了聚乙烯的分子量与蠕变性能大小的关系,从中可以看出,随着分子量的增大,其蠕变性能减小。这是由于聚合物分子量的增加,加大了聚合物分子链之间的相互缠绕,阻止了分子之间的滑动,而使蠕变减小。

聚合物的结晶度对其蠕变性能也有特殊的意义。当用结晶聚乙烯交联后拉伸制成的热收缩管,存放数年,其记忆效应的大小变化不大;而由结晶聚乙烯和无定形的硅橡胶共混制成的热收缩材料,在存放一年后,其记忆效应减少30%。形状记忆材料的生产过程

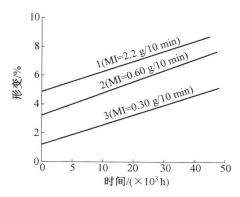

图 6.32   聚乙烯的分子量（以 MI 表示）与蠕变大小的关系（比负荷 = 2.8 MPa）

中,拉伸程度、冷却速度不同将使材料的结晶度不同,这就使所制得的形状记忆材料在存放过程中蠕变的大小不同,将直接影响使用时恢复形变的大小。材料的蠕变性能除了与高聚物本身的结构有关外,也与温度、应力及加入的填料等外因有关。温度升高,蠕变速率加快,不利于形状记忆聚合物及其制品的保存,应力增大时,也会使蠕变的倾向加大,蠕变速率加快,材料的记忆效应会不断降低。填料的加入可以限制高分子链的滑动,有利于降低材料的蠕变性能。

6.3   形状记忆材料的本构关系及应用

6.3.1   马氏体相变理论

早在 1932 年,Scheil 就从理论上提出在 M_s 点以上通过施加应力可以诱发马氏体形成,并且推测应力诱发马氏体相变所需的切应力随温度下降而逐渐降低。到 1936 年,Nishiyama 首次在 Co — Ni — Cr 合金中观察到形变诱发马氏体。此后,Renolds 和 Bever 在 β 黄铜中也观察到了形变诱发马氏体片,并发现这种片状马氏体在所加应力去除后随之消失。Patel 和 Cohen 对此进行了定量研究并给出了热力学解释。在形状记忆合金中,形状记忆效应与形变诱发马氏体相变密切相关,而根据形成条件的不同,形变诱发马氏体又可以分为应力诱发马氏体和应变诱发马氏体,它们的应变恢复特性直接影响着合金的形状记忆效应。

1. 诱发马氏体相变的临界应力

（1）化学和机械驱动力。

众所周知,马氏体相变通常被视为是一个切变过程,可以用一个不变平面应变来描述。因此,当有外加应力作用时,会产生应力诱发和应变诱发马氏体相变。因为马氏体相变是通过原子协同切变运动实现的,所以不难想象外加弹性应力可促进马氏体相变,而塑性应变对马氏体相变的影响则是比较复杂的。根据马氏体相变切变理论和热力学基本原理,若在 T_1 温度下加应力诱发马氏体相变,则所必需的临界机械驱动力应为

$$\Delta G^S_{T_1} = \Delta G^{\gamma \rightarrow \alpha'}_{M_s} - \Delta G^{\gamma \rightarrow \alpha'}_{T_1} \tag{6.1}$$

式中，$\Delta G_{M_s}^{\gamma \to \alpha'}$ 为 M_s 点的化学驱动力；机械驱动力 $\Delta G_{T_1}^S$ 为外加应力和诱发形成的马氏体片的位向的函数（图 6.33），可以表示为

$$\Delta G_{T_1}^S = \tau \gamma_0 + \sigma \varepsilon_n \tag{6.2}$$

式中，τ 为沿马氏体惯习面上的相变切变方向上的切应力分量；γ_0 为沿惯习面形状应变切变方向上的相变切应变；σ 为垂直于惯习面的正应力分量；ε_n 为相变形状应变的膨胀参量。

对于一个给定位向的马氏体片，τ 和 σ 可表示为

$$\tau = (1/2)\sigma (\sin 2\theta) \cos \alpha \tag{6.3}$$

$$\sigma = \pm (1/2)\sigma (1 + \cos 2\theta) \tag{6.4}$$

式中，σ 为所加应力的绝对值（拉应力取正值，压应力取负值）。由式(6.3)、式(6.4)可得外加应力引起的机械驱动力为

$$\Delta G_{T_1}^S = 1/2\sigma [\gamma_0 (\sin 2\theta) \cos \alpha \pm \varepsilon_n (1 + \cos 2\theta)] \tag{6.5}$$

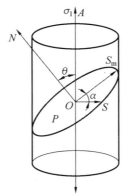

图 6.33　轴向拉应力诱发马氏体相变示意图

P— 惯习面；N— 惯习面法线；S— 马氏体形状应变方向；S_m— 平行于惯习面的最大形状应变伸长；θ— 应力轴 A 与惯习面法线夹角；α— 相变切变方向与外加应力在惯习面上的最大切应力分量之间的夹角

当晶粒随机取向的奥氏体多晶体受外加应力发生应力诱发马氏体相变时，马氏体片将首先在机械驱动力最大的方向上形成，而最大机械驱动力是在 $\alpha = 0$ 和 $\Delta G_{T_1}^S / \mathrm{d}\theta = 0$ 的条件下获得的，因此，临界机械驱动力为

$$\Delta G_T^{S'} = (1/2)\sigma' [\gamma_0 \sin 2\theta' \pm \varepsilon_n (1 + \cos 2\theta')] \tag{6.6}$$

式中，σ' 为应力诱发马氏体相变的临界应力。

对于 Fe-Ni 合金，由已知的相变形状应变参数（$\gamma_0 = 0.20$，$\varepsilon_n = 0.04$），计算得出拉伸时 θ' 为 $39.5°$，压缩时 θ' 为 $50.5°$。

如果化学驱动力 $\Delta G^{\gamma \to \alpha'}$ 在 M_s 点以上随温度升高而呈线性下降，则应力诱发马氏体相变的临界应力将随温度升高而呈线性增大。事实上，早在 1972 年，即已观察到应力诱发马氏体的临界应力在 $M_s \sim M_s^\sigma$ 温度范围内是随温度升高呈线性增大的，如图 6.34 所示。然而，在 M_s^σ 温度以上（例如 T_2），诱发马氏体相变的临界应力为 σ_f，并且是在母相发生塑性变形之后才出现的。

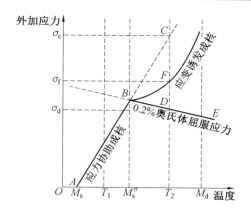

图 6.34 应力和应变诱发马氏体相变的临界应力和形变温度关系示意图

（2）应力和变形对马氏体相变的影响。

根据上述讨论,应力改变了马氏体相变时的热力学条件,外加应力对系统所做的功和系统冷却时所获得的化学驱动力,对于诱发马氏体相变所需的能量而言具有等同性。因此,可以将机械驱动力和化学驱动力简单代数相加。在单轴拉伸和压缩的情况下,M_s 温度总是随应力增加而提高。也就是说,单轴拉伸或压缩都能促进马氏体相变。在忽略相变应变膨胀参量的情况下,应力对马氏体相变温度的影响可方便地用 Clausius — Clapeyron 方程描述:

$$\frac{\mathrm{d}T_0^\sigma}{\mathrm{d}\sigma_\mathrm{d}} = -\frac{T_0\varepsilon_0}{\Delta H} \tag{6.7}$$

式中,T_0^σ 为在应力 σ_d 下,母相与马氏体的相平衡速度;ΔH 为单位体积的相变热熔;ε_0 为相变应变的轴向分量;σ_d 和 ε_0 在拉伸时为正,压缩时为负。

$$M_s(\sigma_\mathrm{d}) = T_0^\sigma(\sigma_\mathrm{d}) - \Delta T \tag{6.8}$$

式中,ΔT 为相变所需的过冷度,通常情况下,其值与应力和温度无关,故

$$\frac{\mathrm{d}T_0^\sigma}{\mathrm{d}\sigma_\mathrm{a}} = \frac{\mathrm{d}M_s}{\mathrm{d}\sigma_\mathrm{a}} \tag{6.9}$$

将式(6.9)代入式(6.7),得

$$\frac{\mathrm{d}\sigma_\mathrm{d}}{\mathrm{d}M_s} = -\frac{\Delta H}{T_0\varepsilon_0} \tag{6.10}$$

由此可见,对特定的马氏体相变,M_s 温度和应力呈线性关系。这一规律已在很多合金中得到了实验证实。

（3）临界屈服应力与形变温度的关系。

图 6.35 所示为 $Ni_{47}Ti_{44}Nb_9$ 合金退火试样在不同温度拉伸形变时的临界屈服应力与温度的关系,由图可见,临界屈服应力强烈地依赖于拉伸变形温度,其依赖关系大体可分为三个阶段。第一阶段（AB）主要与热诱发马氏体的变体再取向有关。在第一阶段内,临界屈服应力随温度降低而升高。第二阶段（BC）主要与应力诱发马氏体相变相联系。在第二阶段内,临界屈服应力随温度升高而成线性增加,至 C 点达到极大值。第三阶段（CD）是由于温度升高,导致母相真实塑性变形的屈服强度低于应力透发马氏体相变的临界屈服应力,从而在发生马氏体相变前先产生真实塑性变形。

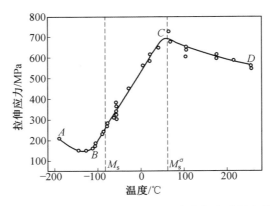

图 6.35　$Ni_{47}Ti_{44}Nb_9$ 合金的临界屈服应力与变形温度的关系

母相的真实屈服强度和温度的关系 CD 线与应力诱发马氏体相变临界屈服应力和温度的关系 BC 线相交于 C 点，即为应力诱发马氏体相变所需应力与母相屈服强度相等的温度 M_s^σ，由图中可见，$M_s^\sigma \approx 60\ ℃$。

在 $M_s \leqslant T_d \leqslant M_s^\sigma$ 温度范围内，应力诱发马氏体相变的临界屈服应力与温度的关系 Clausius — Clapeyron 方程：

$$\frac{\mathrm{d}\sigma}{\mathrm{d}T} = -\frac{\Delta H}{\Delta \varepsilon \cdot T_0} \tag{6.11}$$

为求得马氏体相变热焓，可将式（6.11）改写成

$$\Delta H = -\frac{\mathrm{d}\sigma}{\mathrm{d}T} T_0 \Delta \varepsilon \tag{6.12}$$

式中，$\mathrm{d}\sigma/\mathrm{d}T$ 为图 6.35 中 BC 线的斜率；$\Delta\varepsilon$ 为马氏体的相变应变，可由 M_s 温度的最大完全可逆应变确定，约为 6.2%；T_0 为马氏体和母相的平衡温度，通常由式 $T_0 = (M_s + A_s)/2$ 确定，约为 $-75\ ℃$，将上述各值代入式（6.12），求得 $Ni_{47}Ti_{44}Nb_9$ 合金的马氏体相变热焓为 $\Delta H = -320\ \mathrm{J/mol}$。Takei 曾采用 Clausius—Clapeyron 方程算得 $Ti-50.3Ni$（原子数分数）合金（$M_s = -37\ ℃$）的相变热焓为 $\Delta H = -1\,810\ \mathrm{J/mol}$，与 Honma 用比热法测得的结果（$\Delta H = -1\,655\ \mathrm{J/mol}$）相接近。显然，$Ni_{47}Ti_{44}Nb_9$ 合金的相变热焓比 $Ti-50.3Ni$（原子数分数）合金小得多。

2. 形变诱发马氏体的应变恢复

（1）应力 — 应变 — 温度之间的关系。

当 Ti—Ni 合金试样拉伸变形后，在约束条件下加热至 A_s 温度以上时，试样趋向于恢复原来的形状，但因被约束而不能恢复，故将产生内应力，即恢复力。恢复力随加热温度的升高呈近指数形式增加，至 A_f 温度达极大值 σ_R，σ_R 随拉伸变形量的增加而增大，至 ε_L 时获得最大值。与应变恢复率随拉伸变形量的变化规律相对应，当应变量超过 ε_L 时，随应变量的增加 σ_R 迅速下降，如图 6.36 所示。

恢复力与变形量和加热温度的关系可由下式计算：

$$\sigma_R(T,\varepsilon) = \sigma_R^P \left\{ 1 - \exp\left[-K\left(\frac{T-A_s}{A_f-T}\right) \right] \right\} \times [1 - \exp(-\bar{N}\varepsilon)] \tag{6.13}$$

式中，$\sigma_R(T,\varepsilon)$ 表示预应变为 ε，加热至 T 温度时的恢复力；σ_R^P 为母相屈服强度；$\bar{N}$ 为晶体

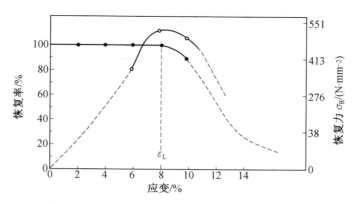

图 6.36　　应变恢复率和恢复力与拉伸变形量的关系

学等效的马氏体变体数。

从式(6.13)可以看出,对于给定的 ε,在 $A_s \sim A_f$ 温度范围内加热,σ_R 的大小取决于加热温度;当加热温度超过 A_f 时,σ_R 只与 ε 有关,用式(6.13)估算的 Ti-N 合金恢复力与实验结果符合得很好。

(2)形变对应变恢复率的影响。

Ti-Ni 合金中的热弹性马氏体在加热时,其逆转变量与加热温度呈指数函数关系,以下式表示:

$$f(A) = \exp\left[-\frac{\Delta H(M_s - T)}{R_g(A_f - A_s)}\right] \tag{6.14}$$

式中,$f(A)$ 为在温度 T 时母相的体积分数;ΔH 为相变热焓;R_g 为气体常数。

Ti-N 合金经变形后卸载加热时的形状恢复,是其基体中马氏体逆转变的结果。因而应变恢复率与加热温度在 A'_s 和 A'_f 温度区间内亦呈指数函数关系,两者关系曲线的形状可间接地反映马氏体逆转变的动力学特征。

图 6.37 所示为 $Ni_{47}Ti_{44}Nb_9$ 合金退火试样在 20 ℃拉伸变形不同应变量(图 6.37(a))和在不同温度下拉伸变形 16%(图 6.37(b)),卸载后加热时的应变恢复率 n 与加热温度 T 之间的关系。由图可见,在形状开始恢复温度(记为 A'_s)和终了温度(记为 A'_f)范围内,随加热温度的升高,应变恢复率呈近指数函数关系增大,至 A'_f 温度达极大值。随拉伸变形量增加(图 6.37(a))或变形温度的升高(图 6.37(b)),A'_s 温度升高,而加热至 A'_f 温度所获得的应变恢复率下降,同时 $A'_s \sim A'_f$ 温度间隔增宽,且曲线的斜率减小。这表明,形变对 $Ni_{47}Ti_{44}Nb_9$ 合金马氏体逆转变动力学有显著影响,使其可逆转变量减少,转变速度减慢。

(3)形变对恢复力的影响。

Ti-Ni 合金拉伸变形后加热至 A_f 以上时所获得的恢复力取决于 Ti-N 基体被约束的可逆应变量,可用下式表示:

$$\sigma_R = \sigma_Y[1 - \exp(-\overline{N}\varepsilon)] \tag{6.15}$$

式中,σ_Y 为母相的屈服强度;$\overline{N}$ 为晶体学等效的马氏体变体数;ε 为被约束的可逆应变量。

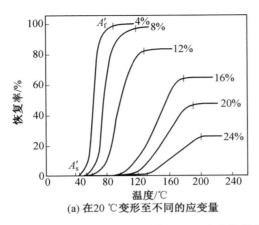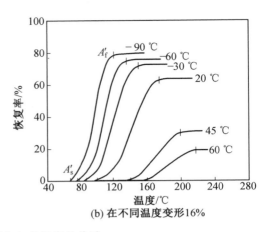

(a) 在 20 ℃ 变形至不同的应变量   (b) 在不同温度变形 16%

图 6.37   应变恢复率与加热温度的关系

图 6.38 所示为 $Ni_{47}Ti_{44}Nb_9$ 合金退火试样在 20 ℃ 下拉伸变形至不同应变量 ε_t（图 6.38(a)）和在不同温度（T_d）下变形 16%（图 6.38(b)）后，加热时的恢复力 σ_R 与加热温度 T_h 之间的关系曲线。在恢复力开始增加温度（记为 A_s'）和终了温度（记为 A_f'）范围内，恢复力随着加热温度的升高近似呈指数函数关系增大，至 A_f' 温度达极大值 σ_R。当加热温度超过 A_f' 温度时，恢复力维持恒定。随着拉伸总变量的增加（图 6.38(a)）和变形温度的升高（图 6.38(b)），A_s' 温度升高，$A_s \sim A_f$ 温度区间增宽，其变化规律与 $Ti-Ni$ 二元合金相类似。由图 6.38(a) 中可得出加热至 A_f' 温度时的恢复力 σ_R 与拉伸总应变量 ε_t 之间的关系，如图 6.38(c) 所示。由图可见，σ_R 随 ε_t 的增加而增大，至 $\varepsilon_t = 9\%$ 时达到最大值，进一步增加应变量，σ_R 呈下降趋势，亦即 $Ni_{47}Ti_{44}Nb_9$ 合金在拉伸变形时，拉伸变形量为 9% 时获得最大恢复力。

6.3.2   形状记忆合金的本构方程及应用

由于形状记忆合金材料的特殊行为，本构关系的描述存在较大的难度。早期形状记忆合金本构关系的工作可以追溯到 1976 年 Baumgart 等的工作，但是直到 20 世纪 70 年代末 Muller 等构造了伪弹性体的相变模型，世界各国学者对形状记忆合金的性能特别是关于形状记忆合金相变运动方程及应力－应变－温度本构模型开始了更为深入的研究。在过去的二十多年里，许多学者根据不同的物理、热力学原理提出了一系列本构模型和相变方程。从对材料力学机制的研究，人们逐步认识到形状记忆合金材料的特殊力学行为是由于材料内部发生相变和马氏体重定向引起的。在此基础上，通过实验观察材料的宏观响应，从理论上建立形状记忆合金的本构关系，这一方法成为研究此类问题的重点。

建立在实验基础上描述材料宏观行为的唯象理论模型，由于模型简单，引入参数少且容易由实验获得，近 10 多年来有很大的发展，在智能结构的分析中也发挥了巨大的作用，这些模型都是基于热力学、热动力学和相变动力学的本构关系。在实际中应用较多的模型有 Tanakal 模型、Liang－Rogers 模型和 Brinson 模型。这三个模型在本质上是相似的，都是基于能量守恒及 Clausius－Duhen 等式，从热力学第一、第二定律出发，利用 Helmholz 自由能，并将形状记忆合金的相变过程，简化为马氏体体积分数 ξ 的变化过

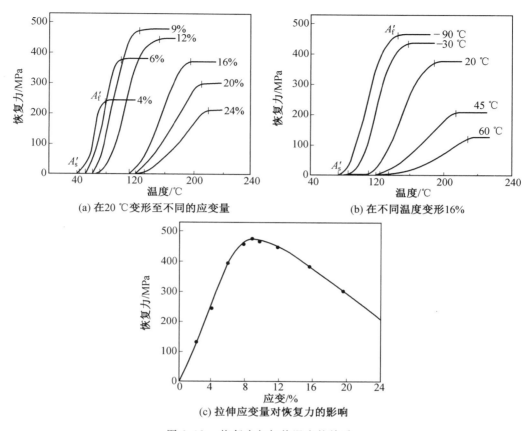

图 6.38　恢复力与加热温度的关系

程。细观力学模型仍然以热力学为基础描述,用相变过程中能量的变化来描述形状记忆合金材料的相变过程,所不同的是它采用细观力学的方法来描述形状记忆合金在相变过程中两种组织的相互作用能,因此建立在细观力学基础上的本构模型为形状记忆合金材料的宏观力学行为找到了理论依据。

形状记忆合金的本构模型主要可分为以下几类。

(1)基于热动力学和化学自由能的单晶本构模型。

(2)热力学、热动力学和相变动力学的宏观唯象理论本构模型。

(3)微观力学本构模型。

(4)塑性力学本构模型。

(5)基于混合物理论的本构模型。

(6)微观平面本构模型。

1.单晶本构模型

单晶本构模型主要是基于热动力学理论,从材料的单晶自由能构成出发来研究材料的力学行为。其中 Landau−Devonshire 本构模型是最早的模型之一。Landau 基于自由能是温度、应变和正值系数函数的原理,在统计热力学的基础上提出了自由能 Ψ 为

$$\Psi(T,\varepsilon)=a_0-a_1 T\log(T)+a_2(T-T_1)\varepsilon^2-a_4\varepsilon^4+a_6\varepsilon^6 \qquad (6.16)$$

SMA 的应力是自由能 Ψ 对应变的偏导,即

$$\sigma(T,\varepsilon)=\rho[\partial\Psi(T,\varepsilon)/\partial\varepsilon]=\rho[2a_2(T-T_1)\varepsilon-4a_4\varepsilon^3+6a_6\varepsilon^5] \qquad (6.17)$$

Landau 最早假定自由能为应变的 4 次多项式,用于马氏体非孪生晶体－奥氏体两相相互转化。后来在自由能表达式中引入应变的 6 次项表示 SMA 的热膨胀,这样改进的自由能函数可表示 M^+ 及 M^- 孪生马氏体相变,也可表达相变的非连续特征,甚至可表达 $T>M_d$ 的超塑性性能。

超塑性平台水平平均线表示,这样应力－应变曲线变得不稳定,当应变增／减时应力发生减／增,图 6.39 中粗实线为 Landau 模型求得的全奥氏体时的应力,带箭头线为用 Maxwell 方法求得的超塑性平台。Landau－Devonshire 模型仅描述恒温下的本构关系,模型需要个参数,但因基于自由能,目前还不能完整反映材料的特性,如不能表示常应力下的相变规律,也不能表示约束及自由状态下的记忆效应,该模型的优点是表达式简单,计算用时少。

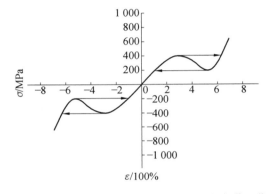

图 6.39 $T>A_f$ 时等温情况下的应力－应变滞回曲线

2. 唯象理论本构模型

(1) 基于自由能驱动力概念的 Tanaka、Liang－Rogers 及 Brison 模型。

①Tanaka 模型。基于能量守恒及 Clausius－Duhem 不等式,Tanaka 和 Nagaki 建立了 Kirchhoff 应力、Green 应变、温度和反映相变过程的内变量之间的关系,推导了增量型的本构关系。将描述形状记忆材料的相变过程的内变量简化为一个,即马氏体体积分数 ξ。具体推导过程如下。

热力学第一和第二定理给出:

$$\rho\dot{U}-\hat{\sigma}L+\frac{\partial q_{sur}}{\partial x}-\rho\rho_q=0 \qquad (6.18)$$

$$\rho\dot{S}-\rho\frac{\rho_q}{T}+\frac{\partial}{\partial x}\left(\frac{q_{sur}}{T}\right)\geqslant 0 \qquad (6.19)$$

式中,$\dot{U}$ 为内能密度;$\hat{\sigma}$ 为 Cauchy 应力;ρ_q 为热源密度;q_{sur} 为热流;$\dot{S}$ 为熵密度;T 为温度;x 为物质坐标;ρ 为当前构型物质密度。认为形状记忆合金的热力学行为可以完全由变量 Green 应变 ε、温度 T 和马氏体体积分数 ξ 来描述。利用 Helmholtz 自由能 $\Phi=U-TS$,不等式(6.19)可以表示为

$$\left(\sigma-\rho_0\frac{\partial\Phi}{\partial\varepsilon}\right)\dot{\varepsilon}-\left(S-\frac{\partial\Phi}{\partial T}\right)\dot{T}-\frac{\partial\Phi}{\partial\xi}\dot{\xi}-\frac{q_{sur}}{T\rho}F^{-1}\frac{\partial T}{\partial X}\geqslant0 \tag{6.20}$$

式中，σ 为第二 Piola−Kirchhoff 应力；F 为变形梯度；ρ_0 为相对参考构形的物质密度；x 为参考构型的物质坐标。为使方程(6.20)对所有的 $\dot{\varepsilon}$ 和 $\dot{T}$ 都成立，它们的系数应该都等于零，因此有

$$\sigma=\rho_0\frac{\partial\Phi(\varepsilon,\xi,T)}{\partial\varepsilon}=\sigma(\varepsilon,\xi,T) \tag{6.21}$$

$$S=-\frac{\partial\Phi}{\partial T} \tag{6.22}$$

微分式(6.21)，可以得到增率形式的本构方程

$$\dot{\sigma}=\frac{\partial\sigma}{\partial\varepsilon}\dot{\varepsilon}+\frac{\partial\sigma}{\partial\xi}\dot{\xi}+\frac{\partial\sigma}{\partial T}\dot{T}=D(\varepsilon,\xi,T)\dot{\varepsilon}+\Omega(\varepsilon,\xi,T)\dot{\xi}+\Theta(\varepsilon,\xi,T)\dot{T} \tag{6.23}$$

式中，$D(\varepsilon,\xi,T)$ 为弹性模量；$\Omega(\varepsilon,\xi,T)$ 为相变模量；$\Theta(\varepsilon,\xi,T)$ 为热弹性模量。

Magee 关于铁系合金马氏体相变的一维核动力学方程为

$$\begin{cases}\dfrac{\mathrm{d}\xi}{1-\zeta}=a^{M}\mathrm{d}T\\[2mm]a^{M}=-\bar{V}Q\dfrac{\mathrm{d}\Delta G}{\mathrm{d}T}\end{cases} \tag{6.24}$$

式中，$\bar{V}$ 为新形成马氏体的平均体积；Q 为常数；ΔG 为发生马氏体相变的自由能驱动力。假定 a^{M} 为常数，对温度从 M_s 到 T 积分式(6.20)，可以得到马氏体体积分数 ξ 的表达式

$$\xi=1-\exp\left[a^{M}(M_s-T)\right],\quad M_f\leqslant T\leqslant M_s \tag{6.25}$$

在一维情况下，临界应力(σ_{crit})与相变临界温度(T_{crit})呈线性关系如图 6.40 所示。其中，C_M 和 C_A 分别称为马氏体和奥氏体的影响系数，根据图 6.34 所示的相变临界应力和临界温度的关系，重新积分式(6.24)可以推导出，在温度 $T>M_f$ 时，描述马氏体体积分数 ξ 变化规律的相变演化方程：

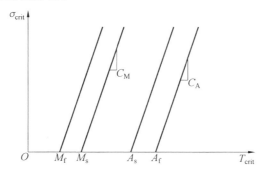

图 6.40　相变应力−温度关系曲线

由奥氏体向马氏体转变的马氏体相变过程

$$\xi=1-\exp\left[a^{M}(M_s-T)+b^{M}\sigma\right] \tag{6.26}$$

由马氏体向奥氏体转变的奥氏体相变过程

$$\xi=\exp\left[a^{A}(A_s-T)+b^{A}\sigma\right] \tag{6.27}$$

式中，a^M、a^A、b^M 和 b^A 为积分常数。若假定在 $\xi=0.99$ 时，马氏体相变完成；在 $\xi=0.01$ 时，奥氏体相变完成，则可以确定出式(6.26)和式(6.27)中的四个积分常数：

$$a^M = \frac{\ln(0.01)}{M_s - M_f}, \quad b^M = \frac{a^M}{C^M}$$
$$a^A = \frac{\ln(0.01)}{A_s - A_f}, \quad b^A = \frac{a^A}{C^A} \tag{6.28}$$

这样本构方程(6.25)和指数型相变方程(6.26)和(6.27)一起构成了 Tanaka 本构模型。

②Liang－Rogers 模型。Liang 和 Rogers 的一维本构模型，是以余弦型的相变演化方程代替 Tanaka 的指数型的相变演化方程，并且假设形状记忆合金材料的弹性模量 E_m、相变模量 Ω_p 和热弹性模量为常数，并通过实验来确定这些常数，由此得到全量型的一维本构方程：

$$\sigma - \sigma_0 = E_m(\varepsilon - \varepsilon_0) + \Omega_p(\xi - \xi_0) + \Theta(T - T_0) \tag{6.29}$$

式中，$(\sigma_0, \varepsilon_0, \xi_0, T_0)$ 代表形状记忆合金材料的初始状态。在初始状态$(\sigma_0 = \varepsilon_0 = \xi_0 = 0)$ 和终结状态$(\sigma=0, \varepsilon=\varepsilon_L, \xi=1)$ 在 $T=T_0(M_s < T < A_s)$ 的情况下利用方程(6.29)可以得到

$$\Omega_p = -\varepsilon_L E_m \tag{6.30}$$

式中，ε_L 为材料的最大残余应变，为材料常数，可以在温度 $T < A_s$，通过奥氏体转变为马氏单变体过程的拉伸实验确定，状态由 $\xi=0$ 到 $\xi=1$，在卸载时，得到的最大残余应变 ε_L。余弦型的相变演化方程为

在马氏体相变过程中

$$\xi = \frac{1-\xi_0}{2}\cos\left[a_M\left(T - M_f - \frac{\sigma}{C_M}\right)\right] + \frac{1+\xi_0}{2} \tag{6.31}$$

在奥氏体相变过程中

$$\xi = \frac{\xi_0}{2}\left\{\cos\left[a_A\left(T - A_s - \frac{\sigma}{C_A}\right)\right] + 1\right\} \tag{6.32}$$

式中

$$\begin{cases} a_M = \dfrac{\pi}{M_s - M_f} \\ a_A = \dfrac{\pi}{A_f - A_s} \end{cases} \tag{6.33}$$

实验表明形状记忆合金的相变是由变形能控制的，后来 Liang 和 Rogers 应用变形能理论，通过引入等效应力和等效应变的概念，将一维本构模型(6.29)推广到三维情况。

Liang 和 Rogers 的本构模型(6.29)存在着局限性。为说明 Liang 和 Rogers 的本构模型的局限性，在温度 $T < M_f$ 下，初始状态为$(\sigma_0 = \varepsilon_0 = 0, \xi=1)$，由于在温度 $T < M_s$ 时，材料处于完全马氏体状态，因此在任意时刻 $\xi=1$，则在 $T=T_0$ 时，由式(6.29)可以得到

$$\sigma = E_m\varepsilon \tag{6.34}$$

这显然是线弹性的应力－应变关系，不能描述形状记忆材料的形状记忆效应。事实上 Tanaka 模型和 Liang－Rogers 模型都不能有效地描述形状记忆合金在温度 $T < M_f$ 时

的热力学行为,可见 Liang 本构模型不能描述形状记忆合金的马氏体择优取向过程,Tanaka 本构模型同样也不能有效地描述形状记忆合金的马氏体择优取向过程,这是 Tanaka 本构模型和 Liang 本构模型的局限性。

③Brinson 模型。Brinson 在 Tanaka 和 Liang 工作的基础上,为克服 Liang 本构模型和 Tanaka 本构模型不能描述马氏体择优取向过程的局限性,将马氏体体积分数分成两部分,即

$$\xi = \xi_\mathrm{T} + \xi_\mathrm{s} \tag{6.35}$$

式中,ξ_s 为应力诱发的马氏体体积分数;ξ_T 为温度诱发的马氏体体积分数。认为材料的弹性模量和相变模量和马氏体体积分数呈线性关系:

$$E_\mathrm{m}(\xi) = E_\mathrm{ma} + (E_\mathrm{mm} - E_\mathrm{ma})\xi \tag{6.36}$$

$$\Omega_\mathrm{p}(\xi) = -\varepsilon_\mathrm{L} E_\mathrm{m}(\xi) \tag{6.37}$$

并利用残余应变公式

$$\varepsilon_\mathrm{res} = \varepsilon_\mathrm{L}\xi_\mathrm{s} \tag{6.38}$$

得到全量型的本构模型

$$\sigma - \sigma_0 = E_\mathrm{m}(\xi)\varepsilon - E_\mathrm{m}(\xi_0)\varepsilon_0 + \Omega_\mathrm{p}(\xi)\xi_\mathrm{s} - \Omega_\mathrm{p}(\xi_0)\xi_\mathrm{so} + \Theta(T - T_0) \tag{6.39}$$

在一维情况下,Brinson 根据实验观测的结果,进一步修正了临界应力与马氏体相变温度的关系,得到如图 6.41 所示的相变临界应力与相变温度间的关系图。Brinson 构造的反映 ξ、ξ_T、ξ_s 变化规律的余弦型的相变演化方程为

马氏体相变过程

$$\begin{cases} \xi_\mathrm{s} = \dfrac{1 - \xi_\mathrm{s0}}{2}\cos\left[\dfrac{\sigma - \sigma_\mathrm{f}^\mathrm{cr} - C_\mathrm{M}\,(T - M_\mathrm{s})_+^{\frac{1}{2}}}{\sigma_\mathrm{s}^\mathrm{cr} - \sigma_\mathrm{f}^\mathrm{cr}}\pi\right] + \dfrac{1 + \xi_\mathrm{s0}}{2} \\[4mm] \xi_\mathrm{T} = \xi_\mathrm{T0} - \dfrac{\xi_\mathrm{T0}}{1 - \xi_\mathrm{s0}}(\xi_\mathrm{s} - \xi_\mathrm{s0}) \end{cases} \tag{6.40}$$

奥氏体相变过程

$$\begin{cases} \xi = \dfrac{\xi_0}{2}\left[\cos\left(\dfrac{C_\mathrm{A}T - C_\mathrm{A}A_\mathrm{s} - \sigma}{C_\mathrm{A}A_\mathrm{f} - C_\mathrm{A}A_\mathrm{s}}\pi\right) + 1\right] \\[3mm] \xi_\mathrm{s} = \xi_\mathrm{s0} - \dfrac{\xi_\mathrm{s0}}{\xi_0}(\xi_\mathrm{s0} - \xi) \\[3mm] \xi_\mathrm{T} = \xi_\mathrm{T0} - \dfrac{\xi_\mathrm{T0}}{\xi_0}(\xi_0 - \xi) \end{cases} \tag{6.41}$$

在式(6.40)中应用了阶跃函数的表示符号,具体说明如下:

$$(x - a)_+^n = \begin{cases} (x - a)^n, & x > a \\ 0, & x \leqslant a \end{cases} \tag{6.42}$$

由于 Brinson 模型有效地克服了 Tanaka 模型和 Liang—Rogers 模型不足,因此在工程得到了比较广泛的应用。

(2) 基于自由能和耗散势的 *Boyd — Lagoudas* 模型。

Boyd 和 Lagoudas 在 Tanaka 及 Liang 的基础上,假定形状记忆合金材料的形状记忆效应类似于各向同性材料的屈服条件,在指数型相变演化方程中,利用等效应力代替一维应力,得到如下本构模型:

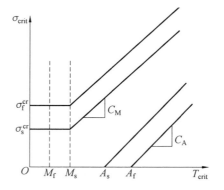

图 6.41 $\sigma_{crit} - T_{crit}$ 关系曲线（Brinson 模型）

$$\begin{cases} \sigma_{ij} = C_{ijk}\left[\varepsilon_{kl} - \varepsilon_{kl}^{tr} - \alpha_{kl}(T - T_0)\right] \\ \dot{\varepsilon}_{kl}^{tr} = \lambda_{kl}\dot{\xi} \end{cases} \tag{6.43}$$

$$\lambda_{kl} = \begin{cases} -\dfrac{3}{2}\dfrac{\Omega}{D}\dfrac{s_{kl}}{\bar{\sigma}}, & \dot{\xi} > 0 \\[2mm] -\dfrac{\Omega}{D}\dfrac{\varepsilon_{kl}^{tr}}{\bar{\varepsilon}^{tr}}, & \dot{\xi} < 0 \end{cases} \tag{6.44}$$

式中，s_{kl} 为偏应力；$\bar{\sigma}$ 为等效应力；ε_{kl}^{tr} 为相变应变；$\bar{\varepsilon}^{tr}$ 为等效相变应变。

Boyd — Lagoudas 模型虽然是一个三维的本构模型，但和 Tanaka 模型、Liang — Rogers 模型一样，用一个内变量（马氏体体积分数 ξ）来描述形状记忆合金的相变过程。

（3）基于纯热力学理论的 Ivshin — Pence 模型。

Ivshin 和 Pence 也是从热力学和热动力学出发建立本构模型，所不同的是他们采用母相的体积分数作为内变量。所建立的模型如下：

$$\begin{cases} \varepsilon = (1-\alpha)\varepsilon_m + \alpha\varepsilon_a \\[2mm] \varepsilon_a = \dfrac{\sigma}{E_a} \\[2mm] \varepsilon_m = \dfrac{\sigma}{E_m} + \varepsilon_L \end{cases} \tag{6.45}$$

描述母相百分数变化规律的，相变演化方程为

$$\frac{d\alpha}{dt} = \begin{cases} \dfrac{\alpha(t_k)}{\alpha_{max}\beta(t_k)}\dfrac{d\alpha_{max}}{d\beta}\left(\dfrac{\partial\beta}{\partial T}\dfrac{dT}{dt} + \dfrac{\partial\beta}{\partial\sigma}\dfrac{d\sigma}{dt}\right), & \dfrac{d\alpha}{dt} \leqslant 0 \\[4mm] \dfrac{1-\alpha(t_k)}{1-\alpha_{min}\beta(t_k)}\dfrac{d\alpha_{min}}{d\beta}\left(\dfrac{\partial\beta}{\partial T}\dfrac{dT}{dt} + \dfrac{\partial\beta}{\partial\sigma}\dfrac{d\sigma}{dt}\right), & \dfrac{d\alpha}{dt} \geqslant 0 \end{cases} \tag{6.46}$$

式中，t_k 为相变时刻或相变转换点。

$$\beta(T,\sigma) = T + \frac{1}{s_{a0} - s_{m0}}\left\{\frac{D_m - D_a}{2D_m D_o}\sigma^2 - \varepsilon_L\sigma\right\} \tag{6.47}$$

$$\begin{cases} \alpha_{max} = 0.5 + 0.5\tanh(k_1\beta + k_2) \\ \alpha_{min} = 0.5 + 0.5\tanh(k_3\beta + k_4) \end{cases} \tag{6.48}$$

Ivshin — Pence 模型的相变演化方程过于烦琐，这给实际应用带来了不便，因此在工程中没有得到广泛的应用。

（4）描述超弹性和单双程记忆效应的 Auricchio 本构模型。

最初的 Auricchio 模型描述了 SMA 材料的相变超弹性恢复力的基本特性，模型选取马氏体体积分数及相变应变为内部变量，包括两种相变过程，只考虑一种马氏体和单程记忆效应，并假设材料是各向同性，模型中应力 σ 和相应温度 T 为输入的控制变量，马氏体体积分数 ξ_M 和奥氏体体积分数 ξ_A 满足

$$\begin{cases} \xi_M + \xi_A = 1 \\ \dot{\xi}_M + \dot{\xi}_A = 0 \end{cases} \tag{6.49}$$

模型中需引入 Drucker－Prage 加载函数

$$F^{AS}(\tau) = \parallel \boldsymbol{\vartheta} \parallel + 3\alpha\sigma_m \tag{6.50}$$

式中，$\boldsymbol{\vartheta}$ 为应力偏量（$\boldsymbol{\vartheta} = \tau - \mathrm{tr}(\tau)\boldsymbol{I}/3$，$\boldsymbol{I}$ 为二阶恒等张量）；σ_m 为静水压力；α 为材料参数，代表了拉压时材料力学响应的区别；$\parallel . \parallel$ 为欧几里德范数。

经推导可得马氏体体积分数的变化可表示为

$$\dot{\xi}_M = \begin{cases} -H^{AS}(1 - \xi_M)\dfrac{\dot{F}}{F - R_f^{AS}} & A \rightarrow S \\[3mm] H^{SA}\xi_M\dfrac{\dot{F}}{F - R_f^{SA}} & S \rightarrow A \end{cases} \tag{6.51}$$

图 6.42 所示为理想的 Auricchio 模型。增量形式的应力－应变关系还可以表示为

$$\begin{cases} \Delta\sigma = E(\xi_M)(\Delta\varepsilon - \Delta\varepsilon^{tr}) \\[2mm] \Delta\varepsilon^{tr} = \Delta\xi_M\varepsilon_L\dfrac{\partial F}{\partial \sigma} \end{cases} \tag{6.52}$$

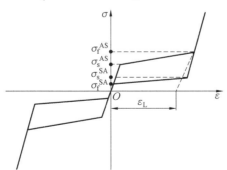

图 6.42　理想 Auricchio 模型及参数

随后的几年，Auricchio 进一步发展了模型。改进的模型不仅描述了 SMA 超弹性特性和双程记忆效应，还考虑了重取向和温度效应的影响。模型假设马氏体体积分数 ξ_S 是残余不可逆马氏体体积分数 ξ_R 和可逆马氏体体积分数 ξ 之和，即

$$\xi_S = \xi_R + \xi \tag{6.53}$$

在小变形范围内，总应变 ε 可分解为

$$\varepsilon = \varepsilon^e + \xi_S\beta - \xi_R(\beta - k) + \alpha(T - T_0) \tag{6.54}$$

式中，ε^e 为弹性应变；$\xi_S\beta$ 为相变引起的非弹性应变；β 为描述马氏体重取向变化的内部变

量;k 为训练参数;α 为热膨胀系数;T_0 为参考温度。

假设弹性应变与应力为线性关系,即

$$\sigma = E_m \varepsilon^e = E_m(\varepsilon - \xi_S \beta + \xi_R(\beta - k) - \alpha(T - T_0)) \tag{6.55}$$

这里有 $E_m(\xi_S) = \dfrac{E_{mA} E_{mS}}{E_{mS} + \xi_S(E_{mA} - E_{mS})}$。

令 $\dot{\xi}_S = \dot{\xi}_S^{AS} + \dot{\xi}_S^{SA}$,当奥氏体向马氏体相变时(A → S),有

$$\dot{\xi}_S^{AS} = \pi^{AS}(1 - \xi_S)\frac{\dot{G}^{AS}}{(S_f^{AS} - G^{AS})^{\alpha^{AS}}}\zeta^{AS} \tag{6.56}$$

其中

$$G^{AS} = \eta - \frac{C^{AS}}{E}T$$

$$S_f^{AS} = \frac{\sigma_f^{AS} - C^{AS}T_S^{AS}}{E_S} + R_f^{AS}$$

$$S_S^{AS} = \frac{\sigma_S^{AS} - C^{AS}T_S^{AS}}{E} + R_S^{AS}$$

式中,π^{AS} 和 α^{AS} 为材料参数;ζ^{AS} 为激活因子。

当马氏体向奥氏体相变时(S → A),有

$$\dot{\xi}_S^{SA} = \pi^{SA}(\xi_S - \xi_R)\frac{\dot{G}^{SA}}{(S_f^{SA} - G^{SA})^{\alpha^{SA}}}\zeta^{SA} \tag{6.57}$$

其中

$$G^{SA} = \eta - \frac{C^{SA}}{E}T$$

$$S_f^{SA} = \frac{-C^{SA}T_f^{SA}}{E} + R_f^{SA}$$

$$S_S^{SA} = \frac{-C^{SA}T_S^{SA}}{E} + R_S^{SA}$$

详细参数描述见相关文献。值得指出的是,Auricchio 模型描述了材料超弹性和单双程记忆效应,是目前应用较广的 SMA 本构之一,且该模型已编入 MARC 有限元软件中用于材料的超弹性性能的模拟计算。此外,ANSYS 有限元软件也以此模型为基础,开发出 SMA 单元,但仅局限在静力响应计算方面,对于动态响应还有待于进一步探讨开发。

3. 微观力学本构模型

唯象学模型很少考虑塑性应变、耗散及可能由此产生的非线性。随着研究的深入,人们发现宏观唯象描述难以揭示 SMA 超弹性和形状记忆特性的物理本质,而材料的宏观行为与其微观结构是密切相关的,考虑到材料的多晶本质和相变机理,需要从微观力学角度揭示材料特性的机理来描述材料在不同环境下的力学行为。

Patoor 等人首先从微观角度研究了 SMA 的本构行为,通过平均方法得到了材料宏观响应描述,但他们的工作限于应力诱发的马氏体相变且难以推广到逆相变和非比例加载过程。Boyd 曾在 Patoor 等人所建立的单晶模型的基础上,采用多晶平均法,结合对材料各向同性硬化和运动硬化以及绝热变形等的考虑,研究材料非比例加载、相变和重定向引

起的行为并建立了本构关系。该模型包含了所有的使用领域,但长时间的计算和大量相对复杂的方程不便于工程应用。

迄今为止,SMA 微观力学本构模型的研究者们采用各种方法研究材料的结晶现象,计算材料由于相变产生的交互能量和其他许多可能的变量,从而发展 SMA 单晶/多晶本构模型。相关文献提出的考虑 SMA 马氏体的重取向和去孪生性的三维单晶本构模型给出了获得 SMA 重取向本构关系的热力学第二定律和 Piola—Kirchhoff 应力表达式,即

$$\left\{ T^* - \frac{\partial \psi}{\partial E^e} \right\} \cdot \dot{E}^e - \left\{ \frac{\partial \psi}{\partial \theta} + \eta \right\} \dot{\theta} + (C^e T^*) \cdot L^p - \frac{\partial \psi}{\partial \xi} \dot{\xi} - \frac{q_0}{\theta} \cdot \nabla \theta \geqslant 0 \tag{6.58}$$

$$T^* = \det(F)(F^e)^{-1} T (F^e)^{\mathrm{T}}$$

式中,$C^e = (F^e)^{-\mathrm{T}} F^e$;$T^*$ 为 Piola—Kirchhoff 应力;ψ 为单位参考体积内的 Helmholtz 自由能;q_0 为参考的热流;L^p 为非弹性速度梯度;F^e 为热弹性变形梯度(详见相关文献)。模型再现的应力一应变曲线与拉压实验的结果一致,表明该模型能够捕捉 NiTi 合金在初始马氏体状态下标准的应力一应变响应特性。

对于多晶 SMA 本构行为,还可以利用一些平均化方法如自洽方法有限元技术集合微粒法等获得。这些三维多晶 SMA 模型从本质上描述或预测了马氏体的超弹性、形状记忆效应和重取向。这些模型的构想方法明显较现象学模型复杂且对计算的要求很高,但种种研究显示这些模型是获得更高精度三维本构定律的最合理的途径。

总之,微观力学模型主要从微观理论和能量耗散出发研究多晶材料的宏观行为,不仅能够较全面地考虑晶体间的相互作用,有利于揭示材料行为的机理,而且综合讨论了相变和重定向引起的拟弹性和形状记忆行为,有利于进一步深入了解 SMA 本质力学特性。

4. 塑性力学本构模型

随着对形状记忆合金效应行为的研究,人们逐渐认识到 SMA 虽然并非普通意义下的塑性体,但它们之间确实存在许多相似之处,因此,也可以像其他金属材料一样用经典塑性理论来描述。Achenbach 和 Graesser 等人提出的模型是这类模型的典型代表。

Achenbach 等提出了一种具有内变量的塑性流动本构方程:

$$\begin{cases} F = \Psi_1(F, T, x_a^-, x_a^+, \sigma) + \Psi_2(F, T, x_a^-, x_a^+, \sigma) \dot{\sigma} \\ T = \Psi_3(F, T, x_a^-, x_a^+, \sigma) + \Psi_4(F, T, x_a^-, x_a^+, \sigma) \dot{\sigma} \end{cases} \tag{6.59}$$

式中,F 为变形梯度;T 为温度;内变量 x_a^- x_a^+ 分别为相变时各项的体积分数。在热力学及统计物理学基础上,模型将非弹性应变率表示为相的体积分数、应力和其他内变量函数,函数关系非常复杂。Graesser 在此基础提出了较简单的三维本构模型,用弹性应变率的形式,描述奥氏体到马氏体、马氏体到奥氏体及马氏体孪生晶体的迟滞现象。该模型对研究被动控制机耗能规律比较有效,其增量形式的本构方程为

$$\begin{cases} \dot{\sigma} = E \left[\dot{\varepsilon} - |\dot{\varepsilon}| \left| \frac{\sigma - \sigma_\beta}{Y} \right|^{(n-1)} \left(\frac{\sigma - \sigma_\beta}{Y} \right) \right] \\ \beta = E\gamma \left[\varepsilon - \frac{\sigma}{E} + f_{\mathrm{T}} |\varepsilon|^c \mathrm{erf}(\alpha\varepsilon) \right] \end{cases} \tag{6.60}$$

式中,$\dot{\varepsilon}$ 为应变率;σ_β 为背应力。两个式子有 8 个参数,其中 3 个为材料常数,其他为经验值,erf 为误差函数。参数 f_{T} 控制着应力一应变曲线滞回环的大小和形状,指数 c 对应力

诱发马氏体相变平台位置影响不大,可假定为零,c 很大时表示 $f_T = 0$ 的情况。三维情况下 n 表示 3 个方向应力间的相互影响。这些参数可由不同温度下形状记忆合金若干个拉伸实验测得的应力 — 应变曲线来确定。

该模型可用于描述常应力相变、自由恢复及约束恢复下的相变规律。模型不区分马氏体和奥氏体的弹性模量,因而不能反映加载和卸载时曲线平台斜率的差异。模型对一维问题只需 2 个方程,三维时方程较多,计算费时,因此实际工程分析中会有限制。后来的学者还建立了考虑拉压不对称和塑性应变的本构模型,很好地描述材料的超弹性、单程或双程记忆效应,温度变化引起的相变以及拉压不对称特性。此外,SMA 热弹塑性本构模型、热弹塑性 — 相变本构模型以及热弹黏塑性 — 相变本构模型也有一定程度的研究和发展。

5. 基于混合物理论的本构模型

随着研究的进一步深入,发现基于热力学、热动力学和相变动力学的宏观本构模型的描述难以揭示拟弹性和形状记忆特性的物理本质,而从微观力学出发研究建立的本构模型虽可以解释 SMA 的各种特性,但形式和参数描述又过于复杂而难以在工程实际中应用。由于 SMA 材料由马氏体相和奥氏体相组成,其宏观行为实质上是两相各自行为的动态组合,鉴于此,一些研究者尝试从混合物理论出发建立。

SMA 的本构模型基于经典塑性理论和混合物理论,结合 Tanaka 的相变描述,假设在一定的变形范围内,马氏体相为弹塑性而奥氏体相为线弹性,建立了 SMA 三维本构模型. 模型采用初始各向同性和小变形假设,忽略应变率的影响,同时假设马氏体相和奥氏体相均匀地分布于形状记忆合金中,两相的应变相同且等于形状记忆合金的宏观应变,而形状记忆合金的宏观应力 σ 则为马氏体相的贡献 σ_M 和奥氏体相的贡献 σ_A 的总和,即

$$\sigma = \sigma_M + \sigma_A \tag{6.61}$$

假设材料塑性不可压缩,且忽略相变引起的体积变化,将宏观应变 ε 分解为体应变 ε_{kk} 和偏应变 ε_D,即

$$\varepsilon = \varepsilon_D + \frac{1}{3}\varepsilon_{kk}I \tag{6.62}$$

马氏体和奥氏体相的偏应力响应可一般表示为

$$\begin{cases} s_M = 2G_M(T,\xi)(\varepsilon_D - \varepsilon_{DM}^p - \varepsilon_D^T) \\ s_A = 2G_A(T,\xi)(\varepsilon_D - \varepsilon_D^T) \end{cases} \tag{6.63}$$

式中,s_A 和 s_M 分别为奥氏体相和马氏体相对宏观偏应力的贡献;$G_M(T,\xi)$ 和 $G_A(T,\xi)$ 分别为马氏体相和奥氏体相的宏观平均弹性剪切模量,与温度及马氏体相体积分数有关;ε_D^T 和 ε_{DM}^p 分别为马氏体相的相变应变和塑性应变。

马氏体相和奥氏体相的体应力可分别表示为

$$\begin{cases} (\sigma_{kk})_M = 3K_M(T,\xi)[\varepsilon_{kk} - 3\alpha_M(T)(T - T_0)] \\ (\sigma_{kk})_A = 3K_A(T,\xi)[\varepsilon_{kk} - 3\alpha_A(T)(T - T_0)] \\ \sigma_{kk} = (\sigma_{kk})_A = (\sigma_{kk})_M \end{cases} \tag{6.64}$$

式中,σ_{kk}、$(\sigma_{kk})_A$ 和 $(\sigma_{kk})_M$ 分别为宏观体应力及奥氏体相和马氏体相的贡献;T_0 为参考温度;$K_M(T,\xi)$ 和 $K_A(T,\xi)$ 分别为马氏体和奥氏体的宏观平均弹性体积模量;$\alpha_M(T)$ 和

$\alpha_A(T)$ 分别为马氏体和奥氏体的热膨胀系数。

　　这类模型可以用来描述不同温度下形状记忆合金的材料特性,较好地预言动态相变过程对应力响应的影响、单调及循环加载下的响应以及正反相变行为,形式简单。但是其涉及的参数较多,且不易确定,故很少应用于实际工程。

6. 微观平面本构模型

　　微观平面模型是介于宏观唯象学模型和微观力学模型之间的一类模型,是两种学说的完美结合。微观平面不是用来给出材料微观结构的结晶描述,事实上,微观平面的本构定律必须是现象学定律,来补偿微观平面结构和材料的微观结构之间的可能相差,其本质上仍是现象学模型。一般的现象学模型里,本构定律直接描述应力和应变张量及相关的变量,但在微观平面模型中,通过描述沿着材料不同方向的几个平面上(即微观平面)的响应来获得材料的宏观响应,而不是直接建立材料的微观结构模型来描述材料的行为,因此,在概念上比微观力学模型简单,而较宏观现象学模型更能真实再现材料的微宏观行为特性。

　　微观平面模型的历史可以追溯到 G. I. Taylor、Carol 和 Bazant 曾详细地推导过微观平面模型运动学或静态约束公式。近年来,有实验表明,基于 J2 型相变规则的本构定律在 SMA 材料非比例多轴加载状况下是不准确的。这项发现激发学者研究微观平面模型的兴趣。考虑不同方向的几个微观平面的马氏体相变的可能性,将剪切引入的相变应变的叠加作为总相变应变(图 6.43 为微观平面上的应变分量),其表达式为

$$\begin{cases} \varepsilon_N = N_{ij}\varepsilon_{ij}, \quad N_{ij} = n_i n_j \\ \varepsilon_v = \varepsilon_{kk}/3, \quad \varepsilon_D = \varepsilon_N - \varepsilon_v \\ \varepsilon_M = M_{ij}\varepsilon_{ij}, \quad \varepsilon_L = L_{ij}\varepsilon_{ij} \\ M_{ij} = (m_i n_j + m_j n_i)/2 \\ L_{ij} = (l_i n_j + l_j n_i)/2 \end{cases} \quad (6.65)$$

式中,$i, j = 1, 2, 3$;ε_N 为微平面上的法向应变;ε_v 为体积应变;ε_D 为偏应变。其他参数描述在文献中有详细解释。

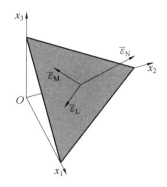

图 6.43　微观平面上的应变分量

　　微观平面上的 SMA 的本构模型采用一维 Brinson 定律,其中应力诱发的马氏体体积分数 ξ 的更新和差值函数 $f^j (j = A, M)$ 的关系为

　　在奥氏体带

$$\xi = \xi_j f^A (Y^A - Y_j^A) \tag{6.66}$$

在马氏体带

$$\xi = \xi_j + (1 - \xi_j) f^M (Y^M - Y_j^M) \tag{6.67}$$

其中

$$f^A (Y^A - Y_j^A) = 1 - \frac{1}{2} \{1 - \cos[\pi(Y^A - Y_j^A)]\}$$

$$f^M (Y^M - Y_j^M) = 1 - \frac{1}{2} \{1 - \cos[\pi(Y^M - Y_j^M)]\}$$

式中,$Y^i (i = A, M)$ 为相变带的规划距离。微观平面模型是一个宏观尺度多晶 SMA 模型,提供建立一个更协调的从一维发展到三维 SMA 模型的机理,而非代表真实的结晶转变平面,微观平面模型法应用广泛并且能够再现传统模型很难捕捉的物理现象。SMA 的很重要的特性(如压力敏感性和拉压不对称性)都能够很容易地引入模型,还可以描述结晶滑移、剪切带、裂纹扩张、摩擦等现象。不仅如此,微观平面模型相当直观,可以通过改变微观平面上的本构定律来建立和调整新的模型,为 SMA 本构模型的进一步发展提供了有效的平台,且能够用于大规模的有限元计算,具有广阔的应用前景。

6.3.3 聚合物形状记忆效应的机械弹性模型及应用

对形状记忆聚合物本构的研究主要分为两类:一类是基于经典的黏弹性理论,通过表征形状记忆聚合物的不同温度、不同阶段的热力学行为,建立宏观唯象理论模型;另一类是基于聚合物的微观结构,通过描述形状记忆聚合物微观结构的变化,建立相变理论模型。

固态高聚物在受力条件下的形变包括弹性形变和塑性形变,这是大分子链松弛运动的两个主要形式。在恒定速度下对聚合物进行拉伸的应力－应变曲线如图 6.44 所示。图 6.44 中的 AB 段称为普弹形变,其间应力与应变成正比的直线关系,符合胡克定律,两者的比值为弹性模量。普弹形变起因于分子链的键角与键长受拉伸,应力去除后,立即复原。

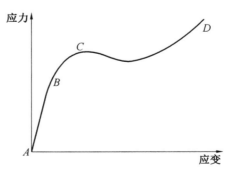

图 6.44　聚合物的应力－应变曲线

图 6.44 中的 BC 段称为黏弹形变或高弹形变,相当于从弹性极限到屈服点的区域,是具有弹性推迟滞后的形变,应力消除后不能完全复原,应力与应变不构成正比的直线关系,形变发生主要是由于大分子链的构象运动,沿力的方向取向伸长,其中有极少的滑动,

移向新的动态平衡状态。

CD 段称为塑性形变,是不可逆的冷流形变,主要是大分子链受外应力作用取向后,进一步发生相互间的黏性滑动,先是应力下降,继之应力－应变曲线略为弯转向上,且试样出现细颈,后期随大分子链的高度取向,抗拉强度增大,应力再持续上升直至断裂点。聚合物的黏弹力学特性(应力－应变间的关系)既受温度的影响也和时间有关。其中应力、应变与时间的关系可以用黏壶和弹簧模型来直观地进行描述和定量。

例如可以将聚合物应力－应变关系的 AB 段看作一个理想的普弹性弹簧(spring),其弹性形变是瞬时的,形变与应力之间的关系符合胡克定律,即 σ(应力)$=E_m$(模量)$\cdot\varepsilon_1$(弹性应变),在动态过程中,$d\varepsilon_1=d\sigma/E_m$。

图 6.44 曲线中的 BC 段可以看作一个盛有牛顿(Newton)液体的黏壶(dashpot),为理想的黏流性单元,反映理想黏流形变,其黏流形变是不可逆的。其黏流形变特性可以用牛顿黏度定律来描述,即 σ(应力)$=\eta$(黏度)$\cdot\varepsilon_2$(黏性应变)$/dt$,在动态过程中,$d\varepsilon_2=(1/\eta)\sigma dt$。

将上述弹簧、黏壶单元以串联(in series,Maxwell － Wiechert model)或并联(in parallel,Voigt － Kelvin model)的方式结合在一起,就构成可以形象地描述聚合物的黏弹行为的弹簧－黏壶模型。对不同的模型进行处理可以得到应力和应变随时间变化的如下关系:

$$\sigma=\sigma_0 e^{-t/t_\tau}$$
$$\varepsilon=\varepsilon_\infty(1-e^{-t/t_\tau})$$
(6.68)

式中,σ_0 为系统开始时所受的应力;t_τ 为松弛时间;η/E_m 为在固定应变下,应力下降为原应力的 $1/e$ 时所需要的时间。聚合物的黏度越大,模量越小,其松弛时间越长。$\varepsilon_\infty=\sigma_0/E_m$,表示在固定应力下,$t\to\infty$,即达到拉伸平衡时的应变。

聚合物的形状记忆效应,可以看作应力的冻结和释放过程,或是应变的保持和恢复过程,可以通过弹簧－黏壶模型的适当组合用来说明聚合物的形状记忆效应。形状记忆聚合物一般是由固定相和可逆相所组成的多相体系,固定相和可逆相的相转变温度是不同的,其中可逆相的转变温度较低,固定相的转变温度较高或没有相变。例如聚氨酯类形状记忆聚合物,其分子中的可逆相部分为具有柔性的聚酯或聚醚链软段部分,而固定相为含有苯环的二异氰酸酯和扩链剂所形成的氨基甲酸酯链段。针对形状记忆聚氨酯的这种结构形态,如果分别用一个 Maxwell － Wiechert 黏弹模型来描述可逆相和固定相的黏弹行为,那么将两个 Maxwell － Wiechert 黏弹模型进行并联,就可以用来描述形状记忆聚氨酯记忆效应原理,如图 6.45 所示。

利用上述黏弹模型,对形状记忆聚合物的形状记忆效应和力学行为可以做如下的分析和描述:

在可逆相的熔点或玻璃化温度以上,固定相的熔点或玻璃化温度以下这一高温区间内的某一个温度条件下($T_r<T_1=60\,℃<T_f$),模型被拉伸到某一固定的形变 ε_0 并保持这一形变,如图 6.45 所示。模型的应力 $\sigma(t,T)$ 和模量 $E_m(t,T)$ 随时间和温度的变化可依据弹性松弛理论表示如下:

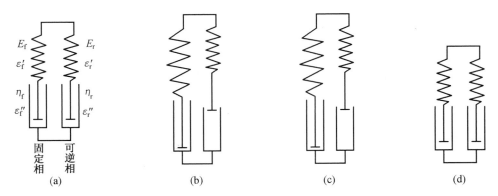

图 6.45 形状记忆聚合物的黏弹性模型和记忆效应的原理

$$E(t,T) = E_f(T) \times \exp[-t/\tau_f(T)] + E_r(T) \times \exp[-t/\tau_r(T)]$$

$$\sigma(t,T) = \varepsilon_0 \times E_r(T) \times \exp[-t/\tau_r(T)] + \varepsilon_0 \times E_r(T) \times \exp[-t/\tau_r(T)] \quad (6.69)$$

式中,下标 f、r 分别代表固定相和可逆相;E_m 为弹性模量。松弛时间 t_τ 定义为

$$t_\tau = \eta/E_m \quad (6.70)$$

在黏弹模型中各个单元的应变为

$$\begin{cases} \varepsilon_f'(t,T) = \varepsilon_0 \times \exp[-t/\tau_f(T)] \\ \varepsilon_f''(t,T) = \varepsilon_0 \times \{1 - \exp[-t/\tau_f(T)]\} \\ \varepsilon_r'(t,T) = \varepsilon_0 \times \exp[-t/\tau_r(T)] \\ \varepsilon_r''(t,T) = \varepsilon_0 \times \{1 - \exp[-t/\tau_r(T)]\} \end{cases} \quad (6.71)$$

式中,ε' 和 ε'' 分别代表弹性形变和黏性形变。

在温度 T_1 时,可逆相的模量和黏度非常低,因此,若在 T_1 时,形变的保持时间足够长 ($t \to \infty$),拉伸模型趋于平衡态,ε_r' 的值趋于 0,ε_r'' 的值近似等于 ε_0;固定相的 ε_f' 和 ε_f'' 对 ε_0 都有贡献。这些应变之间应有如下的关系:

$$\varepsilon_0 = \varepsilon_f' + \varepsilon_f'' = \varepsilon_\tau'' \quad (6.72)$$

在这个阶段,力学响应包括固定相的 Maxwell 模型的弹簧和黏壶形变以及可逆相 Maxwell 模型的黏壶形变,在这一固定应变下冷却到低温 T_2(如 < 20 ℃)。由于操作温度离固定相的特性温度很远,因此,在操作温度范围内可以认为 E_f、η_f 不变。

在低温(T_2)和没有外力作用的情况下,黏性流体(黏壶)不会产生力学变化,固定相的 Maxwell 模型的黏壶应变、弹簧应变及可逆相的黏壶应变不会发生大的变化,即

$$\begin{cases} \varepsilon_f'(t_\infty, T_1) = \varepsilon_0 \times \exp[-t_\infty/\tau_1(T_1)] \\ \varepsilon_f''(t_\infty, T_1) = \varepsilon_0 \times \{1 - \exp[-t_\infty/\tau_1(T_1)]\} \\ \varepsilon_r''(t_\infty, T_2) = \varepsilon_0 \end{cases} \quad (6.73)$$

另一方面,在去除外力后,总的应力为 0,即

$$\sigma_f + \sigma_r = 0 \quad (6.74)$$

式中,σ_f 为固定相(Maxwell 模型的弹簧)可恢复的弹性应变力;σ_r 为可逆相(变形黏壶)的反抗应力。

由胡克定律和牛顿定律(Newton's law)可得

$$E_f \times \varepsilon'_f + \eta_r(T_2) \times d\varepsilon''_r / dt = 0 \tag{6.75}$$

式(6.75)移项整理后可得可逆相形变随时间的变化为

$$\frac{d\varepsilon''_r}{dt} = -\frac{E_f \times \varepsilon'_f}{\eta_r(T_2)} \tag{6.76}$$

该式可以帮助我们理解形状记忆黏弹模型的形变是否能够固定。从式(6.76)可以看出:

(1)方程右边的负号"一"表示形变会随时间逐步减小。

(2)可逆相的黏度越大,形变随时间的变化越小,也即固定相的黏度越大,越有利于形变的冻结。低温时,可逆相呈固态,$T \rightarrow \infty$,形变随时间的变化速率趋于0。因此,低温时,硬化的可逆相可以有效地固定形变并抵抗固定相的弹性恢复,模型的形变在低温下将不会发生变化。

(3)固定相的模量和形变(弹性应力)越大,应变随时间的变化的绝对值越大。

(4)因聚合物的黏度会随着温度的变化而发生变化,即温度越高,黏度越低,形变随时间的变化越大。

(5)聚合物的黏度和其分子量相关,分子量越大,聚合物的黏度越大。因此,可逆相的分子量、形变随时间的变化率越小,也即越有利于形变的固定。

通过对上述黏弹模型的分析,不但可以加深我们对聚合物形状记忆效应的理解,也可以指导我们对形状记忆聚合物的结构进行设计,以便合成出性能优异、储存方便的形状记忆聚合物,以满足不同的需求。

也有学者认为高聚物的形状记忆行为实质上是高分子的黏弹力学行为。高分子的形变实际上是普通形变 ε_1、高弹形变 ε_2、黏性流动形变 ε_3 的叠加,其中黏性流动形变是不可逆的塑性变形,对于交联高分子,由于交联抑制了分子间的相对滑移,塑性形变很小,几乎为0。由于 $\varepsilon_1/\varepsilon_2 \approx 0, \varepsilon_2/\varepsilon_3 \approx 0$,所以交联高分子的形变为

$$\varepsilon_T = \varepsilon_1 + \varepsilon_2 + \varepsilon_3 = \varepsilon_2 = \varepsilon_\infty (1 - e^{-t/t_\tau}) \tag{6.77}$$

当观察时间足够长时,t 远大于 t_τ,则有

$$\varepsilon_T \approx \varepsilon_2 \approx \varepsilon_\infty \tag{6.78}$$

形状记忆聚合物实际上是进行物理交联或化学交联的聚合物,当 $T > T_g$ 或 $T > T_m$ 时处于高弹态,此时在外力作用下发生高弹形变,以 E_0、E_R 分别表示室温和高弹态模量,近似可得

$$\sigma = E_R \varepsilon_\infty \tag{6.79}$$

把制品保持外力冷却到室温,然后去除外力,制品将产生一定的回缩形变 ε,由胡克定律可得

$$\varepsilon' = \sigma / E_0 = E_R \varepsilon_\infty / E_0 = (E_R / E_0) \varepsilon_\infty \tag{6.80}$$

总形变中能固定的形变为

$$\begin{cases} \varepsilon_f = \varepsilon_T - \varepsilon' = \varepsilon_\infty - (E_R/E_0)\varepsilon_\infty = (1 - E_R/E_0)\varepsilon_\infty \\ O_D = \varepsilon_f / \varepsilon_\infty = 1 - (E_R/E_0) \end{cases} \tag{6.81}$$

O_D 值的大小反映了形变的固定情况,称为形变固定率,是评价形状记忆聚合物性能的一个重要指标。

由前面的分析可以把形变恢复率定义为

$$R_D = (\varepsilon_f + \varepsilon_3)/\varepsilon_f = 1 - \varepsilon_3/\varepsilon_f \tag{6.82}$$

对于交联聚合物来说，分子链在外力作用下相对滑移不容易但塑性形变还是存在的。对热塑性高分子材料，其物理交联不可能非常完善，因此塑性形变不可能为零，只是非常小，一般 $\varepsilon_3/\varepsilon_f < 5\%$，$R_D$ 在 $95\% \sim 100\%$。形变恢复率 R_D 也是评价形状记忆聚合物的重要指标。

形变恢复速度 V_D 也是衡量形状记忆聚合物性能好坏的一个因素。对于无定形高聚物，形变恢复速度 V_D 只与链段的松弛因子有关；对于结晶高聚物还与晶区的熔融行为等因素有关，如果晶片很均匀，熔融速度够快，则

$$V_D = 1/\tau = E_m/\eta \tag{6.83}$$

式中，η 为高弹形变中链段相对迁移时内摩擦力大的量度，高分子链内或链间相互作用越大，η 就越大；E_m 为高分子链抵抗外力的作用，自发趋于卷曲状态的回缩力。

习　　题

6.1　形状记忆材料有哪些，定义是什么？
6.2　形状记忆效应的原理？
6.3　形状记忆效应有哪些类型？
6.4　双程记忆效应的影响因素有哪些？
6.5　形状记忆合金的本构模型分为哪几类，都是基于什么理念？

各章习题参考答案

第2章

2.1 解 平均应力为

$$\sigma_m = \frac{1}{3}(\sigma_x + \sigma_y + \sigma_z) = \frac{1}{3}(2a + 4a + 0) = 2a$$

应力张量可分解为

$$\begin{Bmatrix} \sigma_x & \tau_{xy} & \tau_{xz} \\ \tau_{yx} & \sigma_y & \tau_{yz} \\ \tau_{zx} & \tau_{zy} & \sigma_z \end{Bmatrix} = \begin{Bmatrix} \sigma_m & 0 & 0 \\ 0 & \sigma_m & 0 \\ 0 & 0 & \sigma_m \end{Bmatrix} + \begin{Bmatrix} \sigma_x - \sigma_m & \tau_{xy} & \tau_{xz} \\ \tau_{yx} & \sigma_y - \sigma_m & \tau_{yz} \\ \tau_{zx} & \tau_{zy} & \sigma_z - \sigma_m \end{Bmatrix}$$

（应力张量）　　　　（应力球张量）　　　　　　　　（应力偏张量）

得

$$\boldsymbol{\sigma}_{ij} = \begin{bmatrix} 2a & 0 & 3a \\ 0 & 4a & -3a \\ 3a & -3a & 0 \end{bmatrix} = \begin{bmatrix} 2a & 0 & 0 \\ 0 & 2a & 0 \\ 0 & 0 & 2a \end{bmatrix} + \begin{bmatrix} 0 & 0 & 3a \\ 0 & 2a & -3a \\ 3a & -3a & -2a \end{bmatrix}$$

（应力张量）　　　　　　（应力球张量）　　　　　　（应力偏张量）

2.2 解 正八面体法线方向余弦为

$$l = m = n = \frac{1}{\sqrt{3}}$$

（1）总应力为 $S = \sqrt{l^2\sigma_1^2 + m^2\sigma_2^2 + n^2\sigma_3^2} = 59.5 \text{ MPa}$

正应力为 $\sigma = \frac{1}{3}(\sigma_1 + \sigma_2 + \sigma_3) = 25 \text{ MPa}$

剪应力为 $\tau = \frac{1}{3}\sqrt{(\sigma_1 - \sigma_2)^2 + (\sigma_2 - \sigma_3)^2 + (\sigma_3 - \sigma_1)^2} = 54.0 \text{ MPa}$

（2）总应力为 $S = \sqrt{l^2\sigma_1^2 + m^2\sigma_2^2 + n^2\sigma_3^2} = 70.7 \text{ MPa}$

正应力为 $\sigma = \frac{1}{3}(\sigma_1 + \sigma_2 + \sigma_3) = 0$

剪应力为 $\tau = \frac{1}{3}\sqrt{(\sigma_1 - \sigma_2)^2 + (\sigma_2 - \sigma_3)^2 + (\sigma_3 - \sigma_1)^2} = 70.7 \text{ MPa}$

2.3 解 力微分平衡方程为

$$\begin{cases} \dfrac{\partial \sigma_x}{\partial x} + \dfrac{\partial \tau_{yx}}{\partial y} = 0 \\[2mm] \dfrac{\partial \sigma_y}{\partial y} + \dfrac{\partial \tau_{xy}}{\partial x} = 0 \end{cases}$$

将应力分量代入上式,得

$$\begin{cases} Qy^3 + 3Ax^2 - 4By^3 + Cx^2 = 0 \\ -3Bxy + 2Cxy = 0 \end{cases}$$

解上面方程组,得

$$\begin{cases} -Q - 4B = 0 \\ 3A + C = 0 \\ -3B + 2C = 0 \end{cases}$$

解得

$$\begin{cases} A = \dfrac{Q}{8} \\ B = -\dfrac{3}{8}Q \\ C = -\dfrac{Q}{4} \end{cases}$$

2.4　解　设截面积为 A、长度为 dx 的杆件单元体平衡方程为

$$(-\sigma_y - d\sigma_y)A + fA = -\sigma_y A$$

因此

$$d\sigma_y = f$$

将上式积分,得

$$\sigma_y = fy + C$$

当 $y = h$ 时,$\sigma_y = 0$,故有 $C = -fh$,即

$$\sigma_y = fy - fh$$

所以

$$A = f, \quad B = -fh$$

2.5　解　(1)平均应力为

$$\sigma_m = \frac{1}{3}(\sigma_1 + \sigma_2 + \sigma_3) = 6 \text{ MPa}$$

应力张量可分解为

$$\underbrace{\begin{Bmatrix} \sigma_x & \tau_{xy} & \tau_{xz} \\ \tau_{yx} & \sigma_y & \tau_{yz} \\ \tau_{zx} & \tau_{zy} & \sigma_z \end{Bmatrix}}_{(应力张量)} = \underbrace{\begin{Bmatrix} \sigma_m & 0 & 0 \\ 0 & \sigma_m & 0 \\ 0 & 0 & \sigma_m \end{Bmatrix}}_{(应力球张量)} + \underbrace{\begin{Bmatrix} \sigma_x - \sigma_m & \tau_{xy} & \tau_{xz} \\ \tau_{yx} & \sigma_y - \sigma_m & \tau_{yz} \\ \tau_{zx} & \tau_{zy} & \sigma_z - \sigma_m \end{Bmatrix}}_{(应力偏张量)}$$

故得

$$应力球张量\ \boldsymbol{\sigma}_m = \begin{bmatrix} 6 & 0 & 0 \\ 0 & 6 & 0 \\ 0 & 0 & 6 \end{bmatrix}, \quad 应力偏张量\ \boldsymbol{\sigma}'_{ij} = \begin{bmatrix} 4 & 0 & 0 \\ 0 & 4 & 0 \\ 0 & 0 & -8 \end{bmatrix}$$

(2)应力状态图如图 1 所示。

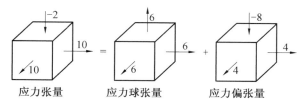

图 1　2.5 题

2.6　解　(1)$\varepsilon_1 = 0.006, \varepsilon_2 = 0.004, \varepsilon_3 = 0.002$。

(2)$\left(\dfrac{\sqrt{2}}{2}, \dfrac{\sqrt{2}}{2}, 0\right), (0, 0, 1), \left(\dfrac{\sqrt{2}}{2}, -\dfrac{\sqrt{2}}{2}, 0\right)$。

(3)$\varepsilon_m = \dfrac{\varepsilon_x + \varepsilon_z + \varepsilon_x}{3} = 0.004$。

$$\boldsymbol{e}_{ij} = \begin{bmatrix} 0 & 0.002 & 0 \\ 0.002 & 0 & 0 \\ 0 & 0 & 0 \end{bmatrix}$$

2.7　解　(1)各应变分量代入变形协调方程中的 6 个方程时,各方程均能成立,所以上述应变分量满足变性协调条件。

(2)$u = -\mu \dfrac{\gamma z}{E} x$，$v = -\mu \dfrac{\gamma z}{E} y$，$w = \dfrac{\gamma}{2E}[z^2 - \mu(x^2 + y^2) - l^2]$。

2.8　解　平均应变为

$$\varepsilon_m = \frac{\varepsilon_x + \varepsilon_z + \varepsilon_x}{3} = 0.02 \times 10^{-3}$$

由应变张量的表达式得

$$\boldsymbol{\varepsilon}_{ij} = \begin{bmatrix} \varepsilon_x & \gamma_{xy} & \gamma_{xz} \\ \gamma_{yx} & \varepsilon_y & \gamma_{yz} \\ \gamma_{zx} & \gamma_{zy} & \varepsilon_z \end{bmatrix} = \begin{bmatrix} \varepsilon_x - \varepsilon_m & \gamma_{xy} & \gamma_{xz} \\ \gamma_{yx} & \varepsilon_y - \varepsilon_m & \gamma_{yz} \\ \gamma_{zx} & \gamma_{zy} & \varepsilon_z - \varepsilon_m \end{bmatrix} + \begin{bmatrix} \varepsilon_m & 0 & 0 \\ 0 & \varepsilon_m & 0 \\ 0 & 0 & \varepsilon_m \end{bmatrix}$$

即

$$\underbrace{\begin{bmatrix} 0.30 & 0.04 & -0.05 \\ 0.04 & -0.04 & 0 \\ -0.005 & 0 & -0.20 \end{bmatrix}}_{\text{应变张量}} \times 10^{-3} = \underbrace{\begin{bmatrix} 0.02 & 0 & 0 \\ 0 & 0.02 & 0 \\ 0 & 0 & 0.02 \end{bmatrix}}_{\text{应变球张量}} \times 10^{-3} +$$

$$\underbrace{\begin{bmatrix} 0.28 & 0.04 & -0.05 \\ 0.04 & -0.06 & 0 \\ -0.005 & 0 & -0.22 \end{bmatrix}}_{\text{应变偏张量}}$$

第 3 章

3.1 ～ 3.14　略

3.15　$\sigma_x = \sigma_y = -11.78$ MPa

3.16　$\theta = -9.662 \times 10^{-4}$

3.17　$\sigma_z = 18\ \text{MPa}, \varepsilon_x = 1.103 \times 10^{-4}, \varepsilon_y = 4.55 \times 10^{-5}$

3.18　$(1)\sigma_x = \sigma_y = -\dfrac{v}{1-v}p$

$(2)\theta = -\dfrac{(1-2v)(1+v)}{(1-v)E}p$

$(3)\tau_{\max} = \dfrac{1-2v}{2(1-v)}p$

3.19　$E = 1.5 \times 10^5 a$

3.20　解　$\nu = 0.5$

设某一单元体的几何尺寸为 x, y, z，变形后分别发生 $\mathrm{d}x, \mathrm{d}y, \mathrm{d}z$ 微小变形。

变形前体积：$V_0 = x \cdot y \cdot z$

变形后体积：$V_1 = (x + \mathrm{d}x)(y + \mathrm{d}y)(z + \mathrm{d}y)$

体积变化为 $\mathrm{d}V = V_1 - V_0$

忽略高阶项后：$\dfrac{\mathrm{d}V}{V_0} = \dfrac{\mathrm{d}x}{x} + \dfrac{\mathrm{d}y}{y} + \dfrac{\mathrm{d}z}{z} = \varepsilon_{xx} + \varepsilon_{yy} + \varepsilon_{zz}$

如果材料是自由伸缩，并且 ε_{xx} 是变形的原因，ε_{yy} 和 ε_{zz} 是变形的结果，即前者引起后两者的变化，那么就有

$$\varepsilon_{yy} = -\nu\varepsilon_{xx}, \quad \varepsilon_{zz} = -\nu\varepsilon_{xx}, \quad \nu \text{ 为泊松比}$$

代入上式后 $\dfrac{\mathrm{d}V}{V_0} = (1-2\nu) \cdot \varepsilon_{xx}$

因此，对于 $\nu = 0.5$ 的材料，体积应变应为 0，属于不可压缩材料。

3.21　$\mathrm{d}\varepsilon_1^{\mathrm{p}} : \mathrm{d}\varepsilon_2^{\mathrm{p}} : \mathrm{d}\varepsilon_3^{\mathrm{p}} = 1 : 0 : (-1)$

$\quad\quad \mathrm{d}\varepsilon_1^{\mathrm{p}} : \mathrm{d}\varepsilon_2^{\mathrm{p}} : \mathrm{d}\varepsilon_3^{\mathrm{p}} = 1 : 0 : (-1)$

$\quad\quad \mathrm{d}\varepsilon_1^{\mathrm{p}} : \mathrm{d}\varepsilon_2^{\mathrm{p}} : \mathrm{d}\varepsilon_3^{\mathrm{p}} = 2 : (-1) : (-1)$

3.22　$(1)\mathrm{d}\varepsilon_1^{\mathrm{p}} : \mathrm{d}\varepsilon_2^{\mathrm{p}} : \mathrm{d}\varepsilon_3^{\mathrm{p}} = 2 : (-1) : (-1)$

$\quad\quad (2)\mathrm{d}\varepsilon_1^{\mathrm{p}} : \mathrm{d}\varepsilon_2^{\mathrm{p}} : \mathrm{d}\varepsilon_3^{\mathrm{p}} = 1 : 0 : (-1)$

$\quad\quad (3)\mathrm{d}\varepsilon_1^{\mathrm{p}} : \mathrm{d}\varepsilon_2^{\mathrm{p}} : \mathrm{d}\varepsilon_3^{\mathrm{p}} = 2 : (-1) : (-1)$

3.23　$\mathrm{d}\varepsilon_y = 0.1\delta, \mathrm{d}\varepsilon_z = -0.2\delta$

$\quad\quad \mathrm{d}\varepsilon_{xy} = \mathrm{d}\varepsilon_{yz} = 0, \mathrm{d}\varepsilon_{xz} = 7.5 \times 10^{-3}\delta$

3.24　$\sigma_x = \sigma_y = 96.3\ \text{MPa}, \sigma_z = -42.6\ \text{MPa}$

$\quad\quad \tau_{xy} = 23.1\ \text{MPa}, \tau_{yz} = 0, \tau_{zx} = -23.1\ \text{MPa}$

3.25　解　提示：第二种情况含有卸载过程

$(1)\varepsilon_1 = 1.09, \varepsilon_2 = -0.14, \varepsilon_3 = -0.95$

$(2)\varepsilon_1 = 1.008, \varepsilon_2 = -0.13, \varepsilon_3 = -0.878$

3.26　略

3.27　略

3.28　解　提示 $(S_b = \sigma_b(1+\varepsilon_b))$，$\sigma_b = 172\ \text{MPa}$

3.29　平面应变状态

3.30　$\varepsilon_\theta > \varepsilon_z > \varepsilon_r$，变形类型为平面应变

3.31 $\dfrac{2}{\sqrt{3}}$

第4章

4.1～4.5   略

4.6   解   压电元件的机械边界条件一般有两种形式,即自由状态和夹持状态;同样电学边界条件也有两种:电学开路和电学短路。机械边界条件和电学边界条件进行组合,可以得到四种不同类型的边界条件(表1)。

表1   压电材料的四类边界条件

编号	边界条件类别	边界条件名称	参数解释
1	第一边界条件	机械自由和电学短路	$\sigma = 0; E = 0; \varepsilon \neq 0; D \neq 0$
2	第二边界条件	机械夹持和电学短路	$\varepsilon = 0; E = 0; \sigma \neq 0; D \neq 0$
3	第三边界条件	机械自由和电学开路	$T = 0; D = 0; \varepsilon \neq 0; E \neq 0$
4	第四边界条件	机械夹持和电学开路	$\varepsilon = 0; D = 0; T \neq 0; E \neq 0$

(1) 对应第一类边界条件,取应力 $\sigma_i (i=1,\cdots,6)$ 和电场强度 $E_j (j=1,2,3)$ 为自变量时,应变 ε_k 和电位移 D_l 为因变量,压电方程表示为

$$\varepsilon_k = s_{ki}^E \sigma_i + d_{kj} E_j, \quad k = 1, 2, \cdots, 6$$
$$D_l = d_{li} \sigma_i + \varepsilon_{lj} E_j$$

(2) 对应第二类边界条件,取应变 $\varepsilon_k (k=1,\cdots,6)$ 和电场强度 $E_j (j=1,2,3)$ 为自变量时,应力 σ_i 和电位移 D_l 为因变量,压电方程表示为

$$\sigma_i = C_{ik}^E \varepsilon_k - e_{ij}^E E_j, \quad i = 1, 2, \cdots, 6$$
$$D_l = e_{lk} \varepsilon_k + \varepsilon_{lj} E_j, \quad l = 1, 2, 3$$

(3) 对应第三类边界条件,取应力 $\sigma_i (i=1,\cdots,6)$ 和电场强度 $D_l (l=1,2,3)$ 为自变量时,应变 ε_k 和电位移 E_j 为因变量,压电方程表示为

$$\varepsilon_k = s_{ki}^E \sigma_i + g_{kl} D_l, \quad k = 1, 2, \cdots, 6$$
$$E_j = g_{ji} \sigma_i + \beta_{jl} D_l, \quad j = 1, 2, 3$$

(4) 对应第四类边界条件,取应力 $\varepsilon_k (k=1,\cdots,6)$ 和电场强度 $D_l (l=1,2,3)$ 为自变量时,应力 σ_i 和电位移 E_j 为因变量,压电方程表示为

$$\sigma_i = C_{ik}^E \varepsilon_k - h_{il} D_l, \quad i = 1, 2, \cdots, 6$$
$$E_j = h_{jk} \varepsilon_k + \beta_{jl} D_l, \quad j = 1, 2, 3$$

第5章

5.1～5.6   略

5.7   解   线性压磁方程为

$$\varepsilon = \sigma/E_y^H + d_{33}H$$

将弹性模量、压磁系数、磁场强度与应力代入上式,可得在上述条件下材料发生的磁致伸缩应变为

$$\varepsilon = 160/(80 \times 10^3) + 0.1 \times 10^{-3} \times 12 = 3.2 \times 10^{-3}$$

第 6 章

略

参 考 文 献

[1] 孙敏，冯典英.智能材料技术[M].北京：国防工业出版社，2014.

[2] 杜善义，冷劲松，王殿富.智能材料系统与结构[M].北京：科学出版社，2001.

[3] 苏少卿，刘丹丹，关群.弹性力学[M].武汉：武汉大学出版社，2013.

[4] 王光钦.弹性力学[M].北京：中国铁道出版社，2008.

[5] 杨桂通.弹性力学[M].北京：高等教育出版社，1998.

[6] 王子昆，黄上恒，尚福林.弹性力学[M].西安：西安交通大学出版社，2019.

[7] 王春玲，张为民.塑性力学[M].北京：中国建材工业出版社，2019.

[8] 王平，崔建忠.金属塑性成形力学[M].北京：冶金工业出版社，2006.

[9] 彭大署.金属塑性加工原理[M].长沙：中南大学出版社，2004.

[10] 戴宏亮.弹塑性力学[M].长沙：湖南大学出版社，2016.

[11] 王仲仁.塑性成形力学[M].哈尔滨：哈尔滨工业大学出版社，1989.

[12] 杨雨牲.金属塑性成形力学原理[M].北京：北京工业大学出版社，1999.

[13] 张鹏，王传杰，朱强.弹塑性力学基础理论与解析应用[M].哈尔滨：哈尔滨工业大学出版社，2020.

[14] 周寿增，高学绪.磁致伸缩材料[M].3版.北京：冶金工业出版社，2017.

[15] 王博文.磁致伸缩材料与传感器[M].北京：冶金工业出版社，2020.

[16] 石延平.基于逆磁致伸缩效应在线测力方法的研究[M].徐州：中国矿业大学出版社，2005.

[17] 傅俊杰.磁致伸缩效应非接触式扭矩传感器的研究[M].徐州：中国矿业大学出版社，1995.

[18] 史丽萍.多次压电效应探析及在传感执行器上的应用基础研究[M].哈尔滨：黑龙江大学出版社，2014.

[19] 陈宏.压电陶瓷及其应用[M].西安：陕西师范大学出版总社，2019.

[20] 高长银.压电效应新技术及应用[M].北京：电子工业出版社，2012.

[21] 王保林.压电材料及其结构的断裂力学[M].北京：国防工业出版社，2003.

[22] 张春才，苏佳灿.形状记忆材料[M].上海：第二军医大学出版社，2003.

[23] 朱光明.形状记忆聚合物及其应用[M].北京：化学工业出版社，2002.

[24] 赵连成，蔡伟，郑玉峰.合金的形状记忆效应与超弹性[M].北京：国防工业出版社，2002.

[25] 冷劲松，杜善义.形状记忆聚合物与多功能复合材料(英文)[M].北京：科学出版社，2012.

[26] 闫晓军，张小勇.形状记忆合金智能结构[M].北京：科学出版社，2015.

[27] 王振清，梁文彦，周博.形状记忆材料的本构模型[M].北京：科学出版社，2017.